天津卷

国破，山河在？！

——中华民族近代屈辱史

李俊领 主编
李俊领 著

泰山出版社 · 济南 ·

图书在版编目（CIP）数据

国破，山河在？！：中华民族近代屈辱史．天津卷 /
李俊领著．-- 济南：泰山出版社，2025.6. -- ISBN
978-7-5519-0912-9

Ⅰ．K25

中国国家版本馆CIP数据核字第2025K17R29号

GUOPO SHANHE ZAI ZHONGHUA MINZU JINDAI QURU SHI　TIANJIN JUAN

国破，山河在？！——中华民族近代屈辱史 天津卷

策　　划	胡　威
主　　编	李俊领
著　　者	李俊领
责任编辑	王艳艳
装帧设计	路渊源

出版发行　泰山出版社

社　　址　济南市泺源大街2号　邮编　250014

电　　话　综　合　部（0531）82023579　82022566
　　　　　　出版业务部（0531）82025510　82020455

网　　址　www.tscbs.com

电子信箱　tscbs@sohu.com

印　　刷　山东通达印刷有限公司

成品尺寸　140 mm×210 mm　32开

印　　张　8.5

字　　数　235千字

版　　次　2025年6月第1版

印　　次　2025年6月第1次印刷

标准书号　ISBN 978-7-5519-0912-9

定　　价　56.00元

总　序

历史，是一条奔腾不息的河流。

近代百年，是中国历史长河大转弯的时代。在这段历史上，中国曾多次遭受西方列强的侵略，被迫割地赔款，开放通商口岸，逐步失去主权独立国家的地位。国门洞开，山河破碎。西方列强打着"文明"的旗号，在中国的土地上建立殖民统治机构，给社会各界带来深重的痛苦与灾难。对于整个中华民族而言，这是一段刻骨铭心的屈辱史。

前事不忘，后事之师。回望近代中华民族走过的百年历程，她所遭受的屈辱与苦难已写入史书，传之后世，成为塑造民族心灵的历史记忆，警醒着中华儿女勿忘国耻，自强不息。

时至今日，人们对近代中国历程的认知呈现多元化的样态。有人淡化西方列强给近代中国带来的屈辱，强调其输出的先进文明和近代化动力；有人建构岁月静

好的所谓"民国范儿"，借史说事，浇胸中之块垒；有
人偏重精英人物与重大事件，轻忽近代中国普通民众的
悲惨境遇及其历史意义；也有人回避中国近代史上的苦
难，以当下和平、富足的生活为常态。以上种种历史认
知各有其局限，因为它们或多或少都偏离了一些基本的
历史常识：一个国家如果不能维护主权完整与民族独
立，也就不可能有真正的现代化；一个民族如果不能保
证普通民众的生命安全、人格尊严，也就无所谓民族强
盛与民族尊严。虽然近代西方列强客观上给中国带来了
一些文明因素，但他们主观上从未想过造福中国民众，
并且在资本利益的驱使下发动侵华战争，实施残暴的殖
民统治。

　　在人类文明交流互鉴的新时代，我们需要重新看
待近代标签化的所谓"先进"与"落后"，也需要辩证
看待近代西方资本主义工业文明之进步与反动的两面
性。从鸦片战争到今天，西方资本主义工业文明的发展
历程表明，它并非普世文明，而其带给世界的苦难仍在
延续。对于不同的文明主体而言，"各美其美，美人之
美，美美与共，天下大同"是发展的理想与目标，但不
易实现。评价一种文明先进与否，至少要看它对待弱势
群体的态度与遏制人类"幽暗意识"①的力度。

_____

① 张灏：《幽暗意识与时代探索》，广东人民出版社，2016，第1页。

"历史是最好的教科书。"一个不去正视或是选择性忘记屈辱与苦难的民族，不会是一个有前途的民族。相对于过去关于近代中华民族屈辱史的整体概说，现在需要更多呈现平民百姓在西方侵略者奴役下的血泪生活，从小人物相关经历的细微处展现历史的张力与深度。重现近代中华民族遭受屈辱的历史场景，不是为渲染历史悲情，而是要铭记民族复兴的曲折历程，增强民族复兴的文化元气。

近年，泰山出版社精心策划了"国破，山河在？！——中华民族近代屈辱史"丛书。这套丛书按照城市分卷，从政治、经济、文化、军事等多个方面展示中国人在近代"国破"时局中的生活状态、社会地位与心灵感受，引领今天的青少年朋友重温那段半殖民地半封建社会时期的屈辱历史，激扬他们的家国情怀，进而帮助他们树立正确的历史观和国家观，成为建功新时代的有用之才。

整体而言，"国破，山河在？！——中华民族近代屈辱史"丛书有两个明显的特点。其一，采用"社会史"的视角，将"自上而下"与"自下而上"的观察方式相结合，注重从社会生活的层面讲述近代中华民族走过的屈辱历程，突出历史叙事的"烟火气"。这不同于过去"政治史"视角下的"宏大叙事"，本丛书更能给读者带来历史沧桑的体验感。其二，以城市为历史叙事的单元，突出不同城市的地方特色。目前选择的6个城市分别为青岛、天津、上海、长春、香港、澳门，每个城市的相关历史单独成册。可以说，这套丛书也是近代中华民族屈辱史主题下的城市心灵史。

丛书各卷作者在写作过程中借鉴了学界既有的相关研究成果，由于体例所限，对参考的学术论著未能逐一标明。在此一并感谢有助于丛书各卷写作的学界前辈与同仁！

是为序。

李俊领

2024年9月于北京

目　录

引　言

第一章　侵入天津的西方侵略者　/005

一、炮火威胁下的"白河投书"　/006

二、烧杀抢掠的英法联军　/009

第二章　"国中之国"的天津租界　/018

一、强势扩张的英、德租界　/019

二、罪恶滋生的法租界　/024

三、贪婪的俄租界　/033

四、充当侵华前哨的日租界　/038

五、强设水闸的英、法、日租界　/044

六、收回租界的艰难坎坷　/048

第三章　列强对天津的经济掠夺　/051

一、"北方的鸦片大市场"　/051

二、被贩卖与剥削的华工　/057

三、被洋人骗取的开平煤矿　/066

第四章　凌驾于中国法律之上的洋人　/072

一、逃脱谋杀罪名的日本职员　/073

二、公然枪杀中国警察的洋电车稽查员　/078

三、夺货伤人的法国商人　/081

四、被重罪轻罚的俄国抢劫犯　/086

第五章　西方宗教势力在天津的恶行　/091

一、初入天津的基督教　/092

二、"天津教案"中的国人屈辱　/097

三、教会纵容下的民教冲突　/103

四、法国主教文贵宾的罪行　/109

第六章　天津都统衙门的殖民统治　/114

一、庚子国变中陷落的天津　/115

二、取代直隶总督府的都统衙门　/123

三、被强制拆除的天津城防　/128

四、惨遭屠戮的义和团成员　/132

五、洋人奴役下的天津百姓　/136

六、都统衙门及其撤销后洋商的大肆"吸血"　/142

第七章　日伪统治下的津门百姓劫难（上）　/156

一、1937年的天津陷落　/157

二、谈虎色变的"红帽衙门" /165

三、媚日求荣的汉奸市长 /171

四、为虎作伥的青帮恶霸 /177

五、奴化教育的毒害 /182

六、日伪操纵下的《庸报》"变脸" /188

第八章　日伪统治下的津门百姓劫难（下）　/193

一、日寇操纵下的天津商会 /193

二、遭受虐待的中国劳工 /201

三、铁蹄下的艺人生活 /209

四、忍饥挨饿的天津百姓 /211

五、惨遭戕害的天津民众 /218

六、民众的英勇抗争 /226

第九章　美军在天津的暴行　/235

一、美军对天津民众的凌辱 /236

二、美军汽车的肇事与逃逸 /239

三、美军犯下的累累罪行 /243

结　语　/248

参考文献　/252

后　记　/256

引　言

　　天津，是华北平原东北部的一座港口城市，东临渤海，北枕燕山，旧有"七十二沽"之称。凭借河海相接的地理优势，天津成为华北内外交通的枢纽，具有重要战略地位。自元代定都大都以来，天津又成为"当河海之要冲，为畿辅之门户"的重镇。明代，随着盐业与水路交通的发展，天津的商业贸易日趋繁荣，这里也逐渐成为北方商品的集散地。清军入关后，清廷不断加强对天津的管理，使其逐步成为繁华的"畿辅首邑"。

　　从18世纪开始，在资本主义浪潮逐渐席卷世界的进程中，西方列强将战舰开至中国的大门前，而拱卫京师的天津成为他们自海上征服中国的最重要的桥头堡。

　　道光时期，天津成为英国侵略者威胁清政府的重要占领目标。英国东印度公司广东商馆职员胡夏米（原名林赛）在华搜集了大量政治、经济、军事情报。1835年7月，他致函英国外交大臣巴麦尊称："天津的商务不及福建的繁盛，但天津距北京不足五十英里，我们在天津所造成的惊恐大可逼迫满清政府早日结束战争。"①这为鸦片战争时期英军入侵大沽口提供了战略进攻路线。此时，由于中国对英国的贸易顺差仍在延续，加之鸦片走私的形势不断恶化，两国之间的战争一触即发。天津，不可避免地成为中英两国兵戎相见的前沿阵地。这座拱卫京师的门户重镇，不得不开始遭遇西方列强一次又一次的冲击。

第一次鸦片战争爆发后，英军于1840年8月入侵天津大沽口，扣留大沽口的运粮沙船，打伤船民，还抢劫船上财物。直到9月15日，英军才撤出大沽口。

第二次鸦片战争爆发后，英、法、俄、美四国联军于1858年5月入侵天津。联军士兵在天津城内四处横行，杀害中国民众。同年6月，四国分别强迫清政府签订了《天津条约》。然而，他们欲壑难填。1860年8月，英法联军从北塘登陆，一路烧杀抢掠，占领天津。亲历这次战争的法国海军大尉帕吕描述当时北塘的情景称："庭院街道中，妇孺尸首随处可见；污浊的空气散发出阵阵恶臭，北塘成了一个病菌滋生的场所。"②这

---

① 严中平：《英国资产阶级纺织利益集团与两次鸦片战争史料》，列岛编：《鸦片战争史论文专集》，生活·读书·新知三联书店，1958，第41页。
② 〔法〕帕吕：《远征中国纪行》，谢洁莹译，中西书局，2011，第76页。

次战争的结果是清廷被迫与英、法、俄签订《北京条约》，开放天津为通商口岸。由此，天津被卷入西方资本主义的漩涡。西方列强在这里走私鸦片，贩卖华工，杀戮民众，犯下了累累罪行。

从1860年至1902年，英国、法国、德国、美国、日本、俄国、意大利、奥匈帝国、比利时九国分别在天津设立了租界。"九国租界"成为清廷丧权辱国的显著标志之一。在领事裁判权的保护下，外国人在天津暴戾恣睢，欺压残害中国民众。天津不断发生外国人伤害中国人的惨案，但惨案发生后，凶手常常逍遥法外，而中国政府竟无权干涉，备受羞辱。

1900年庚子国变中，八国联军侵占天津，并成立都统衙门，开始对这座城市进行长达两年的殖民统治。都统衙门杀戮义和团成员，强行征收各种捐税，破坏城防建筑与设施，极大地改变了天津的城市面貌，迫使诸多百姓流离失所。

1937年7月，侵华日军占领天津。随后，日军开始对天津民众进行惨无人道的殖民统治。他们实施"以华制华"的策略，扶持天津伪政权，残酷压榨平民百姓，贩卖、杀戮劳工，进行奴化教育，吞并华人企业，在多次"扫荡"中制造累累血案，使整个天津地区成为暗无天日的人间地狱。

抗战胜利后，美国军队进驻天津。美兵在天津城内横行霸道，欺凌天津百姓。据不完全统计，1945年10月到1947年9月，驻津美军制造的车祸、枪杀、抢劫、强奸等各类案件多达365件，造成中国人死伤近2 000名。

在近代百年的曲折历程中，由于西方列强的冲击与侵凌，天津民众长期遭受屈辱与苦难，毫无政治保障与人格尊严可言。这些数以万计的受难民众不是一个模糊的整体，而是一个个鲜活的生命，具有不可替代的历史主体性。他们的亲身经历，从社会生活的层面展现了近代西方列强在天津的残暴与罪恶。

1949年，解放后的天津真正回到中国人民手中，重新焕发生机与活力，开始新的历史航程。这座城市和人民从此获得新生。

第一章

侵入天津的西方侵略者

19世纪以来，为打开中国市场的大门，西方侵略者以卑劣的手段向中国倾销鸦片，毒害中国人民，导致中国白银大量外流。天津是华北的交通枢纽，具有重要的战略地位，占领天津后可以进逼北京，因此天津成为列强觊觎的目标。在北方，天津成为鸦片市场的集散地，大量鸦片经大沽口进入天津城内，再被贩卖至其他城市，流毒四方。从鸦片战争开始，近代西方殖民者凭借坚船利炮，一次又一次地闯入天津。在第二次鸦片战争结束后，西方侵略者迫使清政府将天津列为通商口岸。这些西方侵略者在天津肆意抢掠，走私鸦片，贩卖、剥削中国劳工，长年把持天津海关，使西方列强得以进一步侵略中国，加快了中国向半殖民地半封建社会演进的历史进程。国运不济，民命如草。在西方侵略者的欺凌下，近代天津民众在屈辱与苦难中艰难求生。

一、炮火威胁下的"白河投书"

　　鸦片的大量输入，严重损害了中国人的身心健康，削弱了军队的战斗力，使中国人民陷入更加深重的灾难之中，也加深了清政府的政治危机。1839年，林则徐在广州大举禁烟。9月，从广州逃回英国的鸦片贩子查顿等人带着地图、表册谒见英国外交大臣巴麦尊，提出武力侵华的若干建议，其中一条即封锁天津白河口，威慑北京。巴麦尊认可查顿的建议，遂分别致函广州的英国驻华商务监督查理·义律与海军部，令其派军舰封锁白河口，进逼天津。他们试图发动对华战争，实现鸦片贸易自由。此时，天津成为英国进攻中国的第一目标。

　　1840年2月，英国政府任命乔治·懿律为侵华英军总司令兼全权代表，查理·义律为副全权代表。随后，巴麦尊指示懿律直奔天津大沽口，要求清政府限期答复；如果没有得到满意的答复，就武装封锁大沽口，准备开战。6月下旬，英国自印度派出侵略军4 000多人、各种舰船40多艘，前往广东珠江口挑起战端，第一次鸦片战争正式爆发。英军封锁珠江口后，试图进攻广州。由于林则徐在广州认真备战，严阵以待，英军未能得逞。进攻受挫的英军转而北上，在攻陷浙江定海、封锁宁波及长江口后，径直扑向天津大沽口，实行"封锁大沽口，进犯天津，威胁北京，以武力胁迫清政府屈服"的侵华战略。

然而，此时面临内忧外患的清政府对英军进逼天津大沽口全然不知，遑论预先设防。

8月3日，道光帝从林则徐的奏报中才得知英军北上天津的消息，遂派直隶总督琦善前往天津准备与英军进行交涉，"相机剿办"。8月6日，琦善到达天津大沽口，仓促安排修补老旧不堪的大沽炮台、北塘炮台等，临时从外地调运大炮。

8月9日，懿律和义律率领8艘英军舰船（其中有5艘兵舰）驶抵大沽口，对清政府进行赤裸裸的威胁。11日，义律乘汽船驶至大沽口炮台，要求清政府派人到英舰接收《巴麦尊子爵致中国皇帝钦命宰相书》（《巴麦尊照会》）和相关信件，史称"白河投书"。同时，英军故意制造事端。他们扣留大沽口的运粮船，打伤船民，抢劫船上的财物。英军趁机测量大沽口的水位，绘制大沽口炮台一带的地形图，为发动战争做准备。

8月15日，琦善经道光帝批准，派左营千总白含章前往大沽口，接受英国的照会。巴麦尊在照会中诬蔑林则徐在广东禁烟是"扰害"在中国的英国民众、"褒渎"英国的"威仪"，提出赔偿烟款、割让岛屿、鸦片贸易合法化等多项无理要求，同时以武力相威胁。义律要求清政府派全权代表前去谈判，并限10天内答复。

8月28日，道光帝任命琦善为全权代表，负责与英军谈判。软弱无能的琦善不仅不敢据理驳斥英军的无理要求，还设宴招待这些"皇帝的客人"。为讨好英军，琦善派人给英军赠送食物，包括20头牛、200只羊、许多鸡鸭和一两千个鸡蛋等。面对强势的英国侵略者，琦善遵照道光帝的命令，一味迎合，表示要对林则徐"逐细查明，重治其罪"。义律坚持清政府必须答应英国在照会中所提出的各项要求，否则就发动战争。琦善没有据理力争，而是表示自己未获签订条约的授权，12天以后才能答复。会谈结束后，琦善设宴招待义律等人。这些侵略者在席间"嬉笑怒骂"，甚至在座位上舞刀弄枪，而琦善则展现出"隐忍受辱"的窘态，不敢作声，有失国格。一个参与大沽口侵略活动的英国军官说，天津是位于运粮河和白河交叉点的大商业城市，聚集在那里的漕船的火焰，再加上该城的火焰，就会唤醒清朝皇帝的恐惧感，而他们在华的各项要求就会得到满足。

英军因不适应北方季风气候，多患流行疾病，难以发动军事行动。9月15日，在清政府一再表示将查办林则徐后，英军才同意返回广东继续谈判，"白河投书"

事件遂告一段落。

白河投书是近代外国侵略者对天津进行的第一次武力威胁，深刻体现了清政府应对侵略者的软弱无能，以及国力衰微下百姓遭受的耻辱。

在鸦片战争的进程中，英国侵略者动辄发出"北赴天津"的叫嚣，迫使清政府接受其种种苛刻条件。1842年8月，清政府被迫与英国签订了屈辱的《南京条约》。此后，外国公使与商船屡次违约窜入大沽口，图谋攫取更多在华权益。西方列强动辄以进犯天津相威胁，胁迫清政府接受丧权辱国的条约，将天津这座城市推到了西方列强侵华的前沿地带。

二、烧杀抢掠的英法联军

《南京条约》签订之后，西方列强并不满足于其从该条约中攫取的种种特权，要求增开天津为通商口岸。1849年1月，英国驻上海领事阿礼国上书当时英国驻华全权代表、香港总督文翰，建议挑起新的侵华战争。他说，对于像中国这样疆域辽阔、人口众多的国家，不用发动战争，只要对其首都进行有力的封锁与围困，就会得到很多好处，而这恰恰又是在列强掌握之中的事情。

他还宣称：每当早春时节，北京仰赖漕船通过大运河供应当年的食粮，列强只需要出动一支小小的舰队到运河口去，就可以达到封锁首都的目的。这种要挟手段，比毁灭20个沿海或边疆城市还要有效，因为清朝皇帝面对列强的威压只有两条路可选，要么逃走，要么屈服。1851年，太平天国起义爆发，阿礼国认为修订《南京条约》的时机正逐步成熟。1853年，他就太平天国起义之事向文翰建议，趁中国皇帝还具有能够缔结条约的地位时，趁机牟取更多利益。紧接着，西方列强纷纷要求修订《南京条约》，增开天津为通商口岸，派领事官驻扎该地。

1856年10月，英军炮轰广州，对中国发动了第二次鸦片战争。1857年，英国和法国联合出兵，攻陷广州。1858年5月19日，英、法、俄、美四国的军舰闯入大沽口，共有英舰15艘、英军2 054人，法舰11艘、法军1 500余人，俄、美两国的舰艇6艘、军队数百人。第二天，联军即以对清政府的答复不满意为借口，命军舰向大沽口的南北炮台发起进攻。当日，大沽口陷落后，12艘敌舰和1 000多名联军士兵溯河而上，沿河炮击各村庄。当时，刚好有运粮北来的漕船在大沽口卸粮完毕，回空的漕船和大批商船准备驶出大沽口。英法联军趁机抢劫了大量的漕米作为军粮，还勒令每船交出足够的银子才准驶出大沽口。

5月30日，四国公使到达天津。英、法两国公使盘踞在望海寺，俄、美两国公使则强占东门外"天成号"的韩姓大宅。四国联军进驻天津城厢，天津城"破"了！

联军在天津城内烧杀抢掠，肆意欺凌百姓。他们把金家窑村300多户居民全部赶走，将其衣物、家具全部留作军用物资。不久，他们又进行了三天三夜的抢劫，其间视人命如草芥，杀人越货，无恶不作。如法军在天津东乡白塘口强抢赵姓老汉的耕牛，并将手无缚鸡之力的老人残忍枪杀。赵老汉的两个儿子悲愤交加，想找法军讨个公道，结果二人一并被吊死在法国军舰的桅杆上。赵家的两个儿媳听闻此噩耗后痛不欲生，双双自尽，留下无依无靠的孩子和年迈的婆婆。后来，孩子和婆婆亦不知所终。《天津夷务实记》一书的作者对此惨案慨叹道："伤哉！一家五口，皆属无辜而死。"联军在天津肆无忌惮，横行霸道，完全漠视中国的主权和中国百姓的性命。

在四国联军野蛮的炮火下，软弱无能的清政府在天津的海光寺分别与英、法、俄、美四国订立了《天津条约》，同意西方列强公使长驻北京、加开商埠、基督教在华自由传教、支付战争赔款等各种强盗要求，但仍拒绝将天津列为通商口岸。然而，这四国欲壑难填，根本不满足于清政府答应的条件。英法侵略军在撤离天津前，将望海楼行宫及古刹水月庵等处的大量古玩、陈设运回本国，把那些带不走的奇珍异宝烧毁、捣坏，只留下天津城内的一片断壁残垣。

1859年6月，英法军舰第二次开到大沽口外，企图再次侵占天津，但遭到清军的有力反击，铩羽而归。

1860年8月1日，处心积虑的英法舰队趁涨潮之际在北塘登陆。当地民众闻讯惊慌而逃，十室九空。第二天，约有18 000人的英法联军占领了北塘镇。英军总部在炮台搭设帐篷，法国陆军将领孟托班则强占了北塘镇的一所大房子作为驻地。联军的士兵分散成小队，居住在天津城里的民宅中。他们俨然一副天津城主人的做

1860年8月1日，被英法联军占领的北塘炮台

派，以该镇的主要街道为界线划分了地盘，左边归法军所有，右边则属于英军。联军唯恐清政府反攻，开始修复道路、修建码头、装卸物资等。为便于军队通行，他们推倒了临街的民房，将土墙和砖瓦都铺在路上，导致很多民众流离失所。

联军登陆北塘时所带的供应仅能支撑三五天，为解决口粮问题，他们便开始了疯狂抢掠，使原本繁华安定的北塘到处都是凄惨的景象。亲历这次战争的法国人保尔·瓦兰在《征华记》中称：这些半野蛮的队伍刚一到达，就冲进住宅，捣毁店铺的大门，把所有东西洗劫一空。很快，街上就堆满了被砸坏的家具、被撕毁的衣料和各种各样的用具，弄得连炮车也无法通行。他们还四处抓捕牲畜，到处都是被追捕的牲畜的尖叫声和追捕者的哈哈大笑声。据记载，法国军队登陆北塘后，将当地民众饲养的家畜一抢而空，杀而食之，连他们并不喜食的猪也不放过。在最初的几天中，从清晨到深夜，人们都连续不断地听到猪在断气时的尖叫声，到处都可以看到成群结队的法国人手拿着鹤嘴锄、铁锹、钩镰和大头棒，在抓捕牲畜。为了立威，他们还不断欺凌、杀戮天津百姓。面对联军的侵凌，平民百姓恐慌不安，许多人被迫自刎或含泪毒死自己的妻子、孩子，以免遭外国士兵蹂躏。在英法联军洗劫后的北塘镇，百姓的尸体横七竖八地倒在屋内和街上。这里成了传播疾病的地方，空气中满是恶臭。英国翻译官巴夏礼承认说，因为他们的洗劫，北塘镇景况凄惨。英法联军带给北塘民众的是末日般的浩劫。

1860年8月21日，被英军突破的天津大沽口北炮台内侧

　　在北塘稍事休整后，英法联军于8月12日分兵攻占新河与军粮城，14日占领塘沽。21日，联军进攻大沽口，遭到清军的英勇反击。随英法联军登陆天津的意大利摄影师菲利斯·比托在大沽口拍摄了当时惨烈的战争场面，原是为了炫耀英军在侵华战争中的胜利者形象，现在成为联军犯下累累罪行的铁证。当时，炮火刚一停息，在一边观战的英国政府特使额尔金便迫不及待地进入炮台查看情况，比特也马上进入炮台拍摄。火焰还在

燃烧，硝烟尚未散尽，火药味和尸体被烧焦的气味混在一起，十分刺鼻。炮台周围的地面上横七竖八地倒着清军的尸体，伤兵的呻吟声不时传来。他拍摄的最有震撼力的几张照片几乎都是同样的画面：近景是炮台门口的焦土上横陈着清军的尸体；中景是被大英帝国的重炮轰成废墟的用泥土和圆木构筑的防御工事，英军司令部的几个军官悠闲地坐在清军的炮车上聊天；远景是随风飘扬的米字旗，几名洋人站在炮台最高处，似乎在悠闲地看风景。

大沽口南北炮台失守后，天津门户洞开。

1860年8月，沦陷后的大沽口炮台内侧

英法联军的军舰沿海河上行，于8月24日到达东门外浮桥，轻而易举地占领了天津。他们的侵入加剧了天津城的骚乱，使"街市万物翔贵，较前总加十倍"[①]。当时联军驻扎在梁家园、望海楼、海光寺一带，经常四处劫掠，危害民众。他们在东门外、东北角、金家窑、药王庙以及北郊的桃花口等地强占民房，抢掠财物。

英军还公然向天津地方官府索取供应，甚至在遭到拒绝后出动军队将知府石赞清掠走。三天后，英军迫于民情压力，才将石知府放回。民众愤激难平，向驻扎在海光寺的英国骑兵队抛掷瓦砾。9月，海口千户王兴邦、隋登第带兵200余人暗中进入天津，准备焚烧敌船，后被地方士绅张锦文劝阻。但王兴邦气愤难平，在北郊杨村附近的小吴家场伺机杀死两名英军士兵。英军随即进行疯狂报复，将英军士兵被杀之地附近的村庄焚毁。杨村一带的民众惨遭屠戮。

英法联军占据天津，威慑北京。咸丰帝为挽救危局，任命桂良、恒福为钦差大臣，到天津与英法联军议和。英法联军厚颜无耻地要求清政府立即开放天津为通商口岸，偿付英法各800万两白银，英法公使各带1 000人进京换约，否则无须议和。咸丰帝得知后并未反对开放天津为通商口岸，但认为赔偿军费和英法公使带兵入京换约这两项要求是清政府的奇耻大辱，无异于"举国家而奉之"，坚决不

---

① 中国史学会主编：《捻军》（五），上海人民出版社，1957，第150页。

允。英法联军见清政府不能满足其全部要求，遂于9月中旬由天津向北京进犯。10月18日，英法联军放火烧毁了圆明园，使这座世界名园化为一片废墟，给中国人留下了永久的创伤。软弱的清政府为了维持住摇摇欲坠的统治，于10月24日和25日分别与英、法两国签订了《北京条约》，同意将天津开辟为通商口岸。由此，天津成为西方列强侵略华北的桥头堡，整个华北平原皆被列强虎视眈眈。

然而，清政府的委曲求全并没有换来列强的退兵，盘踞天津城的联军仍在吞噬着这座城市仅存的血肉。10月29日，英国军医大卫·伦尼骑马到海光寺游览。他在当天的日记中写道：这座寺庙一直被称作"条约寺"，三天前被改作总医院，寺内的各种法器被扔得到处都是，大量的经书散落在各个房间，财物普遍遭到毁坏，到处是混乱不堪的景象。由于英军的暴行，这座天津名寺惨遭厄运。10月31日，驻守天津的英军为迎接从北京撤回的英军，强占民房作为营房。临近寒冬，被强占房屋的百姓无家可归，只能露宿街头。如第十九旁遮普团的副官柯里中尉看中了一家宅院，拟将其作为司令部人员的住所。他带领士兵，强行将这家的成员全部赶走。他们离开得太匆忙，有的甚至连鞋都来不及穿，只能光着脚走进满是没过脚踝的淤泥的街道，最终不知去向。

在英法联军的破坏下，整个天津一片混乱。对天津民众而言，国已破，山河不复旧颜色。

第二章

"国中之国"的天津租界

　　两次鸦片战争让列强看到中国这个古老帝国政治体系的腐朽以及经济资源的丰富，他们争相掠夺中国的财物，蚕噬中国的领土，野心勃勃地掀起瓜分中国的狂潮。他们意识到把控天津对于控制北京乃至全中国的重要性，纷纷在天津设立租界，以牟取更大的政治和经济利益。《北京条约》的墨迹未干，英国就抢先在天津强行设立租界。1860年，英国驻华公使卜鲁斯向恭亲王奕訢递交照会，提出租用天津土地的要求，已无力抵抗的清政府只得应允。此后，列强纷纷效仿英国，在天津设立租界，并不断扩充势力范围，以此为据点大肆搜刮中国的财富。庚子国变后，八国联军强迫清政府签下丧权辱国的《辛丑条约》，其中要求天津城周围20里以内中国军队不得驻扎。西方列强在天津强占地盘，划定势力范围，最终使天津形成九国租界并立的屈辱局面。列强在租界内设立独立的政治机构,管辖租界内一切事务,且不断扩张租界范围,而中国政府无权过问。租界彻底成为中国的"国中之国"。

一、强势扩张的英、德租界

天津的九国租界中,英租界设立最早,收回最晚。

1860年10月24日,英国迫使清政府签订了中英《北京条约》。该条约第四款规定:"大清大皇帝允以天津郡城海口作为通商之埠,凡有英民人等至此居住贸易均照经准各条所开各口章程比例,画一无别。"①所谓"各条所开各口章程"指《南京条约》《天津条约》中允许英国侨民在通商口岸租地赁房的条款,其中并无允许外国在通商口岸设立租界的规定。然而,英国驻华公使卜鲁斯照会直隶总督恒福、三口通商大臣崇厚,要求"永租"天津城东南海河西岸紫竹林一带为英租界。在清政府被迫答应这一无理无据的要求后,英国在紫竹林一带圈占了460亩土地,划为英租界,这一带的8座村庄

---

① 王铁崖编:《中外旧约章汇编》第一册,生活·读书·新知三联书店,1957,第145页。

的122户人家限期3日内一律迁出。

不过，英国始终没有就紫竹林一带的土地与清政府签订任何协议或合同，而是将每年天津县衙给租界当局开具的租金收据作为占有该地的法律依据。英国在天津以所谓"合法"方式侵吞的土地计有6 149亩，仅在租界协议上标明其向清政府支付每亩每年1 500文的租金，英租界成为天津外国租界中面积最大的租界。在具体的交易过程中，英国政府分文未付，而是利用"皇家租契"的形式，将租金分摊到招租来的英国商民头上，无偿获得了租界土地的占有权。英国人名义上租用紫竹林一带，实际上早已把租界当作自己的土地。他们霸占这片土地后就开始对租界进行大幅度的改造甚至拍卖，完全无视中国对这片土地所拥有的主权与治权。英国军官戈登协助英国驻华公使卜鲁斯对英租界进行规划。戈登初步设计了英租界内的道路、街区、河坝以及将租界区分段、分号"出租"的计划，并自行绘制租界详图，以此作为英租界后来发展的基础。在戈登的精心策划下，英租界当局于1861年8月对紫竹林一带的部分土地进行高价拍卖。此后，英租界当局又在租界大量建设码头与房屋，以方便进行鸦片贸易。由于天津中英贸易发展迅速，1861年已有41艘英国商船在英租界新建的码头停靠，1862年增至69艘。英租界内很快建成一批洋行以及台球房、篮球场、俱乐部等娱乐设施。英租界设立了管理租界内所有事务的工部局，形同微型政府。工部局下设若干职能机构，分管某一方面的市政管理工作，如捐税收入、市政建设、公用事业、治安管理等。这些职能机构均独立于中国法律与行政管辖之外，中国政府根本无权过问。英租界的财税收入不仅足以维持其自身的行政开支，而且多有盈余。如1924年，其全年收入白银829 701两，支出755 661两，盈余74 040两。

为了强化殖民统治，英租界当局继续侵占土地，并在租界内建造了大量带有英国文化标识的建筑，企图将租界彻底变成英国的领土。1886年，天津海关税务司德璀琳攫取了佟楼以南向西的"养牲园"的大片土地。随后，又圈占了毗邻"养牲园"的一块土地，建成赛马场。不久，英租界当局又以改善赛马场的交通为名，从赛马场经佟楼沿英租界边界直至墙子河（今南京路），修筑了一条马路。这条马路后被称为马厂道（今马场道）。通过越界筑路的手段，英租界当局蚕食了佟楼以西的大片土地。1887年，为庆祝英国女王维多利亚即位50周年，英租界当局修建了维多利亚公园。1889 年，在工部局董事长德璀琳的倡议下，英租界当局投资 32 000 两白银，在维多利亚公园内兴建戈登堂，以纪念戈登在开辟天津英租界过程中所谓的"突出贡献和卓越功

天津英租界的戈登堂

绩"。戈登堂为欧洲古典风格的城堡式建筑，据说是当时中国通商口岸第一座租界市政大厦。1890年5月，驻津英国领事为新落成的戈登堂举行盛大的命名典礼，英租界当局人员与各国驻津领事以及北洋大臣兼直隶总督李鸿章等200余人前来祝贺。典礼由德璀琳主持，李鸿章将象征着天津城市大门的两把系着缎带的钥匙交给了他。

面对清政府的妥协退让，英国侵略者变本加厉，与其他列强相互勾结，肆无忌惮地侵吞天津的土地。英租界在1890年后又进行了3次扩张。1897年，英国借口"洋行日多，侨民日众"，租界土地不够用，将其租界向西扩张至墙子河，新增面积1 630亩，称之为"扩充界"。1902年，英美私相授受，英租界合并了美租界，称之为"南扩充界"。1903年，英租界又向墙子河以外地区扩张，新增占地3 928亩，称之为"墙外推广界"。经过3次扩张后，英租界东临海河西岸，南沿马厂道至佟楼，西至海光寺大道（今西康路），北沿宝士徒道（今营口道）与法租界接壤，占地总面积达6 149亩，成为当时天津各国租界中占地面积最广的一个。这3次扩张均经津海关道出示布告予以认可。

看到英租界强势扩张获利，天津的德租界当局不甘落后，唯恐在这场对中国的蚕食中夺取的利益太少。1895年，德国硬说其在中日甲午战争中促使日本将辽东半岛"归还"中国有功，要求在天津美国租界以南划出一块地方作为德国租界，清政府对此不敢拒绝。同年10月，德国驻天津领事司艮德同津海关道盛宣怀、天津道李岷琛签订了《天津条约港租界协定》，获取了在天津永久设立租界的权利。该协定规定：德国对划定区域内

天津德租界内依旧贫困的村庄

的土地作价征购，每亩75两银子。自德方付款之日起，限令中方三个月交割。如有民众不愿卖地，中国官员须劝令他们售卖，德国只需要以每亩每年1 000文的价格向清政府缴纳租金。德国借助天津地方官府的力量强行征购民众土地，被迫卖地的民众未能如约拿到钱款，不愿卖田的民众则被直接驱赶。当时划定的德租界东临海河，北接美租界（今开封道东段），西至海大道（今大沽路），南自小刘庄之北庄外起顺小路（今琼州道）至海大道，共占地1 034亩。八国联军侵占天津期间，德租界当局擅自向海大道以南扩张，新增占地面积3 000多亩。1901年，德国驻天津领事与天津道台签订协议，正式将这块地方划定为"新界"，由此德租界总面积增至4 200多亩。

二、罪恶滋生的法租界

1861年6月2日，法国强迫清政府签订了《天津紫竹林法国租地条款》，在英租界北侧划定法国租界，面积为439亩（一说为360亩）。1900年11月20日，法国驻津领事杜士兰发出通告，声明将法租界以西、海大道（今大沽路）至墙子河（今南京路）之间的大片土地划为"扩充界"，使法租界面积扩展了4倍多，达到2 360亩。同年，天津官方对此予以认可。

然而，法租界当局仍不满足，企图向老西开方向扩展。老西开是墙子河以南由海光寺到佟楼之间的一片洼地，面积约为4 000亩。法国早就看中了这块土地，向清政府提出要将其划入法租界。1902年，法国驻津领事照会津海关道唐绍仪，提出4点要求：第一，中国承认法国新界之界限；第二，预定地价；第三，法国工部局向中国人购地的权利一如老租界；第四，中国给予法国租界在英国租界以西的地方扩张之权。这片地方包括海光寺以南至墙子河的老西开地区。不过，唐绍仪并未答复法国驻津领事的这些无理要求。

即使没有得到清政府的准许，法租界当局仍不断侵占天津百姓的土地，扩大其租界范围。如广东人杨宝臣曾于1898年在天津马家口的西开南墙子内置地6亩，另有水坑3亩，以印契与粮串为凭。庚子国变时，杨回到广东避难。1910年，杨再回到天津，发现法租界当局侵占了他的部分土地，用以修筑马路；法国仪品公司侵占了他的部分土地与全部水坑；法租界工部局管工程的外国人布某在他的土地上建造了铁厂。这些法国侵略者恃强凌弱，将杨氏的6亩土地与3亩水坑全部霸占。6月12日，杨宝臣与梁士珍、刘祝三一起向津海关道控诉，请其照会法国总领事，赔偿因土地被占造成的损失，但最后不了了之。类似事件比比皆是，被夺取土地的百姓失去了生活保障，却无处申冤。

1928年以后，法租界当局在老西开地区丈量土地，检验地契，将其强行划入法租界。这块土地占地面积近500亩。法租界经过两次扩张后，占地总面积达2 836亩（另有1 740亩、1 770亩、2 360亩、2 860亩等说法）。其东北临海河，南沿宝士徒道（今营口道）与英租界接壤，西迄小埝（今新兴路），北沿秋山街（今锦州道）与日租界接壤。

法国有意将天津法租界建造成巴黎式的花花世界，供洋人享乐，从中牟取暴利。初期，法租界当局在天祥市场后门的三义里及大庆里开辟娼寮区，设立妓院百余家。大量因西方列强侵略而家破人亡的中国妇女成为法国人的猎物。他们通过威逼利诱甚至拐卖等方式强迫她们成为娼妓，并收取高额的税费，榨干中国百姓最后的血肉。法租界当局认为外国人是租界的主子，中国人是下等人，但又不愿放弃中国人口袋里的钱财，便规定大庆里的妓院专门接待中国人，三义里的妓院专门接待外国人。当时驻扎在天津的外国兵除日军外，法、美、英、意等国的士兵都到三义里的妓院寻欢作乐。他们惯于酗酒斗殴，打骂妓女，甚至不付嫖资。这里的妓女受尽各种欺凌，收入却寥寥无几，每月还要定期缴税，苦不堪言。妓院合法化让法租界当局牟取了巨大的利益，但随之滋生的犯罪事件也影响了租界的安定，于是在1926年，法租界当局取消了娼寮区，将大庆里的妓院就近驱入日租界的富贵胡同，将三义里的妓院迁至三义庄美国兵营和东局子法国兵营附近。那些被逼良为娼的女子又沦为暗娼，过着朝不保夕的生活，生命时常受到威胁。

1909年的天津法租界

法租界名义上取消了妓院，但实际上法租界当局的态度暧昧不明，甚至私底下推波助澜，以进一步搜刮财富。1928年前后，法租界又出现了"饭店小姐"——

变相妓女，为其提供新的税收。有些上海妓女到天津来谋生，在法租界国民饭店暂时住下，并以某某"小姐"的名义登记于旅客簿上，成为以饭店为营业场所的妓女。原在日租界各妓院的一部分南方妓女，也纷纷到法租界租用旅馆接客。一时间，法租界的"国民""交通""惠中""北辰"等旅馆住满妓女。后来陆续建造的"世界""巴黎""孚中""伦敦"等饭店，也都成为妓女的营业之地。据统计，到1943年10月，法租界领取执照的"饭店小姐"已达2 667人。她们不仅要支付旅馆的高额房费，还要负担工部局警探的应酬花销，缴纳捐务处的捐税摊派，以及向老鸨缴纳抽成，处境甚为悲惨。

除了开设妓院之外，法租界里还公然开设赌场，贩卖毒品。法租界十分流行赌博与吸毒。这里的赌场以泰安里俱乐部与北安利俱乐部为最。很多人因赌博而倾家荡产、妻离子散、家破人亡。在法租界工部局警探的庇护下，租界的里巷胡同中分布着形形色色的鸦片烟馆。这些烟馆表面上是普通住家，不悬挂招牌，但花钱买通巡捕后就能公开营业。其中一些烟馆备有专为客人烧烟、看灯的女子，其穿着打扮一如妓女，因而有"花烟馆"之称。

法租界当局上上下下利欲熏心。总领事高兰嗜好鸦片，精通敛财手段，公开收受贿赂。工部局局长以下，队长、探长、巡捕长、稽查、巡捕、密探，以及手枪队、消防队与卫生队队员，无不对商民进行敲诈勒索，使法租界成为罪恶的渊薮。

法国还以法租界为据点，在天津修建大量的教堂，对当地民众进行文化洗脑与精神控制。

法国传教士在法租界当局的授意下，利用各种手段侵占天津的土地，致使许多百姓流离失所。"老西开事件"是天津天主教会与法租界互相勾结，强行扩张租界范围的典型事件。

1912年，罗马教廷颁发诏书，宣布在直隶北境代牧区分设直隶海滨代牧区，主教府设在天津三岔河口的望海楼教堂。天主教会天津教区的首任主教杜保禄认为，望海楼教堂过于狭小，不能满足教会扩展的需要。他任主教后不久便在法租界当局的怂恿下，提出要在老西开购置土地，建造新的主教府和大教堂。随后，他命令该教区的瑞士籍神父李福临在老西开紧靠法租界的墙子河南岸低价购置土地，对未获得准许的土地则直接强占。

1913年8月，老西开教堂破土动工，法租界当局以保护教堂的名义，派巡捕进驻该地区。天津社会各界对法租界侵占老西开的强盗行径坚决予以反对，要求地方政府出面干预。随后，迫于形势，天津警察厅派出几名警察，驻扎在法租界通往老西开所必经的张庄大桥上，以示对法租界这种行径的反对，由此在老西开形成中法两国警察对峙的局面。但这种对峙阻挡不了这座教堂修建的步伐。

1914年7月，法国领事馆致函直隶交涉署，宣称1902年中国方面未答复法国领事的照会，后来对法租界在老西开派设巡捕、修筑道路也未提出异议，说明中国方面已经默认了老西开为法国的扩展租界，因此要求撤走老西开的中国警察。直隶交涉署据理予以反驳，但法租界当局仍不放弃吞并老西开的企图。

1915年9月1日，法租界当局在老西开散发传单，迫令当地居民向其纳税。同月，天津商会会长卞月庭发起建立"维持国权国土会"，展开同法国侵略者的斗争。该会会长为卞月庭，副会长为赵天麟、孙子文，委员为刘子鹤、刘俊卿、宋则久、杜小琴等。

法租界公然侵犯中国对老西开地区的领土主权。1916年6月，他们在教堂前方（今独山路、营口道和西宁道之间）近50亩的三角地带设置界牌，并雇佣越南兵把守此处，以此宣示该地已划入法租界。中国官方对此未作明确表态。8月，法国驻津领事把6份标明老西开划入法租界的地图，送往直隶交涉署，要求直隶交涉署盖章确认。10月17日，又向直隶省省长发出通牒，限其在48小时内给予答复。20日晚，法国驻津领事亲自带领巡捕和士兵，将驻守张庄大桥的中国警察强行缴械，押往法租界工部局拘禁。其间，他们不断殴打值勤巡警。然后，法租界当局在老西开派兵设岗，悍然用武力占领这一地区。

法租界当局以武力霸占中国领土的行径，激起了天津群众的公愤，由此酿成"老西开事件"。10月21日，四五千民众会聚于天津商务总会，准备向法国领事讨个说法，后经省长和交涉员抚慰才停止行动。25日，各界人士八千余人在南市大舞台举行公民大会，号召民众与法国断绝贸易、不使用法国银行纸币，要求法国政府撤换公使与驻津领事、解散招募华工的机构等。

然而，北洋政府对法租界当局强占老西开的行径一味忍让。10月28日，外交部次长夏诒霆到达天津，对该事件展开调查。第二天，他在交涉署接见相关代表，声称："把老西开辟为法租界，是经过中国政府允许的，你们不要再反对了。""像这样的集伙成群的暴动，要惹出国际交涉来，那还了得吗？"听到夏诒霆媚外欺民的表态后，民众代表周振东、吴子铭、王伯辰等人极为愤怒，领人闯进交涉署办公室，砸毁其中的家具与器物，愤愤而归。

为抵制法租界吞并老西开，法商企业的中国工人于11月12日举行罢工。此次罢工由仪品公司的王朗斋、义善实业铁厂的李书馨等人倡导，各行各业群起响应。驻天津的法商公司中的华工，法国工部局巡捕房、卫生队、消防队内的中国籍巡捕、职员、工役以及服务于法国人的中国籍雇工纷纷参加罢工斗争。天津商务总会为这次罢工提供了经济支持。天津《益世报》极力声援罢工行动，连续报道"老西开事件"的发展态势。北京、上海等地也都成立了公民大会，声援此次罢工斗争。北洋政府鉴于国势衰微，几经权衡，电令直隶省省长朱家宝，要求其制止天津社会各界针对法租界当局的反抗活动，以免横生枝节。

在法国的委托下，英、日等国经过一番策划后，推举英国公使朱尔典出面，针对老西开的现状提出调停方案。其主要内容如下：第一，恢复老西开的原状；第二，将该地置于中法两国共同管理之下；第三，由两国派出警察，其监督权委于市政会；第四，尊重该地居民的土地所有权。11月14日，北洋政府同意了这一方案。法租界当局以退为进，暂停了公开占领老西开的行动。

1931年，日本在天津谋划了一场"便衣队暴动"，法国趁乱侵占了老西开，实现了其筹划多年的吞并阴谋。

三、贪婪的俄租界

在八国联军侵华的战争中，俄国军队抢先占领了天津老龙头火车站东南、海河东岸的大片土地。他们宣称，这是俄国军队通过战争行动所取得的财产。然后，他们在这片土地上插上俄国国旗和写有"奉军事当局命令占用此地"的木牌。1900年11月，俄国驻华公使向北京外交团发出照会，声称其对所占领的天津土地拥有"绝对主权"，并胁迫清政府同意在天津设立俄租界。1900年12月，俄国迫使清政府签订了《天津租界条款》。

1901年5月，俄国驻津领事珀珮与天津道张莲芬、候补道钱鑅谈判。谈判期间，俄国人将事先准备好的地图拿出，上面已标注出拟划定土地的范围：上自先农坛对河盐坨起，下至土围子门外世昌洋行煤油栈边止，东北至铁路，西南至海河，约计界内之地有五六千亩。看到这幅地图后，钱鑅与俄国驻津领事珀珮争论起来，钱问："俄商无多，何必要此大地？"珀珮回答称："此界系上年俄国兵官踩定，已达知本国外部，不能再为更改。"为此，钱鑅提出如照这张地图划界，存在开平矿务局、老龙头车站、武备学堂、盐坨等地方的土地不能割让以及英俄互争季家楼孙某的土地待查明等问题。珀珮辩称，这些土地都已经得到中国允许，应该归俄国。钱镠只得声明，俄国所划区域内的码头等事务涉及英、德、日三国，武备学堂的土地问题必须报直隶总督李鸿章批示，以此与珀珮拖延周旋。[①]

天津俄租界

俄租界当局准备将天津火车站也划入其租界范围。这一举动遭到英国的反对。英租界当局声称，京榆铁路属于他们的保护范围，不应划入俄国租界范围。后来经过谈判，俄国将车站及通往车站的大道让出，俄租界因

———

① 顾廷龙、戴逸主编：《李鸿章全集》第37册，安徽教育出版社，2008，第329页。

而分成东、西区，总面积为5 474亩。①其四至为：东北自东站起，沿京榆铁路向东；南迄大直沽；西临海河；西北沿意俄交界路（今五经路）与意租界接壤，向东折向车站。

划定租界后，俄租界当局通过经营土地牟取了巨额利润。他们低价购买甚至强占租界范围内中国民众的土地，然后高价出租。在俄租界征地的过程中，百姓遭受很大损失。

其一，强迫居民搬迁，导致民众破家散业。1901年年底，俄租界当局强购盐坨西火神庙、药王庙、小圣庙、关帝庙大街一带326户商民、居民的土地。候补道钱镠与俄国侵略者沆瀣一气，逼迫民众交出契据，导致他们破家散业，栖止无所。这些民众推举士绅王聘三等人为代表，联名禀请李鸿章解决此事，但他们的要求并未引起天津官方的重视。

其二，雇人强行拆迁，拒绝予以补偿。俄租界内李公楼村西邻海河，东临义冢。1901年6月，俄国人指使村里四合顺煤店的东家于子清强拆李公楼村。于子清声称此村已归俄租界，率领多名工人强行将全村364间民

---

① 张树明主编：《天津土地开发历史图说》，天津人民出版社，1998，第81页。关于天津俄租界的面积另有不同说法，一说为5 334亩，一说为5 971亩。

房拆除，又强行将村里的坟地推平，用于囤煤。村民孙士英等46人针对拆房、平坟、囤煤之事，向津海关道唐绍仪控诉，申请给予民众补偿，但俄国人拒绝了这一要求。

其三，降等征地，拖欠补偿款。士绅姚鹤洲在盐坨药王庙前有18亩地、182间房屋，以出租土地和房屋为生。庚子国变中，他的房屋全部被烧，全家逃亡他乡。待事变平息后，姚家回到药王庙居住。1901年，俄租界征地，将他的房屋列为一等。未料过了不长时间，他家房屋的砖瓦皆被拆去。翌年，姚鹤洲将房契地图交给官府查验丈量，试图讨要个说法，但是官方只将界内未被烧毁的房屋按二、三等计算，并另给每家搬家费10两银子。此外，钱鏐答应将剩余房屋地基的土地另择地置换，姚氏表示认同。然而，钱鏐亲自勘察两次相关土地后，再无音讯，应给予姚鹤洲的土地补偿款也迟迟未到。

俄租界假借土地征收的名义强占天津百姓的土地，百姓空拿着一纸协议，却得不到应有的赔偿，有的甚至连协议都没有。据记载，在多方努力下，直至1907年1月，俄租界当局才发放了部分一、二、三等地的补偿款，仍有很多民众没得到任何补偿，流离失所。其间，俄租界当局仍不断以极低的代价从天津民众手中强买土地，取得土地所有权，然后以地皮为商品，做起投机生意。1907年4月至5月，俄租界当局从刘永成、蓝汝霖、窦恩荣、阎秉铎、梁国栋、刘振东、刘国泰等人手中强行购买他们的祖先茔地。在丈量与议价之后，俄租界当局承诺在一个月内支付他们购地款项。虽然这些平民很不情愿，但面对来势汹汹的俄租界警察，只能另行购置茔地，安葬祖先。然而，俄租界当局取得这些土地后，过了10个多月仍然没有支付购地款项。刘永成等人急需这些钱款支付新购祖先茔地的费用，在地主的催逼之下，寝食不安。不得已，他们于1908年1月19日联名向津海关道梁敦彦控诉，请他敦促俄租界当局尽快支付购地款项。

在刘永成等人联名向津海关道控诉的同一天，贡生钟鼎元也向梁敦彦控诉俄租界当局强占其祖先茔地而不支付购地款项。钟在禀文中称，他现年46岁，家住北阁内，在大直沽有两块祖先茔地，一块为49亩9分5厘9毫，一块为34亩7分8毫。俄国租界当局强买这两块茔地，将其划为五等地。1907年5月至6月，津海关道要求被占地的民众尽快呈报相关地契，准备发放购地款项。7月13日，俄国租界当局收到钟鼎元的两块祖先茔地的地契，开具了收条，并承诺在9月22日之前发放购地款项。然而，直到1908年1月18日，这一承诺也未兑现。此前，俄租界当局已经完全占领了钟鼎元的两块祖先茔地，不准钟家新近去世者的棺木埋葬其中。另外，一些俄国人经常在这两块茔地中践踏、打球，漠视我们中国人尊祖敬宗的习俗。钟触目伤心，又无力购置新的祖先茔地，深感愧对祖先在天之灵。无奈之下，他呈请梁敦彦照会俄租界当局，希望尽快发放购地款项。

此时清政府早已自身难保，面对列强欺辱民众的恶行，不敢言语，任人欺负，最多给予口头或书面的敦促，俄租界当局根本不把这些放在眼里。类似的案件比比皆是，面对俄租界当局的强取豪夺，天津民众损失惨重，苦不堪言。

四、充当侵华前哨的日租界

1860年天津开埠后，西方国家的商人与侨民纷至沓来，谋取各种利益。当时，日本因为国内政治动荡，一时未能将魔爪伸向天津。1868年，明治维新甫一成功，日本便将侵略的矛头直指中国。1871年，清政府与日本签订了《中日修好条规》，其中第七条规定，两国"商民"可进入对方的"指定场所"，并设立通商章程。这一规定为日本人旅居中国提供了合法依据。依据《中日修好条规》，日本于1875年在天津设立领事馆，随后该馆成为日本与清政府进行外交活动、攫取在华利益的前沿阵地。因为实力不足，日本在中日甲午战争之前向天津移入的侨民不过48人。1884年之前的20余年当中，几乎没有日本轮船驶达天津港。直到1884年才有两艘日本轮船抵达天津。这显然不符合日本从中国攫取经济利益的图谋。

中日甲午战争后，日本为谋取更多在华权益，于1896年迫使清政府签订了《公立文凭》（又称《通商口岸日本租界专条》），为其在天津设立租界提供依据。其中第三款规定，中国政府接到日本政府的"咨请"后，立即在上海、天津、厦门、汉口等处设立日本专管租界。该条约还规定"添设通商口岸，专为日本商民妥定租界，管理道路以及稽查地面之权，专属该国领事"。这是近代中外条约第一次明确规定外国享有租界的行政权，以后成为列强援引的先例。外国租界最初为"永租"性质，但清政府在列强的胁迫之下，拱手将租界的行政权、司法权与税收权让予外国侵略者，从而使租界成为事实上的外国殖民地。

1898年8月29日，日本派代表与津海关道李岷琛、天津道任之骓签订《天津日本租界条款》与《另立文凭》；11月4日，签订《天津日本租界续立条款》与《续立文凭》，划海河西岸毗邻法租界的1 667亩土地为日租界，还在北侧划出一块预备租界。

　　日本并不满足于既得利益，在租界成立后，千方百计地扩张租界范围。1900年，日本擅自将天津南门外城南洼的大片土地划为"预备租界"。1902年，法国与日本私相授受，将原来法租界的"预备租界"的约90亩土地并入日租界。1903年，日本驻天津总领事与津海关道唐绍仪签订了《天津日本租界推广条约》，将城南洼的"预备租界"和小刘庄河岸码头"退还"给清政府，但将日租界北侧及附近的约400亩土地划为其"推广界"。当时，日租界共占地约2 150亩。其地东临海河，东南沿秋山街（今锦州道）与法租界接壤；南迄墙子河（今南京路），顺河向西；北起闸口，沿旭街（今和平路）向南，至福岛街（今多伦道）折向西，直抵南门外大街。

天津日本租界，日军在三井银行前强行铺设的军用渡桥

天津日租界一经设立即成为日本帝国主义侵华的前沿基地。1931年"九一八事变"后，日本将进攻矛头直指华北。由此到1937年"七七事变"前，整个华北地区的不少政治动乱都与天津日租界有关。最轰动的事件是1931年11月日租界当局在天津策动的便衣队暴乱。当时，日本奉天特务机关长土肥原贤二奉关东军司令部之命，在天津导演了一场武装暴动，将溥仪挟持至东北，充任伪"满洲国"的傀儡皇帝。1935年，侵华日军又在天津日租界制造事端，指使青帮分子暗杀了两个亲日派报社的社长，然后倒打一耙，向中国政府提出抗议，逼迫国民政府军事委员会北平分会代理委员长何应钦与日本华北驻屯军司令官梅津美治郎达成"何梅协定"。该协定要求中方撤销河北省和北平、天津两市的国民党党部，撤走驻河北的国民党中央军、东北军和宪兵第三团，撤换河北省主席和北平、天津两市的市长，将河北省政府从天津迁往保定，取缔全国一切反日团体，等等，由此为日军进一步侵占整个华北奠定了基础。1936年上半年，日本将天津驻屯军改为华北驻屯军，并在天津日租界设立司令部，作为日本侵略华北的最高军事机关。天津日租界完全成为日本发动全面侵华战争的基地和桥头堡。

日本商人以天津日租界为基地，掠夺中国原料和白银。与此同时，他们还占领中国的工业品市场，吞并华商民族企业。第一次世界大战后，日本的棉纱与洋布在华销售量激增，逐渐取代了英国货品。相关日商洋行以三井、日信、伊藤、江商等最为知名。他们大量收购中国原棉，并逐渐控制中国棉花的出口价格，即使是欧美棉商也难与之匹敌。日商在天津开办了一些棉纺厂，如裕丰纺织天津工场、上海纺织株式会社天津工场、双喜纺织株式会社等。为进一步垄断天津棉纺市场，日商不择手段，吞并了中国人开办的裕元纱厂（后将其改为中渊公大第六工场）、裕大纱厂、宝成纱厂等。裕元纱厂系倪嗣冲、王郅隆等人投资创办，每日可产布149 405码，后被日本中渊纺织株式会社吞并。裕大纱厂每年可产纱约15 000包，1926年因资不抵债，被债权人东洋拓殖公司吞并。1936年，东洋拓殖与大福两公司合资吞并宝成纱厂后，将宝成纱厂与裕大纱厂合并，改称为天津纺织株式会社。

在天津，日租界是所有租界中藏污纳垢最为严重的地方，分布着大量的吸毒与制毒场所，因而成为天津贩运鸦片的主要基地。其中，贩卖鸦片的场所以德义楼最为出名。德义楼位于日租界旭街的四面钟南侧，内有200多间房屋，多数租给烟土行开设烟馆。国内外所产的鸦片运至天津后，都先集中在德义楼，再由其分拨给各行。

　　日租界当局从鸦片贩卖中牟取厚利，甚至公然包庇鸦片经销商，参与鸦片贩运。例如，1924年后，负责向日租界包运鸦片的日本警察署副巡捕长徐树溥，派警察在德义楼附近值勤，为鸦片的运送打掩护，并从中捞取好处。徐为运送鸦片方便起见，还特地在日租界扶桑街（今海拉尔道）裕德里口开设光裕汽车行，以出租汽车的名义掩护鸦片运送。日租界当局以房租的形式对德义楼加收"公益费"，每年可达50万元。他们还以同样的方式向乐利旅馆、息游别墅等馆舍收费，为百余家贩卖鸦片的烟土行提供保护。此外，日租界当局还保护天顺堂、天喜堂、须田药房、畤田药房、金山药房、松本盛大堂、楠德义大药房、丸二兄弟大药房等日商药房的毒品经销。这些药房在南市及三义庄一带开设烟馆，毒害天津民众。日本领事馆不仅准许他们贩毒，有时还为其直接配给毒品。

　　日租界除允许公开销售与吸食鸦片外，还允许大量制造吗啡、海洛因等毒品。初期，松本盛大堂、楠德义大药房、丸二兄弟大药房等老牌的日商药房，掌握着制造毒品不可缺少的"以达"药品。凡制造毒品者，均需向这些药房购买此药。对于这些药房参与制造毒品的情况，中国巡捕不敢过问。

天津日租界成为日本侵略者杀人不见血的"毒窟"。在日租界当局包庇纵容之下，毒品从天津扩散到整个华北，严重损害了中国民众的身心健康。可以说，纵容毒品制造与贩卖是日租界当局残害我国人民极为恶毒的手段。

五、强设水闸的英、法、日租界

1923年，英、法、日租界当局在天津海光寺的墙子河河道强行设立了水闸，并由三国租界的工部局掌控水闸的启闭之权，严重侵害中国领土主权，影响地方民生。天津的墙子是1860年僧格林沁亲王为加强防御而修建的。该墙环绕天津旧城，南北面离城三四里，东西面离城五六里，实际上是天津的外城，被人们称作墙子。墙子外面是壕沟，俗称墙子河。该河是南乡数十个村庄的数万民众饮水、灌溉园田和商贩运输货物的重要渠道，也是南市及新市一带的泄洪通道。然而，由于英、法、日租界当局没有依照民众之需开启水闸，导致当年天津南乡的稻田无水灌溉，收获十不一二；夏天防汛时期，南市一带的雨水无法排泄，造成该地大片房屋被淹，居民区成为一片泽国。此外，三国租界当局还设法以低价骗取海光寺一带的庙产土地1 000多亩。天津民众深受其害，苦不堪言。

天津墙子河（今南京路与大沽路交叉口）

英、法、日三国租界当局为了自身的利益而强行设立水闸，不惜祸害天津的百姓。受害的百姓对这三国在天津的恶行极其愤慨。他们印发传单，宣传此事，希望得到更多人的关注和支持。所发传单称：驻津英、法、日三国领事在南营门旁墙子河内强行设立水闸，以阻止所谓的"南市、南开的污水"流入租界。这样一来，南乡各村村民饮水、农民灌溉园田以及船户行船均出现问题，他们的生活因这个水闸的设置而陷入困境。南市、南开、城里的污水不能排泄，以致这些地方路上泥泞，积水没踝，居民苦不可言。租界以讲卫生的名义，设立水闸，导致中国人深受其害。设立水闸是海河工程局日籍工程师平爵内与英、法、日领事商量办的，根本没有经过中国人的同意，外国人欺负中国人，不讲公理，实实在在愈出愈奇。中国人应当拼着死命去争，将这闸撤废，保卫国土，维护主权，打击英、法、日领事的强盗行为。

1924年1月27日，天津南乡60个村庄与兴春公司、顺记公司、先利公司、华丰公司等26家房地产公司忍无可忍，由民众代表和绅商联名向天津商务总会呈文，请其转呈直隶省长公署，要求与英、法、日租界当局交涉，将墙子河水闸的管理权收归中国政府。商务总会接到村庄民众代表与房地产公司绅商的联名呈文后，随即向直隶省省长王承斌报告称，墙子河为中国完全领土，不容他国有丝毫建设，现在英、法、日三国租界当局私自设立水闸，妨害中国水利交通，危及人民生活，应向其严重交涉，拆除水闸。

2月1日，省长王承斌针对商民恳请收回墙子河水闸管理权的呈文表示，他已同交涉员与英、法、日三国租界当局据理力争，三国领事开具条款，函称让步。天津一些报纸对王省长的表态纷纷报道，一时间民众颇感兴奋，似乎看到了改善生活的希望。

然而，20多天过去了，英、法、日三国租界当局在墙子河水闸的问题上并没有真正的让步，这让民众深感失望。

2月25日，天津各界民众群情激愤，再次联名向商务总会呈文，请其敦促省长速与英、法、日租界当局交涉墙子河水闸主权问题，并表示非撤废此闸不可，否则不足以捍卫国家领土，更无以维护居民的正常生活。商务总会会长卞月庭随即向直隶省长公署转呈此文，请省长王承斌"准如所请"，力争撤废墙子河水闸。随后，王承斌派交涉员就墙子河水闸之事向英、法、日三国租界当局交涉。三国租界当局承认中国政府对该水闸享有完全主权，但在具体管理方面，仍指定由海河工程局总工程师指挥一切。这显然与其所说尊重中国主权的话语完全不符。28日，交涉员向王承斌汇报称，去年海光寺墙子河设立水闸之事由英、法、日三国提议，特别第一区的行政机构也曾派员参加，因而设立水闸的原案是经过中国政府认可的；现在所争论的问题只有水闸的管理权一项，而撤废水闸的问题很难向三国租界当局提出。

3月13日，王承斌指令交涉员商同警察厅厅长迅速与三国租界当局交涉。经过艰难抗争，终将海光寺墙子河水闸的管理权收归中国政府。4月，在天津商民的压力下，英、法、日三国最终妥协，同意废除墙子河水闸。三国领事对于移闸的迁移费用分摊比例、将水闸启闭权交由中国官员管理等条件没有提出异议。

六、收回租界的艰难坎坷

九国租界并立，是西方列强瓜分中国的缩影，也是天津被殖民统治的显著标志。1902年，天津旧城面积约为 2 940亩，而九国租界共占地2.3万多亩（是年，美租界并入英租界），几乎是天津旧城面积的8倍。收回租界，是清政府梦寐以求却无法实现的事情。

民国时期，在两次世界大战引发的世界政治格局变动下，中国逐步收回天津的列国租界。

1917年8月14日，中国成为协约国的正式成员之一，对德国和奥匈帝国宣战。1919年6月28日，《凡尔赛和约》确认了中国收回德租界之正当权益。德租界收回后，改名为特别第一区。1919年9月10日《圣日耳曼和约》明确规定，奥租界归还中国。奥租界收回后，改名为特别第二区。

1917年，俄国爆发十月革命，建立了苏维埃政权。1919年7月25日，苏俄外交官列夫·米哈伊洛维奇·加拉罕发布了对中国的《加拉罕宣言》，内容包括废除沙俄此前与中国签订的一切不平等条约，无偿归还此前沙俄夺取的中国领土，放弃中东铁路的所有权益以及沙俄在中国掠夺的资产和租界等。1924年5月31日，中国代表顾维钧与苏联代表加拉罕在北京签订了《中苏解决悬案大纲协定》。8月6日，中国政府正式接管俄租界，将其改为特别第三区。

在财政危机的压力下，比利时驻华公使洛恩于1927年1月17日宣布，该国愿意将天津比租界交还中国。1929年8月31日，中比两国签订了交还天津比租界的协定，规定该租界的行政权以及所有租界公产均移交中国政府，但其所负的93 000两白银（包括利息）的债务由中国政府偿还。1931年1月，中国正式收回比利时租界，将其改为特别第四区。

1941年12月8日太平洋战争爆发后，驻津日军进驻英租界，将其更名为"极管区"。1942年3月，日军将英租界交给伪天津特别市公署，改名为"特别行政区"。1943年3月，又改名为"兴亚第二区"。

1943年1月14日，意大利政府将天津的意租界"移交"给汪伪政府。1945年，中国政府正式收回意租界。

抗日战争胜利后，中国政府正式收回天津日租界，同时宣布收回天津的英、法、意三国租界。1945年11月24日，天津市政府成立"天津市前英法意租界官有资产

与官有义务债务清理委员会"。相关清理工作于1947年
5月完成。

八国租界的收回，意味着西方列强殖民统治天津时
代的终结。然而，英、美等西方国家并未放松对天津的
政治侵略与经济掠夺，租界的各种遗毒仍旧渗透在天津
民众生活的方方面面。

第三章

列强对天津的经济掠夺

晚清时期，西方列强用坚船利炮轰开了天津的城门，让这座城市被迫卷入资本主义全球化浪潮。西方列强在天津以租界为据点贩卖鸦片，掠夺、剥削华工，以阴谋骗取开平煤矿等，以卑劣的手段对天津展开了经济掠夺。他们进行的种种肮脏贸易，为天津民众带来无尽的苦难与屈辱，也让中国蒙受巨大经济损失，尊严扫地。

一、"北方的鸦片大市场"

鸦片战争之前，清政府严厉查禁西方列强在中国的鸦片走私。1729年，雍正颁布中国首个禁烟令。嘉庆帝在位期间（1796—1820），多次谕令严禁鸦片输入中国，但东南沿海一带的鸦片走私仍禁而不止。据不完全统计，从1800年至1839年，输入中国的鸦片不低于40 000箱。

　　凭借河海交通便利的优势条件，天津成为西方走私者在中国经营的"北方的鸦片大市场"。这里的鸦片走私多数通过福建、广东等地的商船，从英国鸦片贩子那里转手而来。如1832年，英国的鸦片贩子威廉·查顿派两艘装满鸦片的双桅帆船从澳门航行到天津，试图进行鸦片贸易，不过这次尝试不太成功。不久，他用重金聘请了在广州传教的郭士立为翻译，雇了一艘新造的飞剪船"气仙号"，北上天津。在北上航行的过程中，郭士立竟为查顿售出了价值5 300英镑的鸦片。1838年9月15日，江西道监察御史狄听在《请饬拿天津洋船夹带鸦片由》的奏折中称，每年向天津走私鸦片的闽、广商船有100多艘；鸦片到达天津之后，通过"潮义""大有""岭南"等"窑口"分销，其中大部分由"窑口"之手转贩给山西、陕西等地的商人或包运到北京，剩余部分则通过天津洋货街的洋货铺和针市街的洋货局销售。天津的鸦片走私如此猖獗，一则在于外国走私者唯利是图；二则在于地方官员验关不严，营私舞弊。

　　鸦片走私造成北京、天津等地烟馆林立，风气败坏。道光帝命令直隶总督琦善严查天津的鸦片走私活动，琦善遂要求天津地方官员在大沽口加强对闽、广商船的搜查。1838年11月5日，琦善奏报在天津除已经陆续查获的29 000余两鸦片外，另在大沽口的"金广兴"船上查获烟土82口袋，计重131 536两，并起获烟枪107根，还有烟灯、烟锅、烟斗、烟盒等烟具，以及刀、矛、火铳等武器。这是自清政府禁烟以来，单次查获鸦片最多的案件。道光帝得知此鸦片走私大案甚为惊讶，感叹称：天津的一艘船内拿获的毒品、吸毒用具如此之多，沿海各省其他地方的鸦片走私更不可计数。

道光时期，天津的鸦片走私严重祸国殃民，大量白银外流。1837年，御史朱成烈指出，天津因鸦片输入而外流的白银约有2 000万两，而实际的白银外流数量远超这一数字。天津白银大量外流引起银荒，进而造成"银贵钱贱"的畸形金融现象。19世纪20年代，直隶一带每两银子可换铜钱约1 200文，但到1839年则换1 600多文。在"银贵钱贱"的形势下，物价大幅上涨，天津民众的日常生活因此受到严重冲击。

更不幸的是，1858年签订的中英《通商章程善后条约海关规划》第五款规定"洋药准其进口"。由此，鸦片走私披上了"洋药进口"的合法外衣，进一步侵害中国人的身心健康。《纽约每日论坛报》指出，迫使中国政府签订鸦片贸易合法化条约的英国政府是摆着一副基督教伪善面孔、标榜文明的一个明显的矛盾体，因为鸦片贩子在腐蚀、败坏和毁灭了不幸的人们的精神后，还杀害他们的肉体。

随后，输入天津的鸦片数量逐年增加，位居进口洋货首位。1863年，天津鸦片进口的金额为白银590多万两，到1866年增至白银1 460多万两，约占进口总额的33.4%。包括怡和、太古、仁记、新泰兴等所谓英国"皇家四大行"在内的天津洋行，绝大多数以贩卖鸦片起家。这些鸦片贩子不仅从中攫取巨大的物质财富，而且还瓦解中国人的反侵略意识。当时，天津的烟馆到处都是，烟具陈列在街上，人们吸食鸦片泛滥成灾。时人用一副对联揭示鸦片毒害天津民众的现象："一杆竹枪，杀遍豪杰英烈不见血；半盏灯火，烧尽房产地业并

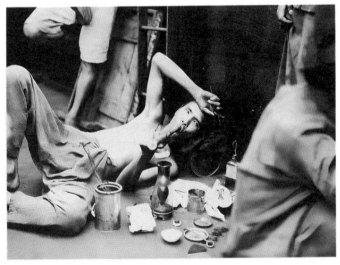

天津街头吸食鸦片的男子

无灰。"19世纪60年代末，英国的在华传教士德贞说：鸦片损害了中国人的道德观和社会责任感，时间、财富、能量、自尊、自我控制、诚实、坦率、忠诚等一切都牺牲在摇曳闪烁的鸦片灯下。那些为人所熟知的鸦片成瘾者，在金钱、衣物、土地和房屋被典当或出售后，人的性格、影响和地位全部被毁坏，然后或是典妻卖子，或是抛弃妻女，或是自杀。

晚清时期，天津各界吸食鸦片的人数众多，甚至连僧人与道士也加入"瘾君子"的行列。例如，天津城东南的草厂庵曾是一处香火旺盛的禅院，每年农历二月十九日观音菩萨生日时，都会摆茶棚，放焰火，并举行花会活动。光绪年间，该庵的住持僧广月不守戒律，吸食鸦片。1897年冬天，僧广月在吸食鸦片时，因烟灯失火引发火灾，造成草厂庵后殿和观音赤金像被焚毁，像内的珍宝也被偷盗。天津天后宫的张姓道士也染上了吸食鸦片的毒瘾。庚子国变时，天津的社会秩序陷入混乱，天后宫被迫关门，停了香火。在缺乏收入的情况下，张姓道士毒瘾难忍，连急带病，第二年即患烟痢而死。

天津的烟馆深刻影响了民众的日常生活观念，也给其身心健康带来了严重危害。这里的中等以上住户以用鸦片招待客人为荣，吸食鸦片成了一种地位象征。据1927年林颂河在天津久大工厂的调查，一些工人闲暇时就以吸食鸦片为乐，不计吸毒成瘾的后果。小贩、苦力等下层民众则以较便宜的鸦片作为镇痛、解乏的良药，以获得暂时的生理满足与心理安慰。就连不少乞丐也吸食鸦片，他们把要来的钱都花到了鸦片烟馆，根本不考虑以后的生计。

天津烟毒泛滥成灾，各阶层吸食鸦片的人数不断增长。1935年2月，天津市成立了戒毒所，帮助吸食鸦片者戒除毒瘾。由于该所仅能容纳500人，而每天前来戒毒者在百人上下，以致该所人满为患。至4月初，在该所先后成功戒毒者约有800人。同月，天津市立戒烟医院附设了"临时贫苦戒毒病室"，专门收容那些贫苦的戒毒者。即使如此，相当多的鸦片吸食者仍摆脱不了对鸦片的依赖，为此丧命者大有人在。据天津市地方检查处统计，仅1935年11月这一个月，天津街头被冻死的320具无名尸体中，大部分即为吸食鸦片而无家可归者。①

天津城乡吸食鸦片的恶习破坏了家庭关系，也冲击了社会秩序。为获取吸食鸦片的钱物，一些鸦片吸食者走上违法犯罪之路。例如，1929年1月，车夫张璞为偿还因吸食鸦片而欠下的大笔债务，偷偷将车上的轮胎剥下变卖，结果被人发现并抓获。车夫王四因染上吗啡

---

① 付燕鸿：《窝棚中的生命：近代天津城市贫民阶层研究（1860—1937）》，山西人民出版社，2013，第320页。

瘾，某日乘人不备，偷了一条板凳，后被失主与岗警发现，遂被抓获。家住天津小西关的郭成山，嗜好吸食鸦片，并因此欠下大笔债务，无法偿还。1935年3月，郭成山勾结其友王德山将自己10岁的妹妹金子以百元价格卖给别人。1938年，刘吕氏的丈夫刘玉宝嗜好吸食鸦片，不听家人规劝，将家里的房产典当一空。刘吕氏因年龄已大，就业无门，不得不到法院控告刘玉宝，要求其养活她与女儿。这样的例子比比皆是。

近代天津民众吸食鸦片之风流行数十年，其危害极大，影响至深，令人痛惜。这一局面的根源在于西方列强的鸦片走私。

二、被贩卖与剥削的华工

贩卖华工是近代西方列强在中国进行的罪恶贸易之一。19世纪中期，国际贩卖黑奴的行为已经被禁止，但西方列强为寻求廉价的劳动力，将黑手伸向了中国。1860年，英国迫使中国签订《北京条约》，其第五款规定"凡有华民情甘出口，或在英国所属各处，或在外洋别地承工，俱准与英民立约为凭"，通商各口"毫无禁阻"。①这为西方列强大规模贩运华工提供了依据。在英国侵略者的支持下，天津英租界逐渐成为中国北方贩卖、转运华工的重要基地。

　　庚子国变之前，西方列强从天津贩卖、转运的华工数量较少，但到1904年，这种境况因非洲金矿劳力的匮乏而发生显著变化。19世纪六七十年代，南非发现金矿与金刚石矿。英、德、法、荷、美等国的资本家蜂拥到南非淘金。英国资本家为独占金矿产地，挑起英布战争，进而吞并了德兰士瓦共和国和奥兰治自由邦。战争结束后，当地金矿因劳动力缺乏而难以恢复生产，于是他们决定招募华工。经过反复争论，英国政府于1904年批准了《德兰士瓦劳工入口法令》。英国外交部随即与中国驻英大使就招工问题进行谈判，于当年5月正式签订中英《保工章程》，为英国掠夺华工披上了合法外衣。

　　未等《保工章程》签字，德兰士瓦矿务局于1904年3月就已派代理人到中国筹划招工事宜。同月，该矿务局与英商仁记洋行的天津分行订立了第一个招工合同，计划招募2 000名"合格自愿苦力"，从大沽口运往南非金矿做工。矿方付给洋行一定的招募费用，每名苦力的相关费用为1英镑17先令6便士（按当时的兑

---

① 王铁崖编：《中外旧约章汇编》第一册，生活·读书·新知三联书店，1957，第145页。

换率，折合银洋21元）。该洋行设在英租界内，由威廉·傅博斯等人经营。

《保工章程》签订后，德兰士瓦矿务局又与开平矿务局签订了招募华工的合同。后者每招募一名华工也得1英镑17先令6便士。开平煤矿总经理、英国人W.S.纳森亲自负责这一勾当。据统计，自1904年3月至1906年2月近两年间，开平矿务局所得手续费为94 771元。据此估算，开平矿务局贩运华工的人数当不少于9 000人。开平矿务局的这种勾当，一直到1907年以后才慢慢结束。在停止这项业务之前，其贩运华工的总数当在1.5万人左右。[①]

德兰士瓦矿务局与天津各单位签订的雇工合同无异于华工的卖身契。合同约定以3年为期，华工每日工作10小时，每两月工银为2.5英镑。这只是为骗取华工出国做苦力而开的"空头支票"。实际上，从他们签订契约开始，就相当于卖身为奴，失去了自由，丧失了尊严。华工只被允许做粗工，禁止做熟练技工，不准经商与经营小手工业，也不准购买不动产；必须住在矿主指定的处所内，不准出界，否则罚款10英镑或监禁1个月；必须随身携带"路票"，以便查验等。这些措施与

[①] 尚克强：《九国租界与近代天津》，天津教育出版社，2008，第77页。

当时对待非洲人的种族隔离措施如出一辙。

1904年6月30日，2 025名华工从天津乘船出发，去往南非。他们从登船之日起就失去了人身自由。7月29日抵达德班时，船上死亡、逃走的华工总计56人，折耗率为2.8%。有的航线上华工的死亡率高达百分之五六十。这些华工到南非后惨遭压榨，受尽折磨。嗣后招募的华工，均来自北方，主要是河北、山东两省。根据英国官方公布的资料，从1904年5月到1906年12月，共从中国港口招募华工63 811人，抵达南非口岸者为63 592人，到达金矿做工者为63 060人。这6万余名华工被卖出买进，备受凌辱，有些人葬身鱼腹，不少人死于矿井。[①]

华工对南非金矿生产的恢复发挥了重要作用，但他们受到了残酷的剥削与非人的待遇。南非金矿的华工工资只有欧洲工人工资的八九分之一，即使这些少得可怜的工资还经常被矿方克扣、盘剥。德兰士瓦的金矿矿井内阴暗潮湿，华工多从事爆石、打石眼、扛矿石上车等重体力劳动，每天劳动12小时以上。从1904年8月至1908年2月，这里死亡的华工多达1 626人，每月死亡率最高达到出勤人数的1.24%。白人监工手拿木棍和皮鞭，对华工动辄打骂，不少华工被活活打死。还有一些

---

① 艾周昌：《近代华工在南非》，梁初鸿、郑民编：《华侨华人史研究集》（二），海洋出版社，1988，第113页。

华工因所谓的"触犯法律"而被随意处死。

在这里，华工不但承受着繁重的劳动、遭受着非人的待遇，还处处遭到种族歧视，毫无人格尊严和自由。1907年，德兰士瓦通过新移民法，规定华人不得与欧洲人同坐电车、火车，不得同用一个邮局，不准参加选举，不准经营矿业，晚上9点以后不准在街上行走，等等。在英国资本家的剥削和压迫下，有些华工不堪其辱，起而反抗，或相约怠工、罢工、逃跑，或惩办可恶的白人监工，但均遭到军警的残酷镇压。资本家将华工视为奴隶，不断强迫华工超负荷工作，而他们坐享其利。

"一战"爆发后，英、法等协约国兵员锐减，人力资源匮乏，为挽回颓势，他们开始招募华工赴欧参战或从事勤务工作。代表法国国防部的陆军上校乔治·陶履德以"农学博士"的身份，组织官方招工团来华游说。法国驻华公使康悌与梁士诒、叶恭绰等人暗中勾结，在北京成立"惠民公司"，由交通银行经理梁汝成为全权总代表。1916年5月，惠民公司在天津大经路（今中山路）北侧的二马路仁寿里设立分公司，专门负责向"一战"时的欧洲战场输送参战华工，由李兼善、王世琪具体负责。该公司在寺庙、集市、茶馆等公共场所张贴告示，大肆宣传华工待遇之好，还通过帮会势力蛊惑民众。一时间，天津及周边贫苦人民不明真相，纷纷报名欲去海外"淘金"。惠民公司每招募一名华工赚取酬金100法郎，而且将每人的安家费扣发一半。签订招募合同的华工从天津大沽口分乘"安派""西义藏""阿利么"等船只远涉重洋。有些华工发现真相后奋起反抗，但被视为"滋事者"，随即遭到残酷镇压。1916年8月24日，第一批5 047名受蒙蔽的华工辗转抵达法国。据不完全统计，通过惠民公司赴欧的华工累计超过14万人，其中2万人死亡或下落不明。

到达法国的华工或被直接编入军队参战，或从事与军事相关的重体力劳动。许多人死于战场，如仅法国诺莱特华工墓园就安葬了近850位在第一次世界大战期间遇难的华工。法国方面并不遵守招工合同，无视合同中规定的华工权益。根据合同，华工部分薪水经巴黎中法

法国诺莱特华工墓园

银行汇回天津，通过法国驻津办事员和惠民公司转交华工的家属，但实际上有许多家属根本拿不到钱。此事经报刊披露，惠民公司遭到天津各界谴责，许多商界、业界名人联合上书直隶省省长，极力规劝该公司发扬人道精神，不要再招募华工。

"一战"结束后，法国的华工并没有享受到战胜国的国民待遇，反而成为"妨碍地方安定"的替罪羊，遭迅速遣返。数万返华的华工在天津被遣散时，惠民公司曾提出的华工返乡后有10元安置费的承诺也没有完全兑现。1921年，惠民公司销声匿迹了。

英国资本家不仅贩卖华工，还在天津设立工厂对华工进行残酷剥削。其中，天津英美烟公司就是典型的一例。

天津英美烟公司成立于1919年，位于天津河东大王庄的海河边，是帝国主义财团垄断烟草业的国际托拉斯——英美烟公司的子公司。1934年，天津英美烟公司改名为天津颐中烟草股份有限公司。在新中国成立之前，这家公司从中国人身上榨取了数以亿计的巨额利润，也给天津民众带来了深重的痛苦与灾难。

天津英美烟公司大量雇用童工，以降低生产成本。1937年之前，英美烟公司所属各地卷烟厂雇用的卷烟工人已有25 000余人。据统计，当时的童工人数约占该公司工人总数的三分之一，其中以天津的童工居多。该公司表面上规定不招收16岁以下的童工，但实际雇用的多是十四五岁甚至十二三岁的童工。雇用童工的好处一则在于童工年龄小，便于管理；二则在于童工的实际工作量并不比成年人少；三则在于童工工资低廉，有的甚至不足成年人工资的三分之一。

天津英美烟公司残酷压榨童工。他们给所有的童工都发一块铜质工牌，上面只有号码，没有姓名，俗称"小孩儿牌"。童工凭牌进厂门上工，每天早上6点上工，晚上8点才下工，劳动时间长达十三四个小时。由于工时长，劳动量大，厂内缺乏安全保护设备，这些童工的生命安全根本得不到保障，还要经常遭受外国人和工头的辱骂殴打。例如，老工人苏桂珍初进英美烟公司当童工时才12岁，有一次挑拣坏烟时，一不留神掉在地上一支。监工看见后跑过来直接打了她两记耳光，还一把揪住她的头发，把她推倒在地上，逼她把那支坏烟捡起来。

车间里粉尘飞扬，很多童工因此染上职业病，其中一部分很快就断送了生命。还有一些童工已经长到二十几岁，却仍被当作童工使用，干成年人的活，拿童工的工资。比如，该公司的华人员工杨瑞林进厂时已18岁，但被算作童工，直到23岁，还只能挣童工的工资。当时这样的情况十分普遍。

　　该公司对女工的压榨也颇为严重，如随意开除怀孕的女工，禁止女工在工厂内生育小孩和给孩子哺乳等。为了生活，许多怀孕的女工怕被工头发现，经常用布带把腹部勒紧，导致有些胎儿窒息死亡。还有些女工在上工时间临产，只能偷偷地到厕所里生产，把初生的婴儿放在纸盒里，再偷偷带出去。处在哺乳期的女工工作时没有给孩子喂奶的时间，许多家属抱着婴儿，每天中午守候在工厂门口，等待孩子母亲利用空隙时间出来为婴儿哺乳。

　　这家公司给予成年男工的工资也极其微薄。1920年以前，粳米卖七八元一担时，工人每月工资不足6元。后来粳米卖10多元一担时，工人每月工资不足10元。到1947年，米价涨到每担150元以上时，工人每月工资还不足70元。而同时期该公司外籍职员的工资比中国工人高出近百倍。

　　天津英美烟公司订立了很多没有人性的所谓"厂规"，比如不准在车间里说话，不准在各车间之间来往，不准在车间里饮食，甚至不准自由上厕所。如果员工违反"厂规"，轻者遭受处罚，重者被开除。有一年夏天，有个童工干渴难忍，偷偷地喝了一口水。洋人监工发现后，马上将他揪出去毒打一顿，打完随即将其开除。这个童工回家后没有几天就死了。还有一次，英国监工发现有个叫"小老虎"的童工上班时偷吃山芋干，马上跑过去打了他一巴掌，把他嘴里的山芋干掏出来，还罚他在墙角里站了半天。公司在二三百人的车间内仅安排两三个上厕所的"恭牌"，工人必须持"恭牌"才能如厕。很多工人内急时却拿不到"恭牌"，不得不偷偷地跑出去。监工发现后，就拿着棍子跑进厕所，把里面的人全部打一顿。

天津英美烟公司存在了30多年，其间从中国人身上榨取了数以亿计的利润，疯狂榨取我国人民的血汗。但在他们眼中，中国工人只是资本家赚钱的工具，丝毫没有人身自由和人权保障。

三、被洋人骗取的开平煤矿

晚清时期，清政府腐败无能，无力控制海关，聘请了英国人赫德为海关总税务司。在赫德的提携下，德国人古斯塔夫·冯·德璀琳把持天津海关达 22年之久，为外国商人在华牟利提供了种种便利条件。

1864年，德璀琳来到中国。1869 年，德璀琳以三等税务员的身份被调至天津海关任职。7年后，他出

任烟台海关税务司，并参与
《烟台条约》签订过程中的中
英谈判，为英国攫取了许多权
益。由于得到总税务司赫德的
赏识，德璀琳于1877年12月任
天津海关税务司。他长期把控
天津海关，为英国不断攫取利
益，成为使近代天津遭受屈辱
的罪魁祸首之一。

德璀琳

在天津海关税务司任内，德璀琳利用手中权力，给
洋商特别是英国商人牟取许多利益。他先后10次被推举
为英租界工部局董事会董事长，插手中国外交、积极扩
张英租界、垄断工程建设、掠夺开平煤矿等，不断助纣
为虐，充当西方列强侵略中国的爪牙。

德璀琳骗取开平煤矿是一桩牟取私利的国际大案。
该煤矿为1878年创办的民族企业，雇工约3 000人，年
产量约70万吨，是中国第一家机械化煤矿企业，曾给中
国带来丰厚利润。1892年，开平矿务局总办唐廷枢逝
世，张翼受李鸿章委派，接任开平矿务局督办。1899
年，张翼通过德璀琳把开平煤矿全部财产作为抵押，向
英国人墨林开办的公司借款20万英镑，筹建秦皇岛码
头。码头建成后，年吞吐量达四五万吨，促进了开平煤

矿的兴旺发达。眼见开平煤矿有利可图，墨林与德璀琳密谋，寻机霸占煤矿。

两人不仅在中国多次密谋，在墨林回到英国后，还通过密信和电报继续密谋。他们想在中国成立一个类似于海关的专门负责矿务的中央矿务总司。墨林建议德璀琳做自己的合伙人，承诺让他担任墨林公司在中国的负责人，利润由两人平分。后因这个计划过于庞大，无法实现，只好将其合作局限在张翼直接控制的矿业范围内。1896年，李鸿章出访欧美时，德璀琳随行。在这个过程中，他意识到俄国已经威胁到中国的东北和华北，很可能会侵占开平煤矿。如果真出现这种情况的话，他将无法再从该煤矿中获利。因此，德璀琳多次与墨林讨

开平煤矿

论成立国际财团，办理中国的采矿事宜。他要求墨林委派一名矿务工程师来华，名义上是张翼的技术顾问，实则为墨林的代表，以便继续实施他们共同侵占开平煤矿的密谋。1899年3月，墨林派美国工程师胡佛来到中国，作为其在开平煤矿的代表。

庚子国变为德璀琳与墨林侵占开平煤矿提供了契机。英国人以张翼刺探情报为由，将其抓进监狱，张翼深恐自己被洋人杀掉。德璀琳抓住这个机会，在看望张翼时称开平煤矿区的产业正处在危险之中，建议他将矿务局的产业置于外国公司的"保护"之下，并拿出一份自己拟好的文书让张翼签字。他还威逼利诱张翼，若是张翼答应此事，就搭救张翼出狱。受到惊吓的张翼在第二天就签了字，任命德璀琳为开平矿务局代理，授予他全权，以筹划最善之法保护矿产。之后，张翼被释放回家。

后来，德璀琳与胡佛等人担心保矿手续无效，又反复劝说张翼签署了两份札文、一份备用合同和一份授权书，授权德璀琳、胡佛和墨林筹措100万英镑，收购直隶全省及热河的矿山权益。张翼在未经请示的情况下，任命德璀琳为开平矿务局总代理，德璀琳有权按照自己的意愿管理、经营、抵押、租赁、出售开平矿务局的所有资产。1900年7月30日，根据张翼签署的保矿手续和两份札文，德璀琳与胡佛又签署了一份合同，将开平矿务局的所有财产和权益都移交给胡佛，由胡佛转交给墨林在英国注册成立的开平矿务有限公司。就这样，他们将开平煤矿国有资产的属性彻底抹去，使之成为一家英国的股份公司。

1901年，胡佛再度来到中国，在德璀琳等人的协助下，迫使张翼签订移交定约。为达成这一目的，胡佛假意向德璀琳和张翼许诺，分别给二人5万新公司的股份（相当于5万英镑），并答应张翼终身担任督办。他还对德璀琳谎称，新公司将成立两个董事部，一个设在伦敦，一个设在中国，由德璀琳负责新公司在中国的一切产业。事实上，开平矿务有限公司的组织章程中根本没有关于中国董事部和张翼任督办的相关规定。张翼在胡佛、德璀琳的威逼利诱下，签署了移交定约，将开平矿务局的一切产业和权益移交给英国开平矿务有限公司，致使中国对开平煤矿的所有权完全丧失。墨林公司担心这种做法存在风险，恐被清政府追责，又将开平煤矿的所有权转移到了当时的大财团——东方辛迪加的名下。在开平煤矿矿权转移的过程中，胡佛受益甚多。当胡佛于1901年9月离开天津前往伦敦时，他已经拥有了数百万美元的巨额财富。

由于担心受到惩处，张翼对开平煤矿的所有权转移之事始终没有向清政府奏报。直到1902年，一名地方官员在经过开平煤矿时才发现煤矿工地上飘扬的并不是清朝的黄龙旗，而是英国的米字旗。由此，朝野上下才终于知道了开平煤矿被卖的事实。1904年，清政府派张翼赴伦敦打官司，要求争回开平煤矿的所有权。然而，法庭在听取了他的陈述之后，认为墨林公司确实存在欺骗张翼的行为，但同时认定张翼将开平矿务局授权给德璀琳的合同全部有效，以致中国根本无法收回该矿的所有权。根据英国法庭的相关案卷分析，德璀琳占墨林公司45%的股份，胡佛占35%，张翼占5%，剩余股份被其他英籍政客瓜分。

辛亥革命后，开平煤矿仍长期被英国公司霸占，直到新中国成立后才被收回。

开平煤矿矿权案东窗事发后，举国震惊，西方列强不但能用坚船利炮打开中国的大门，还能够用纸质合约骗取中国的煤矿，吞食中国的"肥肉"。清政府的腐败和无能暴露无遗，清朝已经处在覆灭的边缘。

第四章

凌驾于中国法律之上的洋人

1860年，天津被迫成为通商口岸，西方列强通过一系列不平等条约在中国确立了领事裁判制度，借此干涉中国内政，操纵中国司法。列强的在华领事馆享有领事裁判权，外国人在天津境内的一切犯罪行为，中国人都无权过问。在领事裁判权的保护下，外国人在天津横行霸道、走私贩毒、杀人越货，中国的法律却不能对他们加以制裁。这种领事裁判权，成为列强危害中国人民生命财产安全，在中国逞凶肆虐、走私贩毒的保护伞，严重破坏了中国司法主权，损害了中国的国家尊严，给民众带来了深重的灾难。

一、逃脱谋杀罪名的日本职员

庚子国变后，天津的日本洋行变本加厉地欺压我国商人，甚至为一己之私而杀人越货。茨木洋行的日本职员田尻福之助、田边与之助的杀人抢劫案就是一个典型案例。

这二人是宫北大街73号日本人开设的茨木洋行的职员。1906年9月，田尻与田边密谋策划了针对宫北大街3号瑞源钱铺伙计张璞斋的杀人抢劫案。9月30日下午3时许，他们给瑞源钱铺的经理李瑞麟打电话，谎称茨木洋行拟从该商号购买2 000元的手票。李遂遣该商号伙计张璞斋携900元的手票前往茨木洋行。5时许，张璞斋返回瑞源钱铺，向李汇报说，买主是海光寺日本军队的长官，约定第二天早上7时凑足2 000元的手票再送过去。因该商号与茨木洋行向来有业务往来，李遂将2 000元的手票交给张去办理。

10月1日早晨6时3刻，小雨淅淅沥沥，张璞斋携款前往茨木洋行。然而，时至中午，李瑞麟仍未见张璞斋回来，遂派人前往茨木洋行询问，结果该洋行的账房等人皆称并无购买手票之事，也未见张璞斋来过这里。当时，田尻与田边并不在洋行，直到晚上8时才回来，但他们也称从未见过张璞斋，更没有交易手票之事。因涉及海光寺兵营，茨木洋行答应次日派人带领李瑞麟等人去海光寺日本军队查访。10月2日，李瑞麟等人跟随两个日本人前往海光寺查询，结果负责接待他们的日本军官称兵营也无人知情，至此张璞斋失踪已成疑案。面对人财两失的蹊跷情况，李瑞麟决定继续追查，遂一面向警局报案，一面向天津商务总会呈文，请求其协助查找张璞斋的下落。商务总会接到报告后又向天津知县求助。不过，在接下来的两个多月中，仍未查到张璞斋失踪的线索。

日军在海光寺设立的驻屯军司令部

　　12月11日，张璞斋失踪案出现了转机。当天，几位商民在日本租界天安里东南角的土坑内挖出一具尸体，当即报告日租界当局及天津县衙。日租界的公署人员率先赶到现场，带走了一条勒绳和一个皮包，仅留下一些衣物，其中的一件串珠钱褡上面绣着"璞斋"二字。后经天津县谳员王树泰带领刑仵勘验，尸体的额颅处及左腮颊处各有一处创伤，皮破；与颔面相连的项颈处有一道绳痕，紫红色，有血晕；身体其他部分无伤情，系被人用绳勒毙。经张璞斋的表舅吴恩奎辨认，这具尸体确系张璞斋。至此可以确认，张被人谋杀，而凶手当系茨木洋行那两个晚归的日本人，即田尻福之助与田边与之助。该案经《商报》等报纸报道后，津门一片哗然。

12月12日，日本公署将此案嫌犯田尻福之助、田边与之助二人捕获。他们供称此事的主谋为之前在海光寺日本军队当过兵的石附宇吉。该犯退役后以卖杂货为业，但生意不景气，遂与田尻、田边二犯相勾结，共同设计图财害命。当张璞斋抵达茨木洋行时，田尻、田边二犯已在此等候，并将张璞斋诱骗到一处住房楼上。稍后，石附宇吉提着一包点心、一瓶威士忌酒和一瓶中国酒进来，言称大家边吃边谈。席间，石附宇吉趁机将预先放入毒药的点心递给张璞斋，张食用后腹痛即欲外逃，被田尻拉回用重拳击倒。田边将一条毛巾塞进张璞斋口中，石附宇吉抽出自己的腰带，与田边一起将其勒死。事后，三人将张携带的2 000元手票瓜分，田尻、田边各得500元，石附宇吉得1 000元。10月2日晚9时，三名凶犯将张璞斋的尸身装入柳条箱，运至日租界天安里东南角排水沟处埋藏。案发后，石附宇吉恐怕事情败露而逃回日本，而田边、田尻二犯仍在茨木洋行任职。

张璞斋血案对瑞源钱铺是一次重大打击。该血案发生后，整个商号不能运转，李瑞麟因惊忧过度而呕血，于11月18日亡故。不久，日本公署拟补偿瑞源钱铺300元，以了结此事，被该号拒绝。对此人命关天之事，天津商务总会与天津知县迅速照会日本领事，要求严惩凶手。

12月14日，天津知县章师程向直隶总督兼北洋大臣袁世凯禀报张璞斋血案的基本案情，请袁核查后向天津海关道通报，再照会日本领事，将首犯石附宇吉从日本缉拿到天津审判。18日，天津商务总会会董张维骐等73人致函天津商务总会称，此次茨木洋行的职员残忍杀害张璞斋并劫走银票的恶行比"明火路劫案更加一等"；若按中国法律判决这一案件，应将主犯与从犯一律就地斩决，悬竿示众；若按照日本律例判决，也应是"斩首与枪毙之别"；一日不将凶犯定罪，则天津各商行一日人心不安，都准备与日本人断绝商贸往来。因此，他们请求天津商务总会与日本领事馆交涉，尽快惩办凶犯，以免华商再生疑虑。

12月25日，章师程向天津商务总会表示：依据《中日通商行船条约》第二十二款，凡日本臣民被控在中国犯法，归日本官员审理，如果审出真罪，依照日本法律惩办；又依据《中英烟台条约》，中国不能独立审判涉外案件，只能到被告人所在国的相关机构提出控告，而中国官员只可赴承审官员处观审；张璞斋血案应由日本领事追拿凶犯，并按照日本法律审办，我国将派员前往观审。由于中外不平等条约的限制，中国对在本土犯罪的外国凶犯竟没有审判权，仅能"观审"而已，极其讽刺！

1907年1月10日，袁世凯通知章师程，已核查张璞斋血案的案情，并照会日本领事，将派员前往日本"观审"。3月15日，日本长崎地方裁判所刑事法庭开庭审理了此案，中方派外交使节杨星使及中国驻长崎领事"观审"。4月10日，杨星使从长崎向天津方面发来电文称，天津张璞斋被害案，经裁判所审理，判处首犯石附宇吉死刑，田边与之助无期徒刑，田尻福之助监禁12年。随后，持续报道此案的《商报》全文刊登了此电文。

长崎地方裁判所的审理似乎为张璞斋血案画上了句号，然而事情并未了结。从杨星使的电文看，只见刑事处罚，未见民事赔偿。即使刑事处罚也没能落到实处，这只是日本官方掩人耳目的做法。马关议和过程中行刺李鸿章的凶手小山丰太郎最后得到的惩罚不过是充军一年。张璞斋血案中的三名凶犯被押解回长崎，明面上定了死罪，实则最多罚他们做数月的苦力。

二、公然枪杀中国警察的洋电车稽查员

在领事裁判权的庇护下，外国人在天津随心所欲，横行无忌，不但欺侮、蹂躏我国民众，还公然杀害负责维持治安的我国警察。1918年，罗马尼亚籍电车稽查员布斯拉在天津枪杀巡警蓝佩铭的案件引起社会各界的关注和愤怒。

当时，比利时建立了天津电车电灯公司，垄断了天津的电车、电灯业务。自1906年起，该公司在天津陆续开通白牌、红牌、黄牌、蓝牌、绿牌、紫牌六种电车。除雇用一些流氓处理电车的交通事故外，该公司还雇用一些其他国籍的游民充当电车稽查员。这些稽查员随时登车查票，盛气凌人，对稍有不从的乘客随意打骂，百姓们敢怒不敢言。此案的凶犯布斯拉就是比利时电车电灯公司雇用的罗马尼亚籍稽查员，居住在法租界。

1918年的一个午后，天津消防总署的消防队员蓝佩

铭像往常一样，乘坐由北向南的61号白牌电车去上班。车行至半途时，罗马尼亚籍电车稽查员布斯拉上车开始查票。当查到蓝佩铭时，蓝佩铭称自己是警察，按照电车公司规定，警察制服整齐者可以免费乘车。然而，布斯拉坚持要查看蓝的证件。蓝表示，自己身上的这身警服就可以证明其身份，不必再验看证件。布斯拉并不认可蓝的说法，认为中国人要无赖的太多，坚持要查看蓝的证件。在蓝从衣服口袋中掏取证件之时，这个外籍稽查员嫌蓝的动作太慢，竟然拿鞭子抽打蓝。蓝对这种欺人太甚的行径十分愤怒，遂上前与布斯拉厮打起来，将其鼻子打伤出血。布斯拉随即恼羞成怒，向蓝连开三枪，导致蓝当场死亡。事后，布斯拉命令所有乘客下车，将空车开回车务处。

天津消防总署获悉蓝佩铭被杀一事后，立即派人赶往车务处进行交涉，要求布斯拉开车将蓝佩铭的尸体运送至警察厅。尸检过后，警察厅购置了棺木，将蓝装殓，并与家属一起将其棺椁送至千福寺暂厝。入土之前，蓝佩铭的母亲看到躺在棺材中的儿子面部血肉模糊，悲痛欲绝，一时哭昏过去。消息很快传遍了天津的大街小巷，激起了民众的愤怒。天津消防总署的全体消防队员闻讯后，带领着千余名愤怒的市民冲上街头，砸毁了一辆正在运营的电车。

天津东马路上行驶的电车

当晚，法国驻天津副领事，天津电车电灯公司的外方经理、中方经理、总稽查及中方特派交涉员等齐聚警察厅。数千名市民也来到这里，要求判处布斯拉死刑。虽然布斯拉百般狡辩，但经卖票人、司机和乘客指证，他不得不承认枪击蓝佩铭致死的事实。不过，法国领事以领事裁判权为由，声称警察厅无权审判布斯拉，拒绝交出布斯拉，而是将其带至法国领事馆羁押。所谓"羁押"，不过是一种保护手段而已。

天津报刊纷纷报道了此案，天津各界呼吁官方立即与法国领事严正交涉此事，号召民众停止乘坐电车。警察厅唯恐事态扩大，在将此案经过呈报直隶省省长曹锐的同时，张贴布告，请市民保持克制，并函请各报馆暂缓报道该案。曹锐唯恐引起列强的不满，因此一面特派交涉员与法国领事交涉此事，一面要求天津警察厅按照程序办理，对借机造谣的所谓"不法之徒"，一经查获，即按军法严惩。

在交涉过程中，中方交涉员提出，凶手布斯拉为罗马尼亚人，而中国与该国并未签订通商条约，该国也就没有领事裁判权，因此应由中国处置凶手布斯拉。然而，法国领事宣称布斯拉居住在法租界，自应受法租界当局保护，拒绝将布斯拉移交天津警察厅。不久，法租界当局将布斯拉送回罗马尼亚，致使杀害中国巡警的洋稽查员逍遥法外。作为涉事单位的比商天津电车电灯公司不过是象征性地给了蓝家一点抚恤金。布斯拉枪杀蓝佩铭的案件最终不了了之。

由于领事裁判权的庇护，近代天津的外国人公然对华人行凶，却不受惩处，这无疑是对中国人的莫大欺凌与羞辱。

三、夺货伤人的法国商人

北洋政府统治时期，天津的一些外国商人在租界的庇护下，经常藐视我国商业规范，欺压我国商户。天津法租界的法商华隆运货公司在京奉铁路东站新货场夺货伤人的案件就是典型一例。

1921年11月27日下午，华隆运货公司派勒萨治、雷万驾驶两辆运货汽车到京奉铁路东站新货场，企图私自运走庆兴厚货栈存放在此处的15吨核桃。场长卢维廉并未答应华隆运货公司的口头提货要求，声明任何商家要运走该场的货物，须凭货主的提货单，否则不许提货。然而，华隆运货公司并无单据，勒萨治、雷万强硬地要求场长打开仓库。卢维廉向庆兴厚货栈核实此事，该货栈称尚未收到货款，任何人不可提走货品。因此，卢拒绝开仓搬货，两名洋人空手而归。

华隆运货公司见偷运不成，恼羞成怒。12月2日上午11点，勒萨治、贝吉尼带领十几名士兵乘坐运货汽车闯入京奉铁路东站新货场，试图强行取走该场所存的庆兴厚货栈的核桃。当时负责看守货物的工人虽然不敢得罪这群带着武器的洋人，但仍坚守职责，向其查问，要求他们拿出提货单。哪知这些洋人不容分说，先将存放核桃之处围住，随即动手强取货物。工人们急忙上前阻拦，双方发生了激烈冲突。手无寸铁的工人自然抵不过有备而来的洋人，结果3名中国工人被刺伤。事发后，场内的工人迅速聚集起来，当场将勒萨治、贝吉尼2人和1名士兵控制起来，连同他们随身携带的2支枪支、6发子弹等物品交给货场所在地的二区警察局。其余的士兵则全部逃走。

二区警察局经过审讯，确认勒萨治、贝吉尼等人强抢货物的情况属实，而他们反控中国工人对其拳打脚踢等情况属于诬告。不过，迫于领事裁判权的压力，该警察局只得将勒萨治、贝吉尼等3人交由法国军队副官及法国副领事签字领回，涉案的汽车、枪支等也由外国警员领回。由于此案属于外国人带领士兵夺货伤人的涉外案件，危害公共安全，该警察局呈请直隶公署据理力争，要求惩办凶犯，以保护中国人的安全，外交部遂派直隶交涉员祝惺元办理此案。

但法国领事馆对华隆运货公司与法国士兵勾结伤人一事缄口不言，甚至倒打一耙，把全部罪名推到了货场的头上。12月7日，法国领事馆致函交涉员祝惺元，交涉华隆公司夺货伤人案，但罔顾事实，颠倒黑白。其函的大意如下：第一，法商华隆公司早与庆兴厚货栈签订了合同，有权装运该栈存货。第二，此次冲突完全是由货场联合中国脚夫垄断运输方式谋求利益导致的。曾有脚行借口有专运特权，不让该公司使用汽车运货。华隆公司多次派汽车前往京奉铁路东站新货场提货，却遭到30余名中国脚夫的拦阻。第三，12月2日，华隆公司又遭遇数百名脚夫的阻拦，由于中国警察不在场，不得不召来10余名法方铁路卫兵自卫。然而脚夫们一拥而上，控制了勒萨治、贝吉尼和1名士兵，将其送到中国官署，并在路上对这些人进行恫吓与虐待。法国领事还搬出1858年签订的《中法天津条约》有关贸易自由的条款，向祝惺元表达对中方的指责，并提出多项无理要求：第一，中国不能取缔脚行的做法违反贸易自由的条款；第二，12月2日聚众妨害贸易自由的数百名中国脚夫应受到刑事处罚；第三，当日中国警察没有尽到保护法国商人的职责，中国应对涉事警察进行处罚；第四，中国脚夫攻击铁路卫兵，必须受到严惩，中国应赔偿法国的一切损失。

12月8日，京奉铁路东站新货场的脚夫代表们联名致函天津商务总会，认为华隆运货公司勾结外国士兵抢货伤人一事不仅威胁小民生计，而且侮辱国权，请求天津商务总会上陈直隶交涉公署，维护民生与国权。

12月10日，祝惺元回复法国领事，称此事关系华洋纠葛，必须查明案发的原因，方可秉公处理。他向法国领事提出两项要求：一是提供华隆公司与京奉铁路东站新货场的原合同抄录件；二是需要确认，12月2日华隆公司召集10余名武装卫兵到场的情况是否有法国驻津指挥官正式批准的命令。法国领事表示，法商华隆公司与京奉铁路东站新货场虽未签订正式合同，但双方有口头契约，并已按此契约进行多次合作；该公司召唤卫兵没有驻津指挥官正式的批准命令，因为无论何人在京奉铁路东站遇到危急情况，均可呼唤守站卫兵，无需特许命令。同时，该领事还称，祝惺元的所有来函并没有回应法方过去所提的要求，并未涉及如何惩罚脚夫，要求先按照法律，对涉案的老爷庙、老龙头、大王庄、郭庄子、王庄等七个村庄的脚行提起公诉，并进行惩罚。

此后，祝惺元与法国领事就此事进行了多次交涉，但法国领事始终狡辩，称此次事件都是由中国脚夫勾结货场阻拦华隆运货公司提取货物所导致的，要求严加惩办肇事者，"以洗法国陆军所受之侮辱"。被法国领事馆带回的勒萨治、贝吉尼以及士兵，最终在租界的庇护下逃之夭夭。

近代天津的涉外案件频发，涉案外国人无论是掠夺华商财物，还是侵害华人性命，最终都因为领事裁判权而逍遥法外，极少受到应有的惩罚。这些涉案的外国人在犯案之后毫无悔过之心，依仗其所属国家的领事裁判权逃避惩罚，无疑是对中国主权与司法的严重羞辱。无论这些涉案的中国人多么平凡，但在外国人面前，他们都是中国的一分子，代表着中国的尊严。在天津之地，中国人被杀、中国货被抢，而中国政府却无力为受到冤屈的国民主持正义与公道，实为国之大耻。

四、被重罪轻罚的俄国抢劫犯

　　1919年12月5日，哈尔滨增盛面粉公司的职员萧贤臣携带一笔巨款，前往双城子办理业务。这笔巨款包括公司款项4 826元、振大公司托带的5 000元及永成利公司托带的800元，总计10 626元（日本老头票），折合银圆9 000余元。当他乘坐火车抵达俄国境内某车站时，两个俄国人突然闯进萧的包房，声称要对他进行例行检查。他们在未出示任何证件也未经萧许可的情况下，擅自打开萧的皮包，发现包内装有大量现金后，交换了一个眼神就离开了。半小时后，其中的一个俄国人命令萧带着皮包随他到头等包房，说是他们的长官要亲自检查。刚一到包房，两个俄国人就扑上来将他的皮包抢走。在场的另一名带有中尉军衔的俄国人称："按照俄国的法律规定，钱款是不允许携带出境的，一旦查出不但要没收、罚款，还要对当事人判处5年监禁。"萧于是要求这名中尉开具罚款的收据，但遭到拒绝。他这才意识到这些俄国人不是检查员，而是一伙抢匪！为了防止俄国人得钱后杀人灭口，萧央求他们放自己一条生路。最后，这伙俄国人给萧买了一张前往哈尔滨的火车票，并威胁他不准向外界透露这次被扣留巨款之事，否则就将其杀害。萧回到哈尔滨后，立即通过外交途径向俄国当局提出控诉，要求俄国方面尽快缉拿抢劫他的三名俄国人。不久，俄国双城子警方来电，称已将其中的两名嫌疑人缉拿归案。萧即刻赶赴双城子，当场辨认出两名罪犯，一个叫哥雷金司克，一个叫撒克森。二人对所犯罪行供认不讳，遂经法院宣判移送监狱关押。

1920年1月，这两名罪犯趁俄国发生新党政变之机越狱潜逃。1921年9月，哥雷金司克在海参崴再次被警方捕获，而撒克森则越境潜入天津，后被天津警察厅捕获。此时正值中国力争收回外国在华领事裁判权的关键时期。1921年11月25日，中国代表团成员在华盛顿会议上陈述领事裁判权之弊，请求各国允许中国在一定期限内撤废列强的在华领事裁判权。后经多番博弈，英、法、美等列强决议，在会后3个月内组织调查委员会赴华调查，以此作为判定是否保留在华领事裁判权的重要依据，天津也是被调查的城市之一。撒克森案发生后，司法部立即密令直隶审判厅"谨慎从事"，既要做到对受害的国民有一个交代，又要保证此案的判决结果让国际社会满意。

在事关列强在华领事裁判权取消与否的特殊时期，天津审判厅在处理涉外案件时畏首畏尾。1922年1月，该审判厅审理俄国人撒克森抢劫华人萧贤臣的案件，不但引起了中国司法界的格外重视，而且引起了国际新闻媒体和国际法律界人士的广泛关注。中国方面希望通过该案的审理，让国际社会进一步了解中国法律，认同中国法律的成熟与独立，以促进领事裁判权的顺利收回，而一些外国人则企图利用此案大做文章，阻碍中国收回领事裁判权。

1月11日，天津检察厅在萧贤臣做证的情况下，以诈欺取财罪对撒克森提起公诉。12日，天津审判厅公开审理此案，撒克森当庭翻供，拒不承认曾经抢劫过萧贤臣。虽然该犯百般狡辩，但其罪行确凿。16日，天津审判厅作出一审判决，撒克森犯诈欺取财罪，处三等有期徒刑三年。撒克森不服，于次日向直隶审判厅提出上诉。在押期间，撒克森又以身患肺炎为由，要求看守所为他安装火炉。当时中国方面考虑到国际影响，将他改押于病犯监房，破例为他安装了火炉。二审中，撒克森的辩护律师称，撒克森在双城子是被无罪释放的，并非越狱逃跑。后经证明，撒克森、哥雷金司克等3人劫财和越狱潜逃的情况均属事实。3月16日，直隶审判厅作出"驳回撒克森上诉，维持原判"的判决。撒克森仍不服判决，遂上诉至大理院。

当时，一些在华的外国法律人士纷纷发表言论，污称中国法官、律师、法警摄威擅势，举止傲慢，甚或公报私仇。他们还指出，中国要想收回各国领事裁判权，在司法方面必须进行改革，比如法庭内应设置当事人座席，审问时不可有拍案怒骂的情况，监狱须给每人至少单衣一套、棉被一床，等等。

大理院面对外国新闻媒体的持续施压，并考虑日益临近的国际司法视察团来华考察，遂于1922年7月18日将撒克森一案发回直隶审判厅重审。22日，直隶审判厅作出最终判决：撒克森因犯诈欺取财罪，处四等有期徒刑一年零两个月，在押时间准以两日抵刑期一日。这种惩罚显然不足以抵消其所犯的罪行。即使如此，驻北京、上海等地的外国法律界人士仍普遍认为，当时中国司法官厅对待诉讼人及刑犯仍沿袭清代的专制习气，中国的司法制度存在若干问题，因此中国不可能收回各国领事裁判权。

北洋政府急于收回各国领事裁判权，因此对撒克森重罪轻罚，并积极进行司法改革，但因经费不足迟迟不能落实。直到1926年5月，由英、美、法、荷、比等国8名成员组成的国际司法视察团才前往武昌、上海、天津等地视察。案件已过去几年，视察团成员却故意询问当年审理撒克森案的情况，并百般刁难，最终列强驳回了中国收回领事裁判权的请求。

从审理该案的整个过程看，尽管中国政府考虑到国际影响，对撒克森施以优待，重罪轻罚，希望能换回领事裁判权，但西方列强始终对中国司法持轻视的态度，从未想过放弃在中国的领事裁判权。

1843年7月签订的《中英五口通商章程》规定，凡英国人与中国人交涉诉讼，"英人如何科罪，由英国议定章程法律发给管事官（即领事官）照办"。自此在华的洋人获取了不受中国法律管辖的特权。之后，美、法、俄、德、日、挪、丹、荷、西、比、意、奥、秘、巴（西）、葡、墨、瑞（典）、瑞（士）等19国陆续获得这一特权，严重破坏了中国的司法主权。在特权的庇护下，洋人肆无忌惮地欺辱天津的百姓，犯下了累累罪行，但大部分都免受法律惩罚，中国百姓的人身及财产安全几乎无法得到保障，只能任人宰割。十月革命后，苏俄政府宣布取消沙俄在华领事裁判权。第二次世界大战期间，各帝国主义国家被迫宣称放弃这一特权，但实际上直至中华人民共和国成立，列强在华的领事裁判权才被彻底废除，中国才真正收回了司法主权。

第五章

西方宗教势力在天津的恶行

　　天津是近代西方宗教势力较早渗透的中国城市之一。晚清时期，西方列强在对中国实行军事侵略与经济掠夺的同时，还进行多种形式的文化渗透，以粉饰其殖民行径，摧毁中国人的民族尊严和文化自信。其中，宗教传播即为文化渗透的一种重要手段。早在康熙、雍正时期，清政府就禁止外国人在中国传教。然而，西方列强并不理会清政府的禁令，暗中派遣传教士潜入中国，宣扬教义以进行文化侵略。此后，列强利用一系列不平等条约，逼迫清政府允许他们在中国境内自由传教。来华的传教士为方便其传教工作，着力宣扬西学，同化中国民众。与此同时，一些传教士成为列强侵略中国的眼线和急先锋，他们刺探中国的政治、军事情报，协助列强进行侵略扩张，延伸其势力范围，还利用各种手段霸占田产、聚敛钱财，甚至挑起教民争端。不甘受辱的中国民众虽然奋起反抗，但在国力衰微的时局中收效甚微。

一、初入天津的基督教

鸦片战争后，天主教势力最早渗入天津。1844年，法国凭借《中法黄埔条约》获取了在中国建立礼拜堂的特权。1847年，法国天主教会曾秘密派传教士来天津进行传教活动。1855年，在法国天主教遣使会教士孟振生的差遣下，籍隶广东南海的华人天主教神父邱云亭由上海潜入天津，在东门外开设振生堂药铺，以行医施药为名，秘密进行传教活动。1858年，振生堂遭官府查禁。

最先进入天津的基督教势力是美国公理会，之后英国圣道堂、伦敦会的传教士也进入天津。1860年9月，美国公理会传教士柏亨利来到天津。次年，他在天津南门外大街建立了一所基督教堂。1861年4月，英国圣道堂的传教士殷森德和郝韪廉到达天津，在天后宫附近强租房屋作为礼拜堂。5月，伦敦会传教士艾约瑟、理一视也来到天津。随后，贝赉臣和王山达也相继而来，并在鼓楼和马家口各建造了一处教堂。1872年，美国美以美会的达吉瑞到达天津，在东门内租了一处铺面作为教堂，后又在海大道（今大沽路）购置12亩地修建教堂，另设立蒙学馆和妇婴医院。一些教会在天津城内及附近郊县成立教会组织，设立教堂或布道场，逐步向华北、东北、西北等内地进行扩张。

天津开埠后，法国天主教迅速前来该地发展自己的势力。1858年，法国根据《中法天津条约》攫取了在华进行传教的特权。1860年，其又依据《中法北京条约》，迫使清政府"任各处军民人等传习天主教、会合讲道、建堂礼拜"。但在该条约的签订过程中，担任翻译的法国传教士孟振生竟暗中在条约的中文版中加入了"任法国传教士在各省租买田地，建造自便"的内容，而清政府的谈判代表毫无察觉，签字认可。这为法国传教士在中国内地自由传教提供了合法性保障，也为西方列强对华的文化渗透打开了方便之门。

1861年，孟振生派北京北堂的本堂神父卫儒梅来天津主持传教工作。到达天津后，卫儒梅通过法国驻天津领事德微理亚与三口通商大臣崇厚交涉，霸占了望海楼；后来又以每亩1 000文的低价取得崇禧观（香林院）一带15亩地的永租权，并在执照上写明"作大法国传教士建造教堂之用"。不久，卫儒梅将望海楼让作法国领事馆的驻地，以换取法国官方的庇护。1862年，孟振生从法国带来14名仁爱会修女，将其中的5名留在天津，开办仁慈堂。1864年，法国天主教会在天津城东关的海河右岸的小洋货街修建了仁慈堂、医院、施诊所、修女住宅和一座小教堂。1866年，孟振生派遣神父谢福音主持天津教务。

谢福音是一名暴戾、跋扈的天主教会活动分子。他一到天津就开始强占土地，大肆建设教堂。1869年5月，谢福音不顾当地民众的反对，拆掉了平时香火鼎盛的崇禧观，并为修建望海楼教堂举行盛大的奠基典礼，邀请各国驻天津领事、天津各衙门的官员和天主教北京教区的主教到场助威。同年12月，望海楼教堂建成。建成后的望海楼教堂高10米，长30米，宽10米，规模宏大，装饰精美。谢福音得意地宣称，建造这座教堂是圣母仁慈和战争胜利的结果。因为若没有圣母的仁慈，他们就不能得到战争的胜利；若没有战争的胜利，他们也就无法建造这座为大法国效力的教堂。他还让工匠在教堂钟楼正面的大理石上刻上"圣母得胜堂"的法文金字。法国人倚仗自己的强权霸占中国的土地建造教堂，还在上面刻上"得胜"的字样，这是极大的侮辱和挑衅，严重损害了天津民众的民族感情和宗教信仰，因而百姓把这座楼称为"鬼子楼"。早在1858年英法联军第一次入侵天津时，作为皇帝行宫的望海楼就被他们占据，里面的东西也被洗劫一空。崇禧观是天津一座有名的道观，士绅们闲暇时经常来这里观花吟诗。然而，这样一座寄托着中国人文化情感的本土宗教建筑被强拆，代之以天主教的"圣母得胜堂"，引起了天津人的愤恨。更令天津人深感屈辱的是，教堂建成以后，谢福音借口"传道讲经的地方必须肃静"，强迫地方官下达命令拆除附近民房，赶走周围的摊贩，使许多居民流离失所，无家可归。

由于传教士横行霸道，天津民众对教会怀有强烈的反感与抵触情绪。传教士的一份报告称："这座城市的教徒为数不多，尚有成百上千的人需要归化。但是要想打动这里民众的铁石心肠，非有一个会行奇迹的人不可。他们心中对外国人充满了蔑视。对我们不是当面辱骂，就是吐痰表示轻蔑。……他们对洋鬼子成见极深。"[①]为消除天津人的抵触情绪，法国天主教会在海河右岸的小洋货街修建了收养孤儿的"仁慈堂"以及医院和施诊所，企图通过"做慈善"来收买人心，扩大传教范围。该教会除鼓励传教士从各地领养儿童送入仁慈堂外，还对其他送来婴儿的人给予奖金。在这种宣传和鼓动下，一些教民和流氓不断拐卖、绑架儿童，然后送入仁慈堂，以牟取不义之财。1865年，仁慈堂收养的婴

---

① 赵永生：《天主教传入天津》，天津市政协文史资料研究委员会编：《天津租界》，天津人民出版社，1986，第199页。

儿共156名；至1870年，已增至450名，其中不少婴儿的
来路不明。

天津教案中被毁的第一代仁慈堂

　　仁慈堂看似是收养孤儿的"慈善所"，实际上是以
慈善之名行拐骗之实，进行教义宣传。这些进入仁慈堂的
孩子并没有得到妥善的照顾，很多甚至连长大的机会都没
有。他们不管孩子的身体状况，在严寒的天气也强行对生
病的中国孩子进行洗礼，导致很多幼儿接受洗礼后死亡。
经过洗礼的孩子自小被灌输西方文化及教会思想，成为
教会的信徒。遇到疫病时，这些孩子得不到及时救治，

大量死亡。例如，1870年，天津地区瘟疫横行，仁慈堂中的三四十名孩童因感染传染病却未得到及时救治而死亡。死亡之后的孩子并未得到妥善安置，有些孩子的尸体被随意地扔在简陋的棺材里，草草地掩埋在天津城郊的荒野里，一个棺材里装好几具尸体；有些则被直接扔在荒野上，引来一些老鹰和野狗抢食，导致尸身无目、胸腹洞开、脏器缺失，场面惨不忍睹。

这种惨状引起了社会的恐慌，进一步加深了天津民众对教会的愤慨和痛恨，百姓纷纷要求官府为民做主。1870年6月6日，官府抓获用药迷拐幼童的匪徒三人，其中一人是法国天主教的教徒。但是，该匪徒并未受到应有的制裁，而是被法国的天主教人员接走，不了了之。之后，天津不断发生迷拐儿童事件。一些传教士还教唆教徒、暴民殴打民众，纵容他们为非作歹，民众气愤不已。民教之间的隔阂日益加深，一场巨大的流血冲突即将来临。

二、"天津教案"中的国人屈辱

1870年6月18日，拐骗犯武兰珍的供述使民教矛盾进一步激化。拐骗犯武兰珍被抓后供称，他是被教民王三骗入望海楼教堂，然后依照教堂人员的指使用药迷拐幼童的，每名幼童的价码是5块银洋。他还提供了修女和神父唆使他拐卖儿童的相关证据。当时的三口通商大臣崇厚坚称修女和神父是清白的，但天津的地方官员断定他们与拐卖一事有关，请求朝廷予以查究。拐骗犯的供述与地方官员的断言很快传遍了全城，一时民情激愤，舆论哗然。天津民众早就对教会强占土地、侵害百姓利益，传教士飞扬跋扈、横行乡里感到不满，后又目睹幼童尸体的惨状，此时又得知此消息，因此他们对教会的态度由疑惧、愤怒转变为仇恨。

面对群情汹涌、民怨沸腾的局势，天津官府却不敢彻底追究。6月19日，由于案件涉及法国天主教，天津官府只得将该案件移送给法国驻津领事丰大业。天津知县刘杰请求法国驻津领事丰大业允许天津官府对教堂和仁慈堂做一次直接调查。然而，丰大业认为这个案件的证据是伪造的，而刘杰本人就是这一事件的煽动者。双方发生了激烈的争吵。第二天，崇厚亲自拜访丰大业，丰大业只得同意天津官府对教堂及仁慈堂进行一次应有的检查。

6月21日上午，在民众的支持下，天津道、府、县三级官吏共同押解犯人武兰珍前往望海楼教堂与相关人员对质。天津民众十分关注此案的进展，纷纷前往观看。当时望海楼教堂前士民麇集，官员出入教堂时，尾随的民众多至数百人。但在对质中，武说话颠三倒四，与原供不符，一时不能定谳。一些民众认为是教堂人员勾结官吏，故意让犯人这么说，因而非常气愤，与教堂中的人发生了口角，而教堂的人竟然当众逞凶，甚至抛砖殴打群众。天津民众忍无可忍，奋起反抗。及至下午，在望海楼教堂前已聚集了数千人。三口通商大臣崇厚闻听此事，生怕引起丰大业及法国领事馆的不满，赶紧派兵弹压。丰大业为此亲赴衙门面见崇厚，咆哮着向崇厚开枪射击，但未击中。丰大业一伙人在返回领事馆的途中，在东浮桥附近遇到知县刘杰等人，丰大业又向刘开枪射击，丰大业的秘书西蒙向周边的群众开枪射击，刘的家人和几名群众被击伤。面对这些穷凶极恶的法国侵略者，围观的群众愤怒至极，一拥而上将丰大业和他的秘书围殴致死。之后，愤怒的民众涌向教堂，杀死了10名修女、2名神父，还有2名法国领事馆人员、2名法国侨民、3名俄国侨民和30多名中国信徒。最后，这些愤怒的民众焚毁了望海楼天主堂、仁慈堂，以及望海楼教堂东侧的法国领事馆，以及当地英美传教士开办的4座基督教堂。整个行动持续了约3个小时。后世将这个事件称为"天津教案"。

天津教案发生后，清政府忌惮列强的势力，深知事态严重，于6月23日急命直隶总督曾国藩由保定赴天津查办。6月24日，以法国为首的七国驻华公使向总理衙门提出"抗议"，并调集军舰至大沽口进行威胁。法国方面最初要求处死仇视外国势力的陈国瑞将军以及天津知府和知县。中国方面由曾国藩负责调查案情，并与法国交涉。曾考量当时的局势，首先对英国、美国、俄国进行赔偿，然后再单独与法国交涉，力避战端。然而，当时西方列强想借天津教案对中国发动大规模的侵略战争，因此对曾百般刁难。法国的一名评论家宣称，"强权即公理"那个悲痛的格言必须严厉地在中国予以实施。这明显是为西方侵华张目。

在西方侵略者的恫吓下，腐败无能的清政府不断屈服。6月28日，清政府命崇厚为钦差大臣，特地为赔礼道歉而出使法国。总理衙门亦于6月底向法国驻京公使发出照会，提出了解决天津教案的具体办法。当时，各国军舰竟然直接驶入大沽口和紫竹林码头，进一步对清政府施压。之后，法国军舰公然炮轰大沽口沿岸的村庄。租界中的外国居民呼吁对天津教案的施害者进行报复。

在处理天津教案的过程中，清政府执行"杀民媚外"的总方针。7月，清政府根据崇厚和曾国藩联合奏报的调查结果发布谕旨，声称民众对仁慈堂拐骗幼童、剜目剖心的指控毫无事实依据。8月7日，又发布谕旨，审判已被革职的天津知府和知县。

曾国藩

　　9月，各国对曾国藩处理天津教案的速度不满，迫使清政府将曾国藩调往南京。同时，李鸿章被任命为直隶总督，前往天津继续与西方列强交涉天津教案。李鸿章最后同意赔款50余万两白银；派一个使团专程赴法国赔礼道歉；将天津知府张光藻和知县刘杰革职，流放黑龙江充军；将16名肇事者处以死刑，25名从犯送往新疆服苦役。外国侵略者又一次从清政府手中攫取了更多利益。

　　朝野上下对这个交涉结果甚为不满，称曾国藩为"卖国贼"。曾深感自己不称职，同时不断受到保守派的谴责，痛苦难耐，且无以自辩。他在致友人书中说道："外惭清议，内疚神明。"一年后，曾在忧郁中离世。

1870年10月28日，崇厚作为专使，由上海起程，前往法国道歉。由于当时普法战争正酣，法国政府迟迟不接见崇厚带领的中国使团。直到1871年11月23日，崇厚才得到法兰西第三共和国首任总统梯也尔的接见。梯也尔傲慢地责备道："贵国人民愚昧，如何将大国领事官打死？洵属获咎不浅。"崇厚连连鞠躬，丝毫不敢申辩。他把同治帝的道歉书呈递上去，并希望法国对中方惩凶与赔款的方案感到满意。梯也尔表示，法国所要的并非中国人的头颅，而是秩序的维持与条约的信守。他还提出，中国最好能在巴黎设立一个常设公使馆。1871年12月10日，崇厚一行取道马赛港乘船回国，历经许多周折，总算完成了其屈辱的"赔礼"使命。

天津教案发生以后，望海楼教堂的废墟一直深深刺痛着天津绅民的心。1896年，法国重建望海楼教堂，并增建角楼。1900年，这座教堂在庚子国变中第二次被烧毁。1903年，法国天主教用庚子赔款第二次重建望海楼教堂。对天津民众而言，该教堂是一座铭刻着近代中国耻辱的纪念碑。

三、教会纵容下的民教冲突

天津教案使得中国蒙受巨大耻辱，也进一步暴露了清政府的软弱无能。此后，天津的基督教与天主教的势力不断增强，在民间引发了更多的民教矛盾，进而刺激了义和团的兴起。

1894年，中日甲午战争爆发之后，在法国领事馆的支持下，天主教传教士刘克明来到天津传教。仅用了一年时间，他就在原有望海楼、紫竹林、锦衣卫桥、线儿河、南皮、盐山6处天主教堂的基础上，又增设了3个新的公所，扩展了天主教在天津的势力。当时的北京教区主教田嘉璧还建议新任法国公使施鄂兰向清政府提出所谓"彻底解决天津教案的办法"：第一，依照原样彻底重建在1870年被焚毁的教堂，不许稍加改换；第二，将死者灵柩迁到教堂内，墓前各设大理石碑一块，并修圆顶房屋，使它们在教堂后身两侧形成13座小堂；第三，在法国驻津领事馆的假山上竖立大理石碑，刻上同治帝于1870年六月三十日颁布的惩罚正凶的谕旨。天主教会的这些无理要求竟然被腐败无能的清政府全盘接受。1896年6月21日，清政府重建被焚毁的望海楼教堂，并举行了隆重的重建典礼。这是天主教的胜利，也是中国的耻辱。

1900年的天津望海楼教堂和黑炮台

1870年发生的天津教案让民众非常愤慨。然而，天主教堂为扩张势力，宣称给入教的华人每人3块银洋，因而有很多地痞、恶霸依附教堂，成为天主教会的帮凶。曾亲历义和团运动的张修华回忆称：望海楼建有一座天主教堂，那一带的天主教势力很大，外国传教士作威作福，更有一帮走狗为虎作伥，仗势欺人。天津民众都不敢得罪教徒，谁要是不小心得罪了他们，单凭神父一张字条就能把他告到官府。这样一来，就成了单方面定罪，官府也不问青红皂白，一律以"欺辱教民"论罪，轻则掌嘴打板子，重的还要枷号游街示众。百姓畏洋教如虎，彼此告诫，千万别惹教徒。同治时期，天津知府张光藻在其所撰《北戍草》一书中称，天津城东北一带的教民尤其仗势欺人，因此民众心中长期积聚着对教民的怒火。

随着天主教在天津的四处传播，传教士、教民欺凌平民的现象不断增多，不少平民因此走上与义和团一起扶清灭洋的道路。曾参加义和团的静海县辕门口谭家庄人沈德生回忆称：庚子年以前，天主教、基督教到处设立教堂讲道，吸收许多无赖、恶霸入了教。这些无赖、恶霸出身的教民欺侮老百姓，老百姓不堪其辱，这才参加了义和团。在大城县苏桥那里，传教士、教民把老百姓惹急了，这一带的人就都加入了义和团，捣毁了教堂，杀了一些教士和教民。沈德生因对教民的恶行不满，参加了本村的义和团，成为坛口大师兄。

入教的人被义和团称为"直眼"，他们平时依仗教会势力欺压平民，引发众怒。"千总"任世平就是个信教的"直眼"，在静海县横行无忌，经常侵占平民土地，抢夺平民财物，欺凌百姓。一位熟悉任世平的义和团成员说："你要是和他的地连在一块，就坏事了，今天豁你一尺，过年再豁你一尺，得寸进尺地欺侮你。要是打官司吧，你穷，打不起；就是打得起，也赢不了。"当地民众对他十分愤恨，借着义和团运动，将他全家都杀了。

独流镇的李廷槐回忆说："奉教的直眼在义和团没起来之前可厉害着呢！打官司过堂，直眼说嘛就是嘛，县官都不敢怎么着，人家后面有外国人。义和团一起来，这些家伙都被吓跑了。"西郊区高家村的张金才后来回忆说，当初没有义和团的时候，直眼到处逞凶。同村的义和团成员刘宝同也回忆说，起初奉教的很凶，后来义和团起来，他们就逃到城内去了。义和团吃的粮食全是从奉教的那里缴获的，粮台就在老爷庙里，前殿放杂粮，后殿放麦子。义和团还把粮食分给各家各户，各家做好饭菜就送到义和团驻扎的营地。家住南门内大街大寺西胡同的李元善回忆称，庚子年之前，西方侵略者残酷压迫天津人民，传教士和教民欺压平民百姓，老百姓对洋人和教民真是恨透了，但个人力量是微小的，所以要组织起来进行斗争。

义和团运动失败后，回到村中的教民向拳民展开报复。他们走到拳民的家里去要钱，不给钱就杀人。北刘家村的高齐就是独流镇教民的头领，他向全村搜刮钱财，表面上说是借钱，实际上是勒索。假如有村民不愿意借给他，他就把脸一板，说："不借，好！以后不能走我的门口。"他从村民手中借取钱款后，再无归还之日。高齐还垄断了独流镇推小车的行当，凡是在当地推小车的商贩每赚100吊铜钱，必须分给他40吊，否则就没有立足之地。还有一些教民把自己的房子典当出去，然后对有闲房的村民说："我搬到你这里来住，最近短钱用，我的房子当出去了。" 这是教民在变相勒索不信教的平民。如果平民不出钱替教民赎回房子，那么教民就会强行搬到平民的闲置房屋中居住。平民敢怒不敢言，无处申冤。[①]

基督教在天津的势力也迅速壮大。1895年12月，天津中华基督教青年会成立，这是中国第一个城市青年会。他们在天津建立教堂，开办学校与医院，为资本主义在东方的扩张奠定基础。1910年10月20日，美国青年会在白宫举行"美国基督教青年会向全世界扩展的计划会议"，美国总统塔夫脱在会上发表演说，公然声称：无论哪一个国家，只要有利可图，他们就要派商人到那里去；他们一方面要发展贸易，另一方面也要负起更大的"责任"，就是派遣一些宗教团体到那些国家去宣传其所代表的道德和文明，使那些国家的人看清楚他们所谓的"高尚的道德标准"。他还说，没有人会想到他们到中国去设立基督教青年会是抱着任何侵略领土或干涉

---

① 南开大学历史系编：《天津义和团调查》，天津古籍出版社，1990，第163页。

国家内政的野心的；他们已经看到在中国和其他国家中，基督教青年会的会员更容易获得重要地位；他们通过这些人，能使这些落后国家接受他们的文明和道德标准。基督教在相当程度上成为西方列强谋取经济利益、维护殖民统治的工具。

民国时期，基督教与天主教在天津的势力持续扩张。太平洋战争爆发后，日本侵略者逐步控制了天津的基督教会。他们迫使天津基督教会脱离美国基督教会的管理，让其打着"自主、自养、自传"的旗号，为日本的殖民统治服务。在日本特务机关的直接指挥下，天津基督教侧重于"培灵"工作，用所谓"灵修"的方式麻痹信徒。1942年至1944年，天津教区多次举办全市性的"世界和平祈祷会""周年祈祷和平大会""和平祈祷周"等活动，日本特务每每到会演讲，用祈祷"和平"的宗教仪式误导信徒，传播"日本大东亚圣战能够成全上帝和平旨意"的错误观念，进而为日本的军国主义与侵略行径张目。

传教士、教民欺压百姓越来越厉害，教会袒护他们的不法行径、干涉当地官府行政的事越来越多，平民与教民互相敌视、彼此斗争的情况不断升级，双方矛盾愈演愈烈。当时流行的歌谣生动反映了这一现象：

奉了教，起祸端，为了欺民又压官。

讲长短，是非颠，良民敢怒不敢言！

拆庙宇，扒庵观，扒毁佛祖众神仙。

千神恼，万神烦，惹得神上把脸翻。

天无雨，地晒干，俱是教堂止住天。

………①

四、法国主教文贵宾的罪行

天津的法国主教文贵宾（Jean de Vienne，也译为文贵斌），又名文若望，是天主教天津教区最后一任外籍主教。他早年加入巴黎修道院，1901年来华传教，后被提升为北京大修道院院长；1920 年，被任命为天津教区代理主教；1922 年 6 月，成为正式的天津教区主教。直到 1951 年5月被驱逐出境，他在天津的活动时间长达31年。

文贵宾来到天津后，道貌岸然，经常标榜自己是因为"爱中国"，才不远万里而来的。实际上，他一贯

---

① 南开大学历史系编：《天津义和团调查》，天津古籍出版社，1990，第171页。

蔑视中国人民，侮辱中国人是"猪"，曾诋毁中国神父"愚钝昏聩，没有升主教的资格"，又称"中国人是劣等民族，只能由日本人来统治"。[①]

日军占领天津后，文贵宾说"这是天主教的圣意"，转而投靠日本帝国主义。他压制教会工作人员和教民，禁止他们参加抗日活动。他帮助日本人散发传单，宣传反动言论，掩护日本特务在天津进行间谍活动。他与伪警察局长、汉奸徐树强狼狈为奸。抗战胜利后，他以教会财产的名义帮助徐隐匿财产。

抗日战争胜利后，文贵宾又投靠了美帝国主义。在他的指使下，天津教区的很多神职人员成为美国间谍，为美国搜集情报，破坏我国的和平稳定。

1948年，梵蒂冈教皇庇护十二世指示中国各教区的大小修道院：神职人员中"有特殊危险者"一律撤退。文贵宾不甘心以这样的方式终结其在天津的一切，不顾教皇的撤退命令，留下来继续祸乱这座城市。他指使教会工作人员充当国民党特务，成立反动组织，进行反革命武装活动，破坏革命政权，充分暴露了他帝国主义分子的狰狞嘴脸。

[①] 岳树德：《帝国主义分子文贵宾被逐始末》，中国人民政治协商会议天津市委员会文史资料研究委员会编：《天津文史资料选辑》第三辑，天津人民出版社，1979，第131页。

天津解放后，文贵宾仍留在城中伺机作乱。他以法西斯式的手段控制教徒，不许神职人员和教徒在政府机关工作，不许他们看有关共产主义的书籍和报刊，不许他们上与共产党有关系的学校，不许他们参军，不许他们参加相关组织和活动，甚至不允许他们报户口。在他的直接控制下，教会学校公然对抗政府的教育政策和法令，将天主教的"要理问答"设为必修课，国庆节不准放假，不准师生阅读和携带进步书籍，不准教师用中文授课，在学校公然陈列反动书籍。他举办讲习班，散发反动宣传品，宣传反动言论，实施法西斯式的思想封锁，从思想文化上毒害教会学校的青少年和信教的民众。

1950 年 12 月，天津天主教开展以"自养、自治、自传"为宗旨的"三自"革新运动。文贵宾对此极力抵制，向教徒们宣称："天主教内没有帝国主义，谁说教会被帝国主义利用，谁就是叛教。"[①]他还在西开教堂张贴布告，声称凡图谋反对教会，或以任何方式蓄意推翻其职权者，均将遭受开除教籍的惩罚。为破坏"三自"革新运动，文贵宾多次召集教区咨议会及各修会驻津办事处的外国神父研究对策。在他的授意下，荷兰神

---

① 岳树德：《帝国主义分子文贵宾被逐始末》，中国人民政治协商会议天津市委员会文史资料研究委员会编：《天津文史资料选辑》第三辑，天津人民出版社，1979，第147页。

父郑化民起草了一篇题为《天主教对自养、自治、自传运动的观点》的反动文章。1951年1月，这篇文章经天主教相关机构审定，更名为《天主教中国全体主教声明》，并被秘密散发到全国各地。

1951年4月7日，天津天主教革新运动促进会正式宣告成立，爱国神父和广大教徒勇敢地站出来与文贵宾进行斗争。5月4日，中国神父要求审查天津教区的经济情况，并责令文贵宾交出账本和资金。这时，文贵宾表示整个教区只剩下近2 000万元（旧币）的资金和一本流水账，其他账本已被烧毁，现金已被转移到国外。

5月25日，文贵宾向天津市人民政府递交了一份亲笔供词。其主要内容如下：第一，帮助汉奸徐树强隐匿财产，未向政府报告；第二，对于刘益民神父组织反动武装并迫害中国人民的情况，没有取消他的神权及在教内给以任何处罚；第三，在天津组织"圣母御侍团"（圣母军）；第四，没有在教区内对曾做美国间谍的法籍神父司仪芳予以惩罚；第五，没有阻止教友参加比籍神父雷震远在天津成立的特务组织民众建国协会；第六，曾反对革新运动，亲笔起草《天主教中国全体主教声明》，送给南京黎培里印发；第七，曾散发《天主教怎样对付共产党》《恐怖的共产主义》《学习参考》《圣而公教会》等反对中国人民、反对革新运动的小册子。这份供词展现了文贵宾的严重罪行，深刻揭露了法国天主教带给天津民众乃至全体中国人民的屈辱与祸患。其实，文贵宾的罪行远比供词中展现出的还要多。

5月28日下午4时，在天津公安人员的押解下，文贵宾在塘沽码头被驱逐出境。这个恶贯满盈的帝国主义分子灰溜溜地滚出了中国。

近代西方宗教势力在中国掠夺土地，广建教堂，发展教徒，传播教义，根本目的是进行经济掠夺、思想渗透，实现其殖民统治。这种宗教势力渗透给天津带来了严重的社会动荡，也给整个中国带来了丧权辱国的莫大耻辱，而其背后的最大受益者还是奉行资本主义的西方列强。

第六章

天津都统衙门的殖民统治

鸦片战争以来，列强纷纷入侵中国，设立租界，掠夺资源，凌辱百姓。西方传教士在天津为非作歹，将大批无业游民和无赖发展成信徒。他们不事生产，以献身教会为荣。中国民众对此深恶痛绝，民族意识觉醒，一批爱国人士建立民间团体义和团来反抗传教士与不法教民的恶行。当时义和团以"扶清灭洋"为号召，毁铁路、电线杆，烧教堂，杀洋人、教民，表明将侵略者赶出中国的决心，并沉重打击了侵略者的势力。为消灭义和团，进一步扩大侵略范围，英、美、法、俄、德、日、意、奥等八国于1900年组成八国联军，由天津出发，进犯北京，"庚子国变"爆发。八国联军迅速占领了天津，并成立作为殖民统治机构的都统衙门。通过这一机构，西方列强在天津横行无忌，掠夺巨额财富，残酷压迫当地民众，也彻底改变了这座城市的样貌。

一、庚子国变中陷落的天津

1900年上半年，义和团运动大规模爆发，各地义和团纷纷涌入天津。1900年5月28日，西方列强以保护侨民为借口，由英国、俄国、日本、美国、法国、德国、意大利、奥匈帝国等国派遣的军队组成八国联军，发动侵华战争，并将天津作为首要攻击目标。

6月16日，英、日、俄、德等国的联军在大沽口偷袭登陆，并埋伏在炮台后侧。晚8时，联军向守卫大沽口的清军总兵罗荣光发出最后通牒，限其于第二天凌晨2时前交出炮台，但遭到罗的断然拒绝。

1900年大沽口炮台附近的美国军舰"莫诺卡西"号

17日凌晨，联军的10余艘舰艇在探照灯的照明下，炮击大沽炮台，清军奋起还击，击毁敌舰5艘。黎明，联军炮击清军防地，后占领北岸的两座炮台。晨7时，南炮台弹药库中炮被炸毁。9时，守台的清军向新城方向撤退，大沽炮台全部陷落。

大沽炮台陷落后，原本在河口依靠装卸轮船货物谋生的约300名苦力不幸在战争中丧生。此前，他们生活在河口附近的一艘抛锚的巨型废船上。自从大沽炮台沦陷之后，再没人雇佣他们。于是，他们决定上岸生活。然而，他们在俄国堡垒的对面登陆时，遭到俄军的射击。这300名苦力要么被子弹射中身亡，要么沉入海底溺亡，无一幸免。而他们赖以生存的那艘废船的残骸依然静卧在河口，成为这次惨案的无声见证者。英国传教士宝复礼目睹此情形，感叹这是一段令人感到羞耻的文明，这只是众多以文明的名义而犯下的罪行之一，中国有足够的权利来选择自身的文明力量。他看到，联军数艘负责运送粮食的船停靠在河的两岸，外国士兵纷纷下船去搜刮财物。他说，这些士兵如同死神的使者，所有不满足他们要求的人就是在与死神对抗。大沽口一带的大部分村庄被摧毁，那些残破的屋顶上方飘扬着联军的旗帜。

联军攻陷大沽口以后，沿海河向天津进发，一路上烧杀抢掠，其中尤以俄军最为凶恶。当时塘沽地区曾流传着"塘沽一扫光，新河半拉子庄，北塘三排枪"的歌谣，控诉俄军在塘沽地区犯下的罪行。"塘沽一扫光"，是说当年6月20日俄军闯入塘沽，这个镇上的5万居民四处逃避，来不及逃走的老弱妇孺均惨遭杀害。俄军在全镇纵火烧房，历时3个昼夜，大火不熄。"新河半拉子庄"，即言俄军窜入新河村时，发现全村1 000多户居民大多数已外逃，于是纵火烧毁了约800户居民的房屋。"北塘三排枪"，是指俄军窜到北塘，对逃至蓟运河渡船上的民众连续3次开排枪射击，致使很多人丧命，鲜血染红了蓟运河水。渡船翻沉后，又有不少人溺水而亡。

大沽口陷落之日，驻天津的清军向租界进攻。当时，清军作战力量包括10个营的聂士成军与不足3个营的淮军、练军，正规军共计约6 000人。另有义和团约3万人。而租界一带的侵略军共2 000余人，其中俄军1 700人，驻扎在白河左岸老龙头车站等地；其他外国军队数百人，驻扎在白河右岸租界内。双方展开激战。

6月24日，战争仍在继续，联军的士兵在城内四处劫掠。英租界工部局秘书长马克里希在自己的文章中记录了此事：联军士兵横行无忌，随意闯入民宅，枪杀民众，大肆破坏。一些人端着上着刺刀的枪支，开枪打死忠实的仆人或用刺刀刺杀他们，然后以恶魔般的方式和破坏的欲望进行抢劫和捣毁一切，让人感到愤怒。这真是以一种恐怖代替另一种恐怖，而联军暴行的牺牲者都是英租界扩展界的居民。

29日，马玉崑率武卫左军先头部队5 000余人到达天津。随后，在津的清军重新进行部署，马玉崑部负责进攻老龙头车站，聂士成军则分散部署在租界四周，保持围攻态势。

7月9日，八国联军集中兵力在租界的南部与西部进行反扑，攻破聂士成驻守的多处阵地，以致聂军伤亡惨重，聂士成壮烈牺牲。聂的余部由马玉崑指挥。日、英两国军队用重炮轰击南门一带，导致附近的房屋建筑被毁，居民死伤严重。11日，马玉崑部对老龙头车站发动猛烈进攻，经过数小时激战，打死打伤敌军约150人，但未能占领车站。与此同时，敌军4 000人陆续由大沽开进租界。至此，租界一带的联军多达万人，其作战实力已超过清军，联军开始由防守转入大举进攻。

7月12日，八国联军指挥部决定集中绝大部分兵力对天津城发动总攻。13日凌晨，他们兵分两路进攻。以俄军为主力的右路军经过激烈战斗，攻占了马玉崑部的大部分阵地，从东面逼近天津城。当日下午，马玉崑率部逃往北仓。以日军为主力的左路军先攻占了天津机器局西局，然后进攻天津城南门。日本的随军记者坪谷善四郎记录道：当时天津车站所有的建筑物都有大炮小枪的弹痕，附近的街区均遭兵燹，民众的无数财产化为灰烬。法国桥附近的白河两岸的杨柳没有一棵完好无损的，每棵树上都有弹孔，可见战斗之激烈。

义和团和部分清军继续保卫天津城，在孤立无援、军火匮乏的艰苦条件下英勇奋战，抗击敌军的进攻。一个外国官员说，他曾经见过世界各地的战斗，但从来没有见过像对付这些未经训练过的中国人更为艰苦的战斗了。然而，清军和义和团终究无法击退不断得到增援的敌军。

7月14日早晨，天津城在联军的炮火中陷落，地方

1900年悬挂日本国旗的天津城楼

官员与清军一并撤离。随后，八国联军在天津城进行了令人发指的屠杀。他们在城中心十字街的鼓楼上架起机枪和大炮，向逃难的居民连续射击。他们每放一排子弹，必杀死数十人；又连续发射开花炮弹，炮弹于人丛

119

中冲出城门外，死者益众。一个德国士兵在给柏林的父母的信中写道，只要中国人出现在射程之内，士兵就会开枪将其射杀。一些富人从城西逃了出去，一些穷人则躲藏在天津

1900年7月14日天津南城墙上伤亡的民众

城西北角的少数民族居住区。一些幸存者后来回忆称：当时日本鬼子进城后，就开始屠杀百姓。百姓纷纷外逃，城门洞小，人多，非常拥挤，日本人就用枪炮堵住城门打。比如，日本鬼子把炮架在北门城楼上，开炮轰击外逃的百姓，北门内外死了很多人。北门里人踩人，人撞人，妇女脚小走不动，有很多抱着孩子被一起打死了。北门内外尸体堆积如山，连门洞都被堵上了。其中，有挎着装有大葱的篮子就倒地而死的老婆婆，还有年仅七八岁的儿童胸部被射穿倒在门槛上。从城里的鼓楼到东门外水阁，积尸数里，高数尺；西门一带死尸山积；海河里的浮尸不计其数，甚至有的地方出现浮尸阻断水流的情况。

7月15日，整座天津城被血与火淹没，大量民众被

杀，许多房屋被焚毁。英、法、德、俄等国的士兵都加入屠杀天津民众的行列，联军士兵将半座天津城烧成灰烬，把全城洗劫一空。这种极端暴力的行径竟然事先得到了德国皇帝威廉二世的鼓励。1900年6月底，他在不来梅港对德国远征军训话时说："冲向敌人，消灭他们！不存在怜悯，不接受俘虏。落入你们手中的人就是死人，要像1000年前的匈奴首领阿提拉那样为自己赢得名声，他的威名至今回响，所以要让德国的名字像这样让中国人知晓，使他们再也不敢睥睨德国人！"[①]这种训话显然是在鼓动和纵容德军在侵华战场上的肆意杀戮。一个联军指挥官在战前说："有必要摧毁天津……我们必须给这些乞丐一个深刻的教训！"天津大屠杀是联军蓄谋已久的一次屠杀，这些侵略者为掩饰其侵华行径而编造出种种无耻的强盗言辞。

天津陷落后的前三天，八国联军四处抢掠，恶贯满盈。城内住户尽遭洗劫，他们的财产、衣物均被抢掠一空。城东的宫南、宫北、小洋货街一带全被抢光。联军为搜刮钱财，甚至在城内外到处掘地刨坟，掠走尸骸上的金银首饰。联军在大肆抢劫的同时，还到处奸淫妇女，简直无恶不作。

---

① 〔法〕皮埃尔·辛加拉维鲁：《万国天津：全球化历史的另类视角》，郭可译，商务印书馆，2021，第61页。

据这场事变的亲历者刘孟扬说：破城之初，联军在天津城内肆意抢掠。他们三五成群，每天携枪横行街巷，向各家勒索财物，稍不如意，即开枪射击。他们闯入居民家中，翻箱倒柜，抢掠钱财，见有佛龛、佛像等，亦肆意摔砸。无奈之下，各家皆将佛龛抛入河中。民众只要稍加阻止，就会遭到联军士兵的殴打或枪击。为阻挡联军士兵入内，不少百姓用砖块将大门封死，只从偏僻处开一扇小门。他们日日戒备，不得稍安。

疯狂抢夺白银，掠夺中国财富，也是联军犯下的罪行之一。据统计，日军从长芦盐运使衙门抢走200多万两白银。美军将抢到的银子堆积起来，竟然形成一座30英尺高、30英尺宽的银山。俄军占领了天津机器局的造币厂，将其中库存的几百吨白银全部掠走。

联军士兵在天津的恶行背后都有长官的支持。英国上尉贝莱就公开表达对天津人民的蔑视，称他们是"地窨里的蛆虫"或"地窨里的老鼠"。杀戮一结束，联军士兵立即投身到抢劫行动之中。他们将银行和当铺的钱柜洗劫一空，抢走商店物资和私人财产，美其名曰"战胜者的权利"。联军士兵强迫人力车夫运送其抢掠的战利品。传教士也参加了抢劫，声称是为了弥补直隶省和山东省的教徒遭受的损失。各国都在指责他国是最卑鄙的抢劫犯，而事实上每个国家都参与到抢劫之中。

为掩盖罪行，联军大肆焚烧房屋。除督署、海关道署、津道署、府署、分府署幸未遭到毁坏外，其余各官署全被焚毁。大多数商业区，包括城北最繁华的估衣街，都被付之一炬。海河以东几乎化为平地，西郊一带的房屋变成废墟，许多街区已完全变成一堆瓦砾和炭灰，只有成群的狗在这里游荡。联军如是烧杀淫掠了整整三天以后，天津城内外遍地尸体横陈，火光不熄，凄惨万状。天津城大部分街区被大火烧毁，整个城市几乎化为灰烬。

在八国联军的洗劫之下，拥有高大城墙的天津遭到了严重的毁坏，只剩下一堆堆废墟。原本多达100万人口的天津，居民要么死亡，要么逃亡，最后只剩下约10万人。幸存的民众苦不堪言，惶惶不可终日。

二、取代直隶总督府的都统衙门

八国联军侵占天津的第二天，俄军司令官、海军中将阿列克谢耶夫以"防止兵祸余害和保护良民生产"为名，召集各国指挥官在俄军司令部开会，准备成立统治天津城的临时政府。俄国凭借其在八国联军中的兵力最强且指挥官级别最高的优势，试图建立一个由该国单独控制的委员会，随即遭到英、日、德三国的反对。7月18日，经过几番讨价还价，八国达成妥协方案，由俄、英、日三国各派一名拥有同等权力的军官担任总督或委员，组成天津临时政府，政府管理部门则分别由各国派员负责。

坐镇天津都统衙门的列强军官

　　7月30日，统治天津的临时政府——"总督衙门"成立，以直隶总督衙门原址为办公地点；后于8月14日改称为"暂行管理津郡城厢内外地方事务都统衙门"，简称为"都统衙门"。该衙门的委员会最初由3人组成，即俄国人沃嘎克上校、英国人鲍尔中校和日本人青木宣纯中佐，他们在当时被称为"都统"。11月14日，经各国司令官任命，联军司令官会议通过，"都统衙门"委员会增加了3名委员，即德国的法根海少校、法国的阿拉伯西中校、美国的福脱少校。11月20日，该衙门改名为"天津中国城临时政府委员会"。1901年4月，又增加了1名委员——意大利的卡萨诺瓦少校。5月10日，美国宣布退出都统衙门，随后该委员会一直保持着6名委员的规模。不过，人们仍习惯将该委员会称为"都统衙门"。

都统衙门是一个具有强烈军事殖民统治特征的政权机构，下设巡捕局、卫生局、库务局、司法局、公共工程局及总秘书处和中文秘书处等。该机构的一个重要职责是保障外国侨民的人身和财产安全，镇压义和团运动。其发出公告称："如有串通匪徒滋事，或窝藏不报者，一经查出或被告发，立即严拿治以军法，决不宽贷，勿谓言之不预也。"[①]

都统衙门归属联军司令部管辖，所作决议呈报八国联军当局核准。其管理天津的事项包括：整顿管理辖区内的秩序与治安；在管辖区域及其周围地区，采取卫生防疫措施，预防发生流行性病和其他疾病；为联军驻扎

---

① 刘海岩等编：《八国联军占领实录：天津临时政府会议纪要》下册，倪瑞英等译，天津社会科学院出版社，2004，第794页。

提供方便，供应粮食及交通工具；清理中国政府及私人放弃的动产和不动产，编制清单并且采取必要的保护措施；采取防止本地人发生饥馑的措施。为保证其城市管理措施的实施，都统衙门又发布《天津市行政条例》，宣称其拥有向当地华人课税、出售被没收的当地华人财产（包括不动产和动产）等多项特权，必要时可以判处华人流放罪甚至死刑。

都统衙门最初的管辖范围是以天津城为中心的方圆30余里的地方。具体而言，其管辖范围为天津城内及城外到土围子一带的地方，但不包括德国、英国、法国和日本四国租界，也不包括兵工厂、营盘、铁路、电报局以及其他早已被联军占领的军事设施。1901年2月，都统衙门将其管辖范围扩大到东至渤海边，西到天津城以西大约50里处，包括整个天津县以及宁河县所属新河以南地区。其将整个辖区划分为城厢区、城北区、城南区、军粮城区、塘沽区5个行政区。

都统衙门一经成立，即派巡捕队在城内执勤，严密控制天津城厢内外。巡捕处设立之初，任用1名军官为巡捕官，从日、俄、英、法、美、德、意军队调来900余人组成巡捕队伍。1900年8月，都统衙门把天津城厢内外分为8段，每段增添6名中国巡捕，疯狂搜捕、屠杀义和团成员。9月，天津附近各村镇亦"添设华巡捕保卫地方平靖"。11月，都统衙门又建立了一支以意大利水兵为主的水上巡捕队，以增强其对天津河海的武力控制。

1900年6月无家可归的天津平民

在都统衙门的统治下，天津民众深陷苦海，备受欺凌。巡捕队以抓捕义和团成员的名义在天津城内外肆意抓捕民众，然后将他们关进都统衙门的牢房内或者就地枪杀。他们还放火焚烧百姓的房屋，有的村庄大半房屋被焚毁。都统衙门统治期间，百姓死伤无数，妇女备受欺凌，财产损失难以估量。百姓死的死，逃的逃，到了收获的季节，农田中的作物却没有人收割。棉花熟了，只能无声如雪花般飘散。各类豆荚成熟，最后只能散落在地上。百姓的房屋多数被烧毁，徒留残垣断壁，百姓悉数逃离，唯有饥饿的野狗在河边游荡，撕扯着河中漂浮的尸体。

三、被强制拆除的天津城防

在抵御八国联军入侵的战斗中，天津的城墙与炮台曾发挥过重要作用。至此，天津城墙已有近500年的历史。它是天津设官治理的历史标志，也是天津人民保家卫国的地理象征。正因如此，都统衙门决定大肆拆毁天津城墙及相关的军事设施与防御工事。

1900年11月26日，都统衙门第74次会议决定，因军事目的及卫生需要，拆掉天津城墙，并规定城墙一经拆除不得重修。12月，意大利在华军队司令坎迪亚、联军司令瓦德西和日本海军将领山口先后赞同拆除城墙的建议。随后，都统衙门决定立即动工拆除天津城墙，并指定工程处主任雷嘎德上尉负责此项工程。他以一万银圆、一万袋大米以及城砖归承包商所有等条件，将整个工程承包给一个日本商人和一个中国商人。

　　1901年1月，都统衙门以"津郡街市地面窄狭，于各商运往货物甚为不便"为名，下令拆除天津城墙，并改筑马路。拆除城墙的布告一出，随即遭到天津人民的强烈反对。天津绅商代表民众向都统衙门请愿，请求不要拆毁城墙，但无济于事。《直报》记者亲眼看到，所有靠近城墙的房屋一律被强制拆除，原本居住在这里的民众不得不匆忙搬迁，屋宇不数日即被夷为平地，旁观者莫不为之慨叹，说这是天津城的一大劫难。拆除城墙给天津民众带来许多灾祸，有些原本依城墙建筑房屋的穷苦民众无力再建居所，不得不流离失所，露宿街头。不少人走投无路，只能沦为乞丐，甚至被迫自杀。《竹园丛话》描述拆除城墙下民房时的情景称，那哭哭啼啼的声音惨不忍闻，那流离失所的景况目不忍见。在天津居民眼中，拆城一事为千古未有之灾祸。

　　为了在限定时间内拆除城墙，夫役们昼夜不息地劳作，生命安全根本得不到保障。2月，夫役在拆除东南角城墙时忽遇塌方，一人被砸死，一人左胯被砸伤，还有七八人受轻伤。工头只出资15元，以10元作为亡者的棺殓之资，以5元作为伤者的治疗之费，草草了结此事。在3个月的时间内，天津四围9里余的城墙全部被拆除。如此一来，天津城成为无墙可依的开放空间。

　　拆除天津城墙不久，瓦德西主持召开各国联军司令官会议，列出了更多准备摧毁的军事设施清单。7月22日，华伦将军代表各国联军司令官正式通知天津都统衙门，要求拆除都统衙门管辖区域内的所有防御工事，包括西沽武库、黄炮台、黑炮台（水师营炮台）、东局子，以及军粮城的2座兵营、新河的3座兵营、大沽的所有防御工事、北塘的所有防御工事等。9月7日，清政府与俄、英、美、日、德、法、意、奥、荷、比、西等11国签订了丧权辱国的《辛丑条约》，承诺拆毁从北京至大沽口沿线的一切炮台和其他军事防御设施，答应外国军队在北京、天津、山海关之间的重要地区驻军等12项条款。

　　1901年9月，都统衙门指示工程处立即开始拆除黑炮台以及辖区内的其他炮台；拆除工程可采用承包方式或其他方式，但必须费用低廉，完工迅速。随后，工程处迅速以非常低廉的价格订立了承包工程合同。比如，拆前营、后营两个炮台的工程承包款仅为770元，所花的费用不到当时一个正职司员一年的工资；拆新河兵营的工程承包款仅为500元，所花的费用不到当时一个副职司员一年的工资。10月11日，都统衙门决定将新城炮台的砖卖给德国50万块，卖给英国150万块，每千块砖2元，由买主负责将砖拆除后运走。在此后不到一年的时间内，北塘的6个炮台、山海关的4个炮台、大沽的7个炮台、芦台炮台、天津水师营炮台及天津各处的兵营全被拆除。从此，北京的门户——天津及渤海湾向侵略者敞开，无险可守，无炮可用。

在拆毁城墙与炮台的同时，天津原设的兵工厂及军火库遭到八国联军的破坏与掠夺。海光寺机器局的旧铁、机器等总重量约为11 626担，英商以每担70美元的价格全部买走。1901年1月31日，西沽武库的弹药库被德军焚毁，爆炸声持续了3个小时，损失约300万英镑。事后，德军又将库内剩余的铜、铁、铅等金属全部卖给了德国商人。①

都统衙门出于其军事控制和经济掠夺的需要，计划在海河沿岸的一些地段修筑马路，谕令北门河沿、马家口河沿至老铁桥、闸口至东南角等地的居民限期搬迁，并自行拆除房屋。此处的天津民众苦不堪言，却又别无良策。拆房之后，有的寄宿亲戚家，有的全家离散，有的沦为乞丐，有的投河、上吊，很是悲惨。一些官署被焚后又遭拆除，昔年广厦尽成瓦砾之场，天津到处一片凄惨景象。

由于都统衙门强制拆除天津城墙和其他防御设施，天津成为近代中国第一座不设防的城市。

---

① 陈瑞芳：《略论天津"都统衙门"的军事殖民统治》，《南开史学》1987年第2期，第77—78页。

四、惨遭屠戮的义和团成员

都统衙门设立后，一面肆意污蔑义和团，一面美化侵略者的侵略行径。1900年8月2日，都统衙门发布告示，极力指责义和团与参与义和团运动的清军官兵，并粉饰八国联军的侵华行为。该告示称，义和团率先挑起事端，一些清军官兵与之同谋实属无理取闹，不成体统，但他们都遭到八国联军的"痛剿"；这次八国出兵只是为了"剿伐"匪类，保护官商，没有其他原因；天津人民应当安分营生，如果串通义和团滋事，或窝藏不报者，一经查出或被告发，即以军法处置，决不宽贷，"勿谓言之不预也"。这一告示显然是在公开威胁天津民众不得对抗都统衙门的殖民统治，只能做殖民统治下的顺民。

联军司令部派军队挨家挨户搜查，遇见稍有可疑的人就说他是义和团成员，甚至将供奉佛像或焚香行礼的普通民众也当作义和团成员，予以抓捕或处死。他们对于义和团成员赶尽杀绝，连一些穿红衣裤的天津妇女也不放过，诬陷她们为义和团的"红灯照"，将她们关进牢房或就地枪杀。1900年7月，八国联军攻入天津城，在一条木船上抓捕了所谓义和团"红灯照"组织中的"黄莲圣母"姊妹，将她们关押起来并公开展示羞辱。10月，日本随军记者坪谷善四郎等人来到天津，都统衙门向其展示被囚禁的这两名少女。事后，坪谷善四郎记录道：他们一行人访问都统衙门时，联军官员带领他们来到一间幽深的房间，指着两名少女，说义和团成员将她们两人当成神来崇拜，甚至连直隶总督裕禄也都拜服于她们脚下。这两名少女一个16岁，一个19岁，都称自己是神，数日前因有人密告，被联军生擒至此，被关押期间始终不发一语。两人分坐一室的左右两边，相对而坐。她们被关押在都统衙门，最初仍是非常勇敢、非常活泼的，穿着打扮等也还是和平日一样。当她们得知自己的母亲身亡后，脸上便不再有跳脱的神气。法国海军军官毕耶尔·洛谛也曾去参观，当时她们脸色苍白，非常憔悴。他感慨道，昔日的义和团女神不仅成了阶下囚，更成为"七联盟国的公物"，"并且是一种奇珍的玩品"。在都统衙门的关押与展览之下，这两位被捕的少女成为任人参观的战利品。

在都统衙门的指使下，巡捕队整天拿着枪耀武扬威，以搜捕义和团成员的名义，在天津城内外四处抓捕民众，并将其残忍杀害。1900年8月16日，其发布告示称：拳匪李四辈，充当匪目，在津惨杀多命，无恶不

作，现被缉获，定以
斩首之罪，并将其头
颅悬挂于西关示众。
两周之后，都统衙门
又以类似的罪名杀害
义和团成员王福与徐
守津。10月24日，该
衙门抓获了李荣起、
赵莲舟、李洪太、王

都统衙门处决中国平民

永庆、贺义柱、霍常有等6人，将其斩首。1901年1月
至2月，该衙门将被捕的郭三、伊小路、李小套、孙四
（又名高振德）、鲍连喜一律判处死刑。曾经帮助过
义和团的清朝地方官员也在其打击之列。1900年12月7
日，该衙门处死曾经资助过义和团的直隶候补道员谭文
焕，并将他的首级悬挂示众6天。都统衙门统治天津期
间，像这样有明确记录的以处置义和团成员的名义抓
捕、杀戮民众的事例还有数十起。

　　除了直接杀戮，都统衙门还大量抓捕义和团成员和
无辜的天津民众，让他们去做苦工。由于当时的天津监
狱容纳不下这么多苦工，都统衙门除了新造监狱，还将
一些公共场所没收后改作监狱，如义和团曾设过坛口的
江苏会馆与浙江会馆等。为防止苦工逃跑，监狱管理者

将其头上的发辫剪去，并在其脚上套上沉甸甸的铁链。

即使如此，义和团的余部并没有被吓倒，仍不时潜入天津城中，四处张贴揭帖，揭露都统衙门的恶行。他们甚至夜袭租界，使侵略军坐卧不安。据不完全统计，到1901年4月，天津郊区仍有万余名义和团成员在活动。他们以各种形式打击侵略者，使驻津的西方列强异常恼怒。因此，都统衙门不时派兵前往义和团较为集中的乡村进行"剿杀"，天津附近的不少州县惨遭屠戮，其中静海县独流镇最为严重。这里是义和团"坎"字团首领张德成以操船为业时的落脚点，也是其设立"天下第一团"的地方。1900年9月8日，都统衙门将整个独流镇焚毁殆尽，大火连续几天不熄。这里的居民死伤者、妇女被奸污者不计其数。都统衙门借此威胁各地不准再有反抗活动，否则将仿照此例严惩。天津东、西、南各郊区的十几个乡村被焚毁，村民惨遭杀戮。

在都统衙门的暴力统治下，天津城乡的义和团余部备受摧残，诸多无辜民众横遭杀戮、凌辱。

五、洋人奴役下的天津百姓

都统衙门自成立之日起即开始严格控制天津民众的日常生活，防止民众抵抗其殖民统治。

都统衙门对天津民众施加了种种暴行，为了防止他们的暴行引起人民的反抗，他们大举收缴和查禁民间所藏军械。1900年8月4日，该衙门发布告示称，限期3日内，天津城内中国人所藏军械全部呈缴给各地街道的巡捕官；如果限期未办，嗣后查出家内藏有军械，立即从严究办，决不姑息宽恕。此告示贴出后，民间仍有藏匿军械的情况。11月28日，该衙门又发布告示，要求城区民众在5日内呈送所有军械；如逾此限仍不照办，一经查出，即将藏匿军械的房屋罚没入官，而私藏者将被定以斩首之罪。1901年5月13日，都统衙门要求天津郊区各村庄民众在10日内，将所藏各项军火呈缴给各衙门，否则一经查出或被告发，即将私藏军械者判以死刑。

告示发布之后，都统衙门以"私藏军械"的名义抓捕并杀害了许多民众。例如，1901年5月25日，该衙门将私售军火的张五、黄六、李二"定以斩首之罪"，并立即执行。7月，王福云因身上带有军火被城南段司员拿获，旋被斩首。11月，军粮城区的两名男子在挖掘枪支时被当场逮捕，其中一名因企图逃跑被当场打死，另一名被判处死刑。1902年6月，一名老人因被人告发家中藏有两把大刀而被逮捕，后因为年迈体弱，被判流放。

都统衙门制定种种规定，防止民众反抗其殖民统治。1900年11月9日，该衙门发布告示，中国平民百姓不得与外国士兵争斗，否则外国士兵可以当场开枪射击。此外，还要求当地绅耆务必劝诫年轻子弟安分守己，不得与外国士兵斗殴，否则严惩不贷。12月23日，为防止民众聚集抗争，都统衙门要求所有民间会社在成立之前先向其登记，获得执照后方可设立。否则，私设会社一经查出，即按邪教严行惩办。1901年10月，一个日本人企图垄断猪肉销售，华籍巡捕逮捕了这个日本人。随即日本领事就此事提出抗议，都统衙门立即给巡捕局下令，所有华籍巡捕均无权逮捕外国人。这些规定捆住了中国人的手脚，却对外国人没有任何约束。

都统衙门极力维护其统治利益，纵容外国人为非作歹。都统衙门对在天津的侨民和侵略军竭力保护，却从不顾及中国人的财产与生命。在他们眼中，中国人不过是猪狗一样的动物。他们不追究联军烧杀抢掠的行为，即使联军士兵违法，也不加审讯与判决，只是将其送回军队或领事馆。例如，1901年1月24日，两名外国士兵突然闯入北浮桥社记信局，翻箱倒箧，抢去铜钱两万多枚、衣物数件，还刺伤了该局的两名工作人员，却不受惩罚。对于不能破获的案件，他们就随便嫁祸到中国人身上。1901年5月17日，城北区英国电报线被剪断，因未能抓获罪犯，城北区区长直接逮捕了大直沽附近村里的一位绅董。8月，城南下铺口一带的日本电报线被割断，日本军队随即逮捕了附近村庄的几名乡绅。后来，丁字口一带的日本电报线也被割断，都统衙门指示继续寻找罪犯，如果找不到罪犯，即对有关村庄的居民每户罚款2 000元。

都统衙门对中国籍普通的抢劫、盗窃犯轻罪重罚，直接判死罪。1900年8月7日，都统衙门发布告示称：现已缉获抢劫户部街星盛当的抢匪刘眼、陈洛二人，定以死罪。嗣后如再有类似抢夺案件，均照此办理，以儆将来。9月9日，都统衙门将在河东抢劫百姓物品的刘德显处以极刑。1901年7月，军粮城司员向都统衙门禀称，缉获持枪的匪徒李顺卿，由于其并未作案，不知该定何罪。都统衙门未经审讯，直接将李顺卿判处死刑，并通知军粮城司员，以后再出现类似案件，一律照此办理。8月19日，在军粮城的辖区内，一个叫赵福春的小偷因手持武器而被逮捕。都统衙门指示该区官员，直接将赵福春就地斩首。1902年1月至7月，李仲三、张玉发、刘长孙、徐老、张得胜、范仲清、张洪发、沈和、张三、陈二、王有德等人分别在实施讹诈、抢劫或盗窃时被捕，后均被执行死刑。这些案犯并未杀人，仅仅因为抢劫或盗窃即被剥夺生命，甚至有的人只是带了一把枪就被处以极刑。

都统衙门实行"以华制华"的政策。其辖区扩大后，要求新扩区域的每个村庄举荐3名绅董负责维护本村的秩序与安宁。在都统衙门确立的"洋主华辅"原则下，这些绅董要直接对外籍区长负责，同时还要对外国巡捕监察员负责（他们定期巡察村庄），接受他们的领导和监督。如果所辖区域内发生任何有损洋人利益的事件，首先遭受处罚的是绅董。他们夹在洋人与村民之间，完全失去了维系地方生活秩序的主导权，只能仰洋人鼻息，在承担保障联军殖民统治利益之义务的同时，勉强维系故里民众生活秩序的稳定。

都统衙门随意征用天津城内的庙宇，供基督教会宣讲之用。1900年9月18日，由于马家口子的福音堂被人纵火焚毁，该衙门强行将闸口龙王庙作为福音堂传教士的宣讲之地；10月15日，又将一处娘娘宫拨给宫北圣道堂的传教士使用；数月后，又将城内东北角的三义庙拨给宫北圣道堂使用。都统衙门将天津民众进行民间信仰活动的场所随意划拨给基督教会使用，严重损害了民众的精神信仰与文化传统。

都统衙门对民众日常生活做出种种限制，但对于民众的卫生健康漠不关心。1901年1月13日，都统衙门谕令民众在寻常时日与端午、中秋、新年等节日均不准燃放烟花爆竹。1月29日，又谕令天津城内各街巷不准张贴匿名揭帖，居民如见房屋墙垣上有揭帖，必须迅速向当地巡捕官处禀报，知而不报者获罪。11月，都统衙门要求自次月起，每夜10点至黎明5点，天津城内的中国人夜间行走均须手持灯笼，否则将对违令者予以逮捕。是年，天津先后出现了春瘟与霍乱。负责防疫的日军在全城搜寻患者，一经发现，即把大量的石灰撒在病人身上。这些病人满身石灰，石灰遇到水后会剧烈发热，病人稍一出汗或沾水，立刻会被灼伤皮肤，痛如钻心。这种防疫方式实为虐杀，一些病人没有亡于瘟疫，却死于防疫。1902年6月2日，由于海河河水闸口关闭，芦台运河沿岸村民取不到饮用水，被迫饮用河内污水，因而纷纷病倒。都统衙门接到城北区区长对该事件的报告后，只是让人将此事记录在案，并未及时采取救助措施。

联军在天津城的大街上随意调戏、蹂躏妇女，打骂居民，侮辱行人。在都统衙门的统治下，天津城乡暗无天日，普通民众忍辱求生，随时会横遭不测。侵略者自己也承认，都统衙门曾通知中国居民回来各安其业，但城内对于中国人来说并不安全，妇女日夜遭到外国士兵的任意蹂躏，财产遭到抢劫，而该衙门对军纪涣散的联军士兵毫无约束力，致使破坏秩序和法纪的事有增无减。甚至连一些帝国主义分子都担心这些暴行会加强各地排外情绪，并可能使全国的革新派和保守派都联合起来，一致将其赶出天津。

　　长期的高压统治引发了天津民众的强烈不满，很多

1900年天津沦陷后艰难谋生的贫民

民众聚集起来反抗都统衙门的殖民统治。为了安抚天津百姓，都统衙门装模作样地赔偿了几个无辜受害者，营造出维护天津百姓的假象，但实际的赔偿款最高不过百元，而他们给伤残的联军士兵的赔偿款高达数百元。例如，1901年9月，一名富有声望的无辜中国人被德军打死，都统衙门给予其家属的赔偿款只有30元。10月的一天，军粮城区的中国籍巡捕万德诚在抓捕匪徒的战斗中被打死，其家属获得100元的抚恤金。1902年7月，河上巡捕队的第60号巡捕在河中作业时感染霍乱死亡，其家属仅仅获得25元抚恤金。但是，联军士兵卡恩在军粮城区执行公务时受伤，都统衙门给予的赔偿款为400元。在他们看来，中国人命如草芥，可以随意践踏和伤害，这些象征性的赔偿只是安抚民心，以便他们继续实施殖民统治的手段而已。

六、都统衙门及其撤销后洋商的大肆"吸血"

都统衙门一经成立，即以"合法"的形式强行占有天津城内的诸多财产。从其开列的清单看，这些财产包括天津的地方政府所属财产、被遗弃的私人财产（包括动产和不动产）和都统衙门没收的一切财产等。这些财产数额巨大，仅被没收的藩库白银就多达34万两。都统衙门还接管天津海关，垄断芦盐的运销，以掠取巨额的财政收入。

然而，都统衙门甚为贪婪，并不满足于前述已攫取的天津财产。他们的日常给养完全由天津民众担负，此外还要征收种种捐税。该衙门宣称自己拥有以下权力：有权向天津本地居民公布法令、税务及摊派费用，征收应向中国政府缴纳的各种税收；根据需要处理已属于都统衙门的财产；除军事机构的财产外，有权没收、出售当地居民的动产及不动产。这不过是都统衙门为自己的横征暴敛而编造的一套说辞。

1900年9月，都统衙门开始征收各项厘税与捐输，要求各店铺必须按照要求缴纳，否则予以惩罚。9月20日，都统衙门公布了征税清单：第一，铺面、住房两样房捐，房租每百两抽捐银三两，系由房东输纳。第二，当铺捐，头等者每月抽收二十五两，二等者每月抽收十两。其余零星店铺分为六等，捐银最低一两，最高二十两。第三，饭馆捐，头等者每月抽收五两，二等者每月抽收二两五钱。客店捐，头等者每月抽收二两五钱，二等者每月抽收一两五钱，三等者每月抽收一两。澡堂捐，每月抽收三两。烟馆捐，每灯每月，抽收二钱五分。第四，船捐，头等摆渡每只每月抽收五两，二等摆渡每只每月抽收二两，三等摆渡每只每月抽收一两。
第五，车捐，东洋车每辆每月抽收三钱；地排车每辆每
月抽收五钱；车轿大车每辆每月抽收五钱，小车每辆每
月抽收二钱。第六，戏剧捐，每家每月二十五两。第
七，烧锅店捐，每店每月五十两。第八，建造房屋捐，
每张执照抽收一元。除厘金外，都统衙门征收的捐税多
达二十余种，其中房铺各捐及车、船等牌照捐都是前所
未有的。[1]另外，天津居民要重返自己的家园，须有都
统衙门发放的通行证，而每张通行证的费用为三十美
分。[2]可以说，都统衙门对天津民众的盘剥如同敲骨
吸髓。

　　都统衙门在锅店街庆善银号设立官银号作为收捐
之处，又在天津的水陆交通要道建立四处征税机构，即
陈家沟厘捐局（后迁王串场）、三岔河口工部关、西码
头工部关（后迁西北角）和北浮桥天津关（后迁红桥
西），查验货物税单。这些税卡可以任意扣留中国的船
只货物，勒索税捐。

　　1900年10月，都统衙门因天津粮食紧缺，下令禁

---

　　[1] 刘海岩等编：《八国联军占领实录：天津临时政府会议纪要》下册，
倪瑞英等译，天津社会科学院出版社，2004，第799页。
　　[2] 陈瑞芳：《略论天津"都统衙门"的军事殖民统治》，《南开史学》
1987年第2期，第79页。

止各烧锅店制酒，亦不准各酒店卖酒，烧锅捐也因而停征。然而，仅时隔一月，都统衙门为增加税收，又准许烧锅店制酒，酒店卖酒，并规定酒店也须纳税。

都统衙门连最底层的妓女也不放过，强迫她们缴纳高额的执照费。1902年2月26日，天津卫生局局长向都统衙门建议按下述标准对妓院和妓女征税：一等执照妓院10元，每名妓女3元；二等执照妓院7元，每名妓女2元；三等执照妓院4元，每名妓女1元；四等执照妓院2元，每名妓女0.5元。可以说，都统衙门的征税已遍及天津社会的各个领域。

都统衙门横征暴敛，每月可得白银15万两。从1900年11月起至1902年8月，仅捐税一项的收入总计为270多万两。该衙门成员从中获取高额的工资，都统每人每年薪金为1 500英镑，各部门官员薪金每人每年正职为800英镑，副职为600英镑。然而，都统衙门于1902年初规定小工的工钱每天至多二角五分，工匠每天不得超过三角五分，且不可额外多要。天津民众每天在温饱线上苦苦挣扎，疲于奔命。

由于八国联军的劫掠，天津经济凋敝，物价飞涨，民众食不果腹、衣不蔽体的情形随处可见。在这种情况下，粮价暴涨，价格之高前所未有。1899年，天津市场上的玉米面每斤60文，白面每斤90文，白米每升200

文。到1902年初，白面每斤140文，白米每升340文。民众没钱买粮，只好典当衣物，又无力赎回，一时当铺中存放的衣物积压严重。例如，1901年4月15日，日升当铺称其所存布衣限期三月取赎，逾期则变卖归本。然而，典当布衣的多为贫苦百姓，大多无力取赎，直到10月，这些衣物也没有几件被赎回。当时有人记述称，兵燹之后的失业者众多，既无生财之道，又需设法输捐，其苦累情形不问可知。一方面是低收入、高捐税的残酷剥削，一方面是物价昂贵、资源短缺的市场行情，二者叠加造成民怨沸腾，甚至连都统衙门的司员也忍不住多次在都统衙门会议上提出要注意这种因税收过重引起的不满情绪。

让百姓深感绝望的是金融混乱。在都统衙门的统治下，洋钱每元可兑换制钱3 600文。洋钱购买力的上涨意味着制钱的贬值。1902年，天津洋钱持续升值，各行各业的经营陷入困境。近百家商店联名上书，要求都统衙门确定银两和洋钱的兑换比率。该衙门指令司库向外国银行征求意见，研究城区金融现状，并上报解决办法，但直至该衙门撤销，也没有提出切实可行的对策。

在都统衙门的殖民统治下，原本属于中国领土的天津却成了西方列强在华劫掠的乐园和进攻北京的跳板。

1901年9月7日《辛丑条约》签订后，八国联军就应撤销都统衙门。然而，他们仍将天津治权牢牢握在手中，迟迟不愿归还。

对于八国联军仍占据天津，统帅瓦德西狡辩称，天津至渤海的交通对于列强极为重要，因而天津及其附近区域应该长期置于国际管理之下。另外，他还提出，当时若将天津交还中国，那么治理海河的工程将停滞，而将炮舰直接开到天津的目标就无法达到。当时上海的英文日报《字林西报》也为八国联军继续占据天津的行为辩解称，在《辛丑条约》签订以后，天津"各处土匪骚扰及闹教等事又屡见迭出"，列强恐再出现义和团攻打租界的情形，因而出现拖延，必须等各项措施准备妥当后才能交出天津治权。

天津为畿辅要地，断不可由西方列强把控。1901年9月30日，光绪帝谕令庆亲王奕劻和直隶总督李鸿章，"速行设法竭力磋商，务期早日收回"。然而，此时的李鸿章年迈多病，再无心力支撑清朝的危局。10月30日，他强撑病体前往俄国使馆议事，俄使对其竭尽胁迫之能事。11月7日，李鸿章在京逝世。清政府又任命原山东巡抚袁世凯署理直隶总督兼北洋大臣，催办接收天津事宜。

围绕归还天津的条件，中外双方进行了长期交涉。

1902年2月，由于列强驻津武官从中阻挠，导致中外双方在修河、修城、拆炮台、设巡捕、驻兵等问题上迟迟没有达成协议。清政府要求都统衙门"交还治理天津事务"的谈判陷入了困境。

4月3日，都统衙门就天津交还问题举行了一次特别会议，提出了许多苛刻的条件，甚至以再发动战争相威胁。比如，要求中国政府必须保持该衙门会议记录原稿的权威性，必须完全承认其制定的各项法令，必须赋予上述法令以权力和效应；接管天津后要发布公告，明确宣布该衙门统治的延续性未被中断，以前颁布的各项法令就像中国自己颁布的各项法令一样有效。同时，他们还威胁称，如果允许在某一细节上否定这些法令的有效性，那就等于凌辱都统衙门的创始者，进而否定其存在的价值，从而为一场国际性的争执和混乱敞开门户。西方列强还企图设立国际军事委员会，对中国政府行监督之责。这些耻辱条件，让中国政府颜面扫地。

4月12日，八国联军司令根据各国公使的要求和都统衙门的建议，向清政府提出了关于归还天津的29项条件。这些条件十分苛刻，比如要求中国政府拆除炮台、禁止天津重建城墙、城内警察不得超过2 500人、城区周围60里内不得驻军、中国政府必须承认天津都统衙门的一切行为等。

7月，经过艰难谈判，中外双方达成有关接收天津的条件。其要者如下：其一，拆毁大沽炮台及有碍京师至海通道的所有炮台；其二，都统衙门裁撤后，联军仍可在现今所屯各处驻扎，其所需物品均免各项赋税，联军驻地周围20里内禁止中国军队进入或驻扎；其三，直隶总督有权在天津城内置亲兵一队，人数不得超过300人，还要允许设立"警察勇"一队；其四，已拆毁的炮台与城墙均不得再行重修；其五，凡是都统衙门已审定的案件均不能重新审理；等等。这些条款明显超出了《辛丑条约》规定的范围，既扩大了外国军队的驻留权，又限制了中国军队保卫国土主权的行动能力，为日后西方列强继续侵略中国创造了条件。

1902年8月7日，都统衙门发布了它的最后一个布告，称其现奉各国统帅谕饬，于农历七月十二日裁撤都统衙门，地方一切事宜交与中国地方官员办理。8月15日，直隶总督袁世凯到天津与都统衙门办理了交接事宜。至此，天津重新回到中国的行政管辖体系之中。

虽然清政府收回了天津的管辖权，但西方列强依旧盘踞在这里，继续掠夺资源，攫取利益。据统计，1902年，天津有外国洋行40余家。到1936年，外商在天津开设的洋行多达982家。这些洋行中比较有影响力的英商为怡和、太古、仁记、新泰兴4家英国皇家洋行以及高林洋行、平和洋行与亚细亚火油公司等，美商为慎昌洋行、公懋洋行、大来洋行、美孚公司和德士古石油公司等，法商为永兴洋行等，德商为世昌洋行、礼和洋行、禅臣洋行、捷成洋行、美最时洋行等，日商为三井洋行、三菱洋行等。这些外国洋行资本雄厚，凭借领事裁判权和租界的保护，在天津的对外贸易中占有绝对优势，中国商人根本无力与之抗衡。

驻天津的德、美、日等国的商行为谋取利益的最大化，不断打压华商，欺行霸市。

例如，德国商行乾泰洋行任意欺凌华商，甚至持枪威胁华商性命。1906年，砖瓦商董王筱安与窑头梁德顺、茂德堂叶恩庆合伙包办了德商乾泰洋行在杨村设立的6座大宝生砖窑，由梁德顺与乾泰洋行订立合同，茂德堂

雇用华人苦力的天津太古洋行仓库

叶恩庆作保。第二年，王筱安与窑地的洋人少林司、翻译王子宾以及乾泰的翻译赵士义一同核算清楚当年春秋两季的工价。然而，德商乾泰洋行对应付的欠款7 700余元分文不给，以致保人叶恩庆忧虑成疾，含恨而死。王筱安本人垫付的米面、零用等也无法追回，负债累累。梁德顺同200多名苦力前往催讨工钱，洋人不仅拒付欠款，而且手持洋枪对他们进行威吓，并将梁德顺驱逐出窑地。

1907年12月，王筱安向天津商务总会呈报德商乾泰洋行欠款之事，请其转呈天津官署，以讨回德商的欠款。随后，天津商务总会呈请天津官署照会德国领事，饬令德商乾泰洋行按单照数支付欠款。该会在呈文中称，在天津的华洋商业往来中，常常出现洋商背约的情形，即使有相关领事催促，这些洋商也往往故意拖延或狡辩，得到解决的案件不过一成。

洋商还借助列强的势力，通过各种卑劣手段，打压中国企业，垄断中国市场。1904年，爱国商人张咀英投资1万元，在金家窑大街兴建了天津第一家啤酒厂"松盛大麦酒厂"。松盛大麦酒厂于1907年成功酿制出口味醇正的中国啤酒，第一次让百姓喝上了中国人自己酿造的啤酒，并在这一年开始使用"站人"商标。同年，天津美商永康洋行向天津商务总会呈控松盛大麦酒

厂侵犯其商标权。7月26日，上海德商谦信洋行向天津
商务总会控诉松盛大麦酒厂假冒美商永康洋行承销的德
国啤酒，要求对松盛大麦酒厂严行查禁。此前，德商谦
信洋行在天津委托美商永康洋行承销的德国啤酒商标为
"站人牌"，俗称"美人牌"。由于松盛大麦酒厂的商
标与"站人牌"商标略有相似，谦信洋行对此大为不
满，遂由其代表林文德致函天津商务总会，委托美商永
康洋行代为交涉。此案由天津审判厅审理。松盛大麦酒
厂代表张咀英在法庭上据理申辩，称其商标与德国啤酒
商标"逐一比较，实非酷似"，二者的不同之处颇多，
比如标识的德法文、出产公司、牌号、国旗、美女人名
等均不同。天津商务总会也认为，这两家的商标"既非
酷似"，也就不足以判定松盛大麦酒厂侵权，更遑论对
谦信洋行的赔偿之责。不过，天津审判厅唯恐惹怒外
国人，最终判定松盛大麦酒厂修改商标。至此，该案
本可了结，但永康洋行为了独霸市场，肆意诋毁松盛大
麦酒厂。1908年5月，永康洋行竟在《大公报》上刊登
文章，称松盛大麦酒厂生产的啤酒为假"站人"啤酒，
饮之危害健康，公开诬蔑松盛大麦酒厂，损害其商业声
誉。张咀英就此事向天津商务总会控诉。随后，天津商
务总会致函天津审判厅，后者称应转请天津道台定夺。
天津商务总会遂又向天津道台禀报，请其照会德国领

事，责令永康洋行"速为收拾赔补"。然而，此案最后不了了之。

1909年6月，日商松井香粉公司向天津审判厅控告，称华商芝兰香牙粉公司假冒其商标，要求查封后者，并将其货物充公。芝兰香牙粉公司代表何瑞霖前往天津审判厅接受询问，并当场将其公司的商标与日商的商标进行对比，表示二者并不相同，不存在假冒的行为。一位蔡姓审判员认为，两公司的商标略有相似之处，要求芝兰香牙粉公司更改商标，以避嫌疑。何瑞霖则认为，既然不存在假冒行为，就无须更改商标。天津审判厅在审判此案的约两个月中，进行了7次审判以及1次当庭对质，案件久拖不决。负责初审的审判员劝何瑞霖委曲求全，何无奈之下接受了审判员的建议，准备更改商标。不料，一名陈姓审判员接手该案后屡次窜改芝兰香牙粉公司的呈供，后判令该公司将其商品的装饰花样全部去除，只准用带字的白签标明"中国造白粉"等字样。

在洋商与中国民族企业的合作中，洋商也处处刁难，丝毫没有信誉可言。1911年，日商三井洋行与天津万春面庄的刘学智签订了出售2万袋面粉的合同，约定货到付款。随后，万春面庄又与义生源、庆兴号分别签订了出售面粉的合同。然而，当这批面粉运至天津码头后，三井洋行却对万春面庄百般刁难，不按照合同约定开具提货单，以致该面庄无法履行其与义生源、庆兴号签订的相关合同，失去商业信誉。三井洋行表示，要提取这批面粉，必须交现银。万春面庄不得已，筹备现银。但是，三井洋行又提出新的无理要求，称即使交了现银，万春面庄也不能提取这批面粉，因为要扣除过去该行准备出售给万春面庄的另外6万多袋面粉的货款，而那些面粉尚未运到天津港。该洋行这种违反合同的行径明显是在欺负华商。

在列强的庇护下，洋商在天津耀武扬威，侵害天津民众利益的事件不胜枚举。例如，1911年4月16日下午，日商的"大智丸"号轮船在海河中航行时横冲直撞，不按规定航线行驶，将船户崔兆麟的运盐船撞翻。当时，该运盐船装运生盐384包，欲赴挂甲寺新盐坨交货，在遇到横冲直撞的"大智丸"号轮船时无处躲避，结果运盐船被撞翻，随即沉入水中，盐包顺水漂走。太古洋行驶船管理员勃浪恩当场目击了这一事发过程。随后，船户崔兆麟向津海关道控诉此案，恳请照会日本领事官，饬令"大智丸"号船主赔偿其船款和盐款。勃浪恩也向海关提交了相关证词。然而，该船主向津海关道递交了错误百出的事故报告书及撞船示意图，百般狡辩，拒不赔偿。

虽然都统衙门已经裁撤，但其行政命令仍得到清政府的承认，很多保障洋人在华利益的特权都被保留下来，因此洋商欺辱华商的现象比比皆是。在租界与治外法权的保护下，他们不仅从天津攫取巨额财富，垄断外贸市场，而且残酷打压天津的民族企业，长期掌控当地的经济命脉。

都统衙门及其代表的西方列强给天津带来的不是文明的福音，而是暴力、恐惧和苦难。

第七章

日伪统治下的津门百姓劫难（上）

中日甲午战争之后，日本在天津设立了租界，干涉、操纵当地的行政事务，为其侵略中国做准备。1937年7月7日，"卢沟桥事变"爆发。7月30日，天津沦陷。日伪统治时期是近代天津最为黑暗的历史时期。侵华日军占领天津之后，采取"以华制华"策略，扶持汉奸作为傀儡政权的代理人，建立殖民统治体系。他们残酷对待天津民众，犯下累累罪行，将这座城市变成了一座人间地狱。在长达八年的日伪统治下，天津民众战战兢兢，朝不保夕，历经"亡国奴"的屈辱与磨难。那城头飘扬的太阳旗，成为天津沦陷的时代伤痕。

一、1937 年的天津陷落

"九一八事变"后，东北地区沦陷，整个华北地区随即成为侵华日军的下一个占领目标。经过中国军民几个月艰苦的长城抗战，中日双方于1933年5月31日签订了《塘沽协定》，将长城以南的大片区域划为"非军事区"。然而，日军并没有因此停止占领华北地区的战略计划，只不过将原来的大规模"鲸吞"改为步步推进的"蚕食"，意欲将华北变成第二个东北。当时，日本人眼中的"华北"涵盖今天的河北、山西、山东的大部及陇海铁路以北的江苏、河南的部分地区。天津是这个地区最大的商贸城市，因而在日本人开发华北的计划中占有十分重要的位置。由于距离北平不过百余公里，天津形势岌岌可危，被笼罩在沦陷的阴影之下。

1935年12月18日，在北平"一二·九"运动的感召下，天津法商学院、南开大学、南开中学、北洋工学院等大中学校的一些学生走上街头，进行抗日救国大游行。他们高呼："中国人不打中国人！""欢迎爱国军警抗日！""打倒日本帝国主义！""打倒汉奸卖国贼！""反对国民党投降卖国政策！""反对华北自治！""对内团结，对外抗战！""反对芦盐输日！"
然而，这些学生的爱国游行遭到反动军警的镇压，部分
学生被捕入狱，其中有河北省立女子师范学院学生张秀
亚的哥哥。恐惧与悲愤在天津民众的心中激荡。

　　1936年，天津民众深切感受到侵华日军的残暴。在
5月21日这天，身在天津的张秀亚以陈蓝为笔名，在题
为《"五·二一"》的文章中记下她难以名状的苦闷。
当天下午，她的父亲到学校去看她时说，当局更换了大
批的县长和公安局长，他这个刚上任两个月的代理公安
局长也被换了下来；张秀亚的哥哥因参加爱国游行被捕
入狱后，下落不明，也无从打听消息；他们没有势力，
也不认识有势力的人，难以搭救自己的亲人。最后，她
父亲叹息说："我们只孤零零的两个人了，你是一个小孩
子，我又这么老了，我们没有势力，也不认识有势力的
人，济儿不会从狱里出来了。"①闻听此言，张秀亚忍
不住伏在父亲的肩上哭泣。父亲离开后，她继续写诗歌
《雷》，需要借"雷"那爆裂的声音喷发心头久积的
愤怒。

　　同是5月21日，天津的中学生大戈记录了其所在学
校被迫订购《盛京时报》的屈辱。他在《中学生日记》

---

　　① 陈蓝：《"五·二一"》，茅盾主编：《中国的一日》第8编（民国
丛书第3编），上海书店出版社，1991，第38页。

一文中写道，在当天的公民课上，伍先生一进教室，就瞧见黑板上的两行白字："请先生谈华北时局！""本校为何订阅《盛京时报》？"实际上学生们都知道，前一天下午，学校在汉奸的压迫下订购了日本人中岛真雄在沈阳创办的《盛京时报》。他们觉得做准亡国奴的滋味太苦涩，太难受。他们烦闷了一夜，要在伍先生身上发泄一通。伍先生沉默了刹那，苦笑着说："不在其位，不谋其政。"接着，他还劝学生继续学习课程。这位中学生听了伍先生的劝说后气愤不已，脱口而出："汉奸！你是中国人不是？"他还写道，敌人以"亲善""提携"为招牌，以"自治""防共"为烟幕，以"增兵华北"为手段，这样，华北便无声无息地灭亡了；只有唤起民众，联络民众，"预备爆发一个伟大的自主的民族解放战争，来救我们的华北！救我们的中国"！①

然而，天津的时局一天天动荡，战争的阴霾一步步逼近。

1936年4月，日本决定增兵华北，抽调各个军种编入天津海光寺的中国驻屯军。当时海光寺的驻屯军除司令部外，还有步兵旅团司令部，两个步兵联队（华北驻

---

① 大戈：《中学生日记》，茅盾主编：《中国的一日》第8编（民国丛书第3编），上海书店出版社，1991，第41—42页。

屯步兵第一联队和第二联队），驻屯军战车队、骑兵队、炮兵队、工兵队，以及受驻屯军节制的驻华北航空大队与各地守备队等，总数不下2万人。与此同时，这支部队正式使用"华北驻屯军"的名称，成为日本全面侵华的急先锋。

1937年7月26日，日军开始对天津、北平进行分割包围，并发起进攻。

7月29日午夜，驻津的中国军队29军38师发动天津抗战，进攻驻守在天津租界、塘沽码头以及天津火车站、机场等地的日寇。这一天参加进攻日寇的中国军队有5 000人左右，除了38师之外，还有一些保安团。

7月30日上午，中国军队进攻比较顺利，烧毁了停在机场的数十架日军飞机，击溃了天津东站的日寇。天津城的居民闻听中国军队痛击日寇，群情激昂，自发地买了些烧饼、油条、香烟，提着茶水慰劳士兵。许多人还冒着危险帮助中国军队修筑工事。天津局势总体上还算稳定。偶尔有逃难的人，坐着人力车，拉着大包小件，顺着昆纬路往南走，可能是奔向意租界。

战斗进行到当天下午，日军从塘沽调来大批增援部队，同时出动飞机进行猛烈轰炸。日军为迅速攻占天津，共出动60余架次飞机，对天津展开全城轰炸。他们先是对市区进行无差别轰炸，后又针对天津市政府、警

察局、保安司令部、火车站、造币厂、造纸厂、法院、
广播电台以及南开大学、南开中学、河北省立女子师范
学院等地方进行集中轰炸。

日军占领天津火车站

下午三四点钟，五六架日军飞机在省议会大楼上空
盘旋，投下几颗炸弹，试图炸毁楼内的保安司令部。随
后，他们还轰炸了北宁铁路管理局所在的楼房。日机十
余次轰炸南开中学，投下数十枚炸弹。学校门前的自来

161

水管被炸断，弹坑里灌满了水，形成直径约三四米的水坑。南开女中、南开小学也惨遭日军轰炸。校舍被毁，幸存的师生不得不前往学校附近的由比利时人经营的天津电车电灯公司避乱。

日军派出飞行第六大队对南开大学进行反复轰炸。在日军的轰炸之下，南开大学几乎成为一片废墟。这所风景优美的大学成立于1919年，是一座国内外闻名的高等学府。校内建有秀山堂、思源堂、芝琴楼和藏书近15万册的木斋图书馆，建筑恢宏，花木扶疏，芳草如茵。在反对日本帝国主义侵略的历次斗争中，南开大学的师生始终走在前列，因而招致日本侵略者的忌恨。"九一八事变"以后，日本在天津的驻屯军就不断对南开大学进行武装骚扰，但该校师生毫无畏惧。在这次攻占天津的过程中，日军对南开大学展开了疯狂的报复。南开大学多年来精心修建的秀山堂、思源堂、木斋图书馆等建筑惨遭日军飞机的定点轰炸，几乎被夷为平地。日军还派兵纵火焚烧学校，致使教学楼、图书馆、教师住宅和学生宿舍大部分被焚毁，所存教学仪器设备损毁殆尽，大量珍贵的中文典籍被烧毁或被运到日本本土。不久，南开大学校园沦为日本侵略者的军人医院和军马牧场。

在日机的轰炸下，大量平民伤亡，诸多建筑倒塌，整个天津都弥漫着战火的硝烟。日军占领天津后，纵火焚烧民房，来不及逃离的居民死伤惨重。

南开大学遭日军轰炸后的残迹

　　傍晚，来自北平方面的日军援军陆续赶到，38师在寡不敌众的形势下只能撤至郊区。天津保安队也被迫从市区撤退至静海、马厂、唐官屯一带。守卫在一家工厂水塔上的4名爱国士兵坚持战斗，打完最后一颗子弹后，随即与日军展开白刃战，最后全部壮烈牺牲。

　　当天晚上，市政府、警察局、造币厂、法院、车站、电台以及多所商厦、工厂被炸毁。大经路（今河北区中山路）到北站一带，临街的房屋全部被毁。天津城内的民众惶恐不安，当日上午那股慰劳中国军队的兴奋劲儿早已烟消云散。人们早早地关门闭户，却辗转难眠，只好在暗夜里说着国仇家恨，互相安慰。

7月31日早晨，天津城内已无中国士兵，无家可归的天津民众只能自寻生路。由于意租界、英租界与法租界相继戒严，不让中国人前去避难，一些难民只好前往紧挨着意租界的特二区（原奥租界），租房而居。一些难民向教会求助，但教会的人委婉地说："教堂地方不大，教友可以进教堂避难。"还有很多难民无钱租房，也没地方避难，只能在大街上徘徊。他们想要离开天津，到离火线较远的地方，但又不知如何谋生。在日军的炮火之下，数十万天津民众走投无路，无家可归，备尝"亡国奴不如丧家犬"的滋味。据粗略统计，仅中国抗日官兵阵亡者就有2 000多人，全市被毁房屋2 500余间，受炮火摧毁的工厂、企业50余家。当时的财产损失数以千万计。

1937年7月涌向法租界的难民

当时坐落在英租界的《京津泰晤士报》主笔潘纳禄目睹了天津难民的悲惨情形，在文章中写道：目睹河上和沿岸的惨状，远比轰炸更令人触目惊心。码头挤满了各种船只，为安全起见，舢板、长船、帆船、汽艇和驳船集中停泊在英、法租界的岸边。每一条船上都挤满了难民，几乎都是穷人，他们大多数来自河东地区，裹着小脚的祖母怀抱着婴儿，衣衫褴褛的男人、女人和孩子带着小包袱。他们站在雨中，充满了恐惧。

日军在全城到处放火，进行"扫荡"。当时在天津私立觉民中学就读的学生阿凤看到，街上中国国旗全部消失，中国警察也都不见踪影，日军在四处劫掠财物。在日军的蹂躏下，整个城市都在呻吟，满街残垣断壁，空气里弥漫着浓重的血腥味。

在日军的炮火中，天津沦陷，进入被日本殖民统治的黑暗时代。

二、谈虎色变的"红帽衙门"

日军占领天津后设置的统治机构主要有天津防卫司令部、天津日本特务机关、日本宪兵队和警察署等。"红帽衙门"是日本宪兵队的俗称，因为日本宪兵的帽箍是红色的，故称"红帽衙门"。与之对应的是"白帽衙门"，即日本租界警察署，因其日本警士的帽子上有白帽套而得名。这两个机构以种种暴虐手段迫害中国人，臭名昭著。

天津街道上耀武扬威的日军

天津沦陷后，日本宪兵队随之而来，其总部最初设在福岛街西头的海光寺，后来迁到中原公司（今百货大楼）后面。宪兵队总部下设河东分队、河西分队、河北分队、东马路分队以及经济室与邮电检查所。宪兵队长为菊池大佐。各分队队长中仅东马路分队长为井尾少佐，其他分队长均由曹长充任。宪兵队驻地设有各种牢房和刑具，阴森可怖，如同人间阎王殿。有亲历者回忆称，那里的残酷刑罚包括坐电椅子、灌辣椒水、轧杠子、赤身泼凉水（冬天）、光身站雪地、抽皮鞭子、悬空倒吊、烫火筷子、针刺指甲肉、铜丝捅尿道、狼狗撕咬等。很多在宪兵队过堂的人被虐杀。当时天津市流传着关于宪兵队的一首民谣：

> 宪兵队，阎罗殿，各种刑具上百件，
> 皮鞭子抽，电棒子电，辣椒水来鼻子里灌，
> 冬天扔在水牢里泡，夏天拽到沙地里站，
> 叫你活着也要扒层皮，把你整死那是狼狗一
> 顿饭！

日本宪兵队全力搜捕新闻界的抗日人士。1937年8月13日，他们查抄了日销4万份的爱国报纸《小公报》，逮捕了编辑胡春水、发行人刘昆和印刷工人王金荣。在宪兵队的牢房中，日本人对他们施加了大木棒压双腿、铁钳子夹双手、灌凉水与汽油、跪生死板、用烧红的煤块与点燃的香烟烧灼皮肉等酷刑。经过几番审讯，最终刘昆被折磨致死，胡春水、王金荣虽先后获释，但身体已伤痕累累。

天津沦陷后不久，位于日租界须磨街23番地（今陕西路鞍山道拐角处）的法商学校，因拒绝悬挂日本国旗被迫停办，在此任职的姚士馨因而失业。为了秘密宣传

抗日，他与原同事陈烈秘密编印《救亡》小报。1937年11月底的一天，20多名全副武装的日本宪兵闯入姚士馨家中，搜查可疑物品，将姚妻怀抱中的孩子吓得大哭。一个宪兵从姚妻怀抱中夺去孩子，并将其狠狠地摔到地上，可怜这一周岁大的孩子

年轻的姚士馨

当场死亡。随后，这些日本宪兵将姚士馨拖出门外，用汽车押送到宪兵队本部。

当晚，在伏见街（今万全道）的秘密审讯点刑讯室，日本宪兵对姚士馨进行了审讯。主审者是特高课课长莳苗（日本人），翻译是原日本警察署五道巡捕长赵锡钧，还有三四个施刑的人。此时，姚士馨的衣物全被脱去。他坚决不交代抗日组织、领导人和行动计划，并斥责日寇说："你们占领中国东北大片领土，又向华北入侵，中国人不愿当亡国奴，怎么能等死呢？全中国的百姓都起来抗日，不是我一个人！"莳苗见姚士馨态度强硬，用军棍猛击他的小腿骨。姚疼痛难忍，瘫倒在地。这些日本人又强拉姚跪下，用皮鞭轮番抽打。莳苗还用打火机烧姚的大腿根。见姚仍不招供，他们又

将其捆在钉有牛皮环的木板上（这种刑具叫"好汉架子"），轮番用鞭棍抽打。不长时间，姚的鲜血就从木板四角渗出，与地板漆混成一色。这些人打累了，就用冰冷的自来水冲浇姚的头部，不一会儿，姚就昏死过去。这一次刑讯持续了十七八个小时。

刑讯后，日本宪兵将昏迷不醒的姚士馨押送到香取街（今林西路）的水牢囚禁。关押姚的水牢是一间20多平方米的地下室，终年浸泡在腥臭的污水中。除姚外，这里还关押着20多人，没有"放茅"，也没有"放风"。经过好心难友的照料，姚才勉强缓过神来，但已落下终身残疾。经过半年多的水牢囚禁，姚已抱定必死的决心。

1938年4月的一天，日本宪兵再次将姚士馨押送到伏见街的秘密审讯点进行审讯。他在这里写下了绝命诗："百年终有死，国破岂偷生。死生无所计，勿忘乃父风。"审讯他的日本军官得知这首诗的意思后，将写有诗的纸撕得粉碎，并用手枪狠狠击打姚的脑门，姚的头上顿时鲜血直流。事后，日本宪兵又将姚押回水牢。同年夏季的一天，日本宪兵在总部审讯姚士馨。姚面对宪兵提供的所谓"绝命书"称，这是曾在法商学校就读的夏纬辰假冒姚的名义所写的，笔迹根本不对。夏纬辰是法商学校创办人夏孙榆之子，平时不务正业，吃喝嫖赌，整天同流氓、特务混在一起。宪兵随即打电话找夏纬辰来对质，但夏已改名换姓，逃离天津。至此，姚士馨的案子陷入僵局。不久，姚被转到花园宪兵分队的牢房关押。在多方努力下，1938年冬天的一个晚上，姚被释放回家。此时，他的身体已伤痕累累，只能匍匐而行，直到天亮才爬回家。

1942年3月的一天下午，天津大沽路北头马家口的同兴银号正在营业，日本宪兵队及便衣队的若干人突然闯入。他们全副武装，携带手铐和脚镣，将同兴银号严密封锁，禁止任何人出入，并封锁门前道路。一个日本军官在手枪队的簇拥下，带着一个翻译，进入银号里间，对经理常辑五称："你号的股东有抗日分子，要据实答复，不得隐瞒。"常辑五回答道，这家银号的股本10万元，股东7人，没有抗日分子。经过核查，新账本与开业时的原始账本登记的股东及其出资额完全一致。日本军官又问及这7位股东身在何处，在得知大部分股东不在京津时，认定凡不在京津的股东均是抗日分子。常辑五说："经理仅为资方代理人，负责管理业务，股东是否抗日，我既不知道，也无权干涉。"日军没有发现其他可疑情况，遂要求常辑五于次日上午8点到宪兵队过堂。

在过堂时，军曹龟井及一名翻译负责问话，他们认为股东中的过之翰（西北军当政时的财政次长兼盐务署署长）与杨斌甫（西北军当政时的平汉铁路局局长）是抗日分子。常辑五解释说，这两人是他的同学，他可以用全家性命担保他们不是抗日分子。折腾了一天，龟井没有问出什么有用的信息，要求常辑五回家等待，但不准银号营业，不准挪动账款，也不准有闲人出入。

随后的20多天中，每隔三五天，常辑五就被召到宪兵队过堂，反复审问了七八次。由于缺乏实据，龟井没有抓捕常辑五，但又不甘心将其放回，遂暗示他找人说合。经过几番周旋，同兴银号被宪兵队讹去法币39 000元，才得以重新营业。当时每袋面粉值法币7元，这笔钱能折合5 571袋面粉。

在沦陷时期的天津，像姚士馨和常辑五这样遭受"红帽衙门"迫害、压榨的民众为数甚多。他们亲身经历了天津被日寇殖民统治的黑暗年代，留下了终生难以磨灭的创伤。

三、媚日求荣的汉奸市长

在日军铁蹄下的8年间，天津的伪政府几经变迁，先是1937年8月至12月的伪天津治安维持会，接着是

1937年12月至1943年11月的伪天津特别市公署，最后是1943年11月至1945年8月的伪天津特别市政府。日伪天津市市长先后有高凌霨、潘毓桂、温世珍、王绪高、张仁蠡、周迪平等人，其中温世珍任职时间最长。

温世珍（1877—1951），字佩珊，天津宜兴埠人，出身仕宦家庭，曾毕业于北洋水师学堂，留学英国。在冯国璋做江苏督军时，温任翻译，兼金陵关监督。在此期间，他追随曾任吴佩孚秘书长的白坚武。"九一八事变"前夕，在日本特务土肥原贤二的幕后指挥下，温世珍、白坚武等人在日租界组织便衣队，企图扰乱天津社会秩序，后被中国军警迎头痛击而告失败。在这次事件中，温世珍几被击毙，侥幸逃走，后被日本人送至大连。

在大连期间，温世珍深得曾任北洋政府财政总长的张弧信任，与姚作宾一同成为其得力助手。在张的居间联络下，温结识了土肥原贤二。后奉土肥原贤二之命，温多次前往北平与天津，搜集有关冀东伪政权、冀察政务委员会与天津市政府的动态信息。

日军占领天津后，温世珍、姚作宾追随张弧的步伐，相继来到天津。经柴山兼四郎、坂谷希一与张弧密商，温世珍被任命为伪天津海关监督兼伪河北省银行监理。不久，温迫使津海关税务司英国人梅维亮同意，成立了一个以温为委员长的关税整理委员会。随后，温修改了关税条例，将日本向中国输出的70余种物资的进口税大幅降低或减免，从而为日货在华北沦陷区的倾销大开方便之门。经过一番钻营，温世珍于1938年接替潘毓桂，成为天津市的伪市长。他极力拉拢张弧之子张玉璞。在宴请日本人时，他常请张氏作陪，还将其聘为市署顾问。

温世珍在伪市长任上，继续卖国求荣，谋取私利。上任之初，温世珍大搞以权谋私。他批准比商天津电车电灯公司的加价申请，从中渔利，得赃款3万元。不久，温与自来水公司的日籍专员玉田、市署日本顾问丸茂勾结，接受了6万元的贿赂，批准了自来水公司的加价请示，增加了天津市民的生活负担。1941年太平洋战争爆发后，日军接收了英、法租界，温世珍与其妻兄伪河北省银行总经理王荷舫向日本特务机关建议成立"紫竹林会"，试图以支援"圣战"为名，代管租界内军阀买办子弟的财产。在相关会议上，温世珍要求段祺瑞之孙段舆望、倪嗣冲之孙倪晋勋、林凤苞之弟林凤钧、雍剑秋之子雍鼎臣，以及潘复、李纯之子等十多人"毁家纾难"，捐助日军"圣战"。双方商谈三个多小时，未达成共识，不欢而散。温想吞掉军阀子弟财产的大梦落了空。实际上，温在伪市长任内，每月薪金800元，办公费、酬酢费各3 000元，机密费10 000元。其在任4年间，仅机密费一项的收入就将近50万元。此外，因兼职比商天津电车电灯公司董事长、伪新民会会长、伪河北省银行首席监委等，每月还有5 000元的薪酬。据说，温任职伪市长的4年内，总收入2 000万元以上。

温世珍完全听命于日本侵略者，帮助日本人大肆敛财，作威作福。1939年11月13日，为防范重要物资从天津运往抗日根据地，日本特务机关长浅海喜久雄致函伪天津特别市公署，要求封锁该市从铁路与水路向外运输物资的渠道，陆路运输必须获得官方许可。温世珍迅速回函表示将"取缔物资运往天津市外"，并转饬社会局、警察局立即遵照办理。在日本人面前，这个伪市长俯首帖耳、奴颜婢膝。

为日寇拉壮丁是温世珍讨好日本人的一大举动。1939年，天津遭遇大水灾，数十万受灾民众流离失所。当时，温世珍兼任市署设立的天津水灾救济会会长，置灾民生死于不顾，却为日本人送去米、水、蜡烛、饼干等物品。为防止灾民生出事端，温世珍与天津防卫司令官本间雅晴协商疏散难民的对策。商量的结果是，一方面派日本兵在收容所站岗，监视灾民的行动；另一方面，以疏散到唐山安排职业为名，将年轻力壮的灾民集中到北站，强迫他们登上火车东行，把这些灾民运到伪满洲国和日本，充当劳工。

　　"献铜献铁运动"是温世珍向日军献媚的另一举动。1940年春天，在日本驻津陆军特务机关的授意下，温世珍发起了"献铜献铁运动"，为日军补充物资。温为此组织成立"天津市献铜献铁运动委员会"，自兼委员长，指派警察局局长阎家琦负责向全市征集铜铁。为率先"垂范"，温将自家的铜床，"官邸"的铁栅栏、铁大门捐献出来。他还立即动员伪天津特别市公署全体人员努力捐献，要求各部门把办公室的铜、铁物件全部搜集起来，连办公桌上的铜墨盒、铜笔架也不放过。当时全市机关、企业与住户的铜招牌、铁门窗、铜香炉等物品被洗劫一空，变成日寇杀害中国人的枪炮与子弹。

　　太平洋战争爆发后，作为重要战略物资的粮食更为紧缺，温世珍加强对天津稻米、小麦等粮食的管控。为讨好驻津日军，温世珍通过伪天津特别市公署宣布每月8日为"八达日"（意为"八纮一宇"的日子已经到来）。"八达日"这一天，市内饮食业不准出售大米、白面，但可以售卖"文化米"（高粱米），以支持"大东亚圣战"。温曾向天津防卫司令官本间雅晴献媚说："中国人最喜欢吃棒子面，现在正当伟大'圣战'时期，我代表天津市民表示，愿意同甘共苦，把稻米留给日本人吃，以便早日完成皇军'圣战'的目的。"

　　尽管温世珍极力向日寇献媚，但他不过是日寇手中的一个傀儡，长期遭受欺辱，无法与日本人平起平坐。在"国破"时局之下，温世珍这类汉奸盖皆如此。

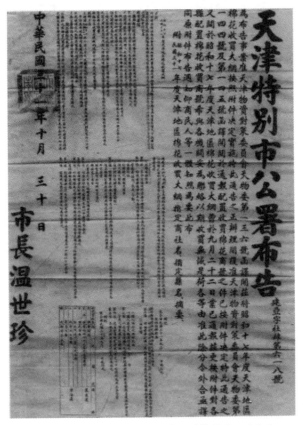

1942年伪天津特别市公署公布的《棉花收买大纲》

1945年日本投降后，温世珍这个恶贯满盈的汉奸市长被国民政府逮捕入狱，其财产全部被没收。温世珍在接受审判时辩称，他当天津市伪市长时要求日本人"尊重我个人道德和人格，中国行政主权独立，建立机构实行预算"。这些言论不过在隐瞒他在沦陷时期唯日本人马首是瞻的汉奸行径。实际上，伪天津市政府完全听命于日本人，如伪天津市公署秘书长陈啸戡供称："伪津市府顾问及外事室主任非得日本人同意不得任用。"

1949年天津解放后，温世珍被判处极刑，得到了应有的下场。

四、为虎作伥的青帮恶霸

如果说日军利用伪天津特别市公署走的是"白道"，那么其利用青帮的恶霸走的便是"黑道"。有学者曾说："民国时期，混混儿、脚行、青帮'三位一体'，竟成为现代天津下层社会贯穿始终的一条黑线。这是异于全国各地所有青帮的发展历史的。"20世纪20年代初，天津的青帮与脚行、混混儿进一步融合，逐渐成为该地底层社会中势力最强的一股力量。日军在"蚕食"华北的过程中，也派特务渗透到青帮内部。

在日租界，不少日本特务加入青帮，将其改造成侵略中国的工具。20世纪20年代，土肥原贤二拜青帮头目魏大可为师。当时，土肥原贤二任日本驻华公使馆武官坂西利八郎的辅佐官。日本驻华公使馆的职员富永启堂与土肥原同烧一炉香，这叫"同参兄弟"。"七七事变"后，加入青帮的日本人越来越多，如日本特务小野正男投在吴鹏举门下，水上警务段段长山本田一和司法主任执任省三都投在张英华门下，土匪汉奸刘桂堂部队"自卫军"的顾问木村伊助、在天津贩毒的高桥、为日军承办军需的野畸三人都投在白云生门下，等等。日本侵略者处心积虑地利用青帮组织进行侵略活动。

在日军大肆鼓噪"华北自治"时，一个名为"尚旭东"的日本特务出现在天津城中。这个日本特务本名为小日向白朗。他16岁时来到中国东北，曾潜入苏联西伯利亚搜集情报，后来做过马贼团伙的大头目，绰号"小白龙"。1935年，小日向奉关东军特务机关之命配合天津日军策动"华北自治"。到达天津后，小日向利用其青帮22代"通"字辈的身份（当时"通"字辈在青帮中的资历较深，多数青帮分子属于23代"悟"字辈或24代"学"字辈）取得当地青帮分子的信任。为了控制和驱遣天津青帮各派力量，小日向把各派头目组织起来，于1935年在日租界桃山街（今包头道）建立"普安协会"。该会以"大"字辈的厉大森为会长，张逊之为宣传部部长，袁文会为行动部部长，网罗了成员数万人。小日向自封为该会的常务理事，独揽大权。"普安协会"成立后，冒充"民意"机关，组织人员上街游行，叫嚣"华北五省自治"，制造社会混乱，为日本侵略活动张目。

1942年，天津特务机关长雨宫巽为控制天津青帮各派力量，成立了"天津安清道义总会"。该会以王慕沂为会长，张逊之、袁文会为副会长，网罗了青帮"大""通""悟"三辈100多人。这一机构的总会设在原河北区的李文忠公家祠（现为天津市第五十七中学校址），并于此处建立了安清家庙，供青帮人员聚会参拜。家庙建成后举行开幕典礼，驻津日军各机构的头领均出席。雨宫巽在典礼上讲话，希望天津青帮弟兄为"大东亚圣战"共同努力。

在日军占领天津期间，青帮的袁文会与王士海是影响力较大的青帮头领。他们横行霸道，作恶多端，甘心充当日本侵略者的鹰犬。

袁文会，天津南市芦庄子人，生于1901年，在兄弟中排行第三，早年父母双亡，依靠叔叔袁八生活。袁八是芦庄子中局脚行把头，独霸了当时日租界北部及南市一带商号居民的货物装卸、运输生意。袁文会自幼在此鬼混，后来拜在军警督察处北站分处处长白云生（青帮22代"通"字辈）门下，排为23代"悟"字辈，又拜日租界警察署的侦探长刘寿岩为干爹。袁文会依靠这些势力在日租界贩卖烟土，开设赌局和妓院，大发横财。天津沦陷后，袁文会认贼作父，死心塌地地为日本军国主义效力，成为日本侵略中国的工具。其爪牙遍布天津社会的各个角落，为日本宪兵队、日本特务机关、日本驻天津总领事馆、日本守备队、日本海军武官府等搜集情报，尤其重视搜集有关八路军活动的情报。此外，袁文会在芦庄子成立了一个名叫"会德号"的机构，向日军贩卖华工。他还利用手下的妓院，将一批批女子强行送往日军军营中。

经由日本特务川岛芳子（金璧辉）向日军当局建议，袁文会负责统管霸县、文安县被收编的土匪，将他们改编为"袁部队"，以日本人济川为顾问，直接受日军指挥。"袁部队"在霸县、文安县一带长期残害民众。

与袁文会旗鼓相当的另一个青帮恶霸是王士海，外号虾米海，生于1900年，天津市丁字沽人。其父王福田是多年盘踞在丁字沽、堤头、东于庄子、小王庄、北开一带的脚行把头。王士海是青帮"大"字辈贾长清的徒弟。他伙同其兄王小眼、弟王士江仗势欺人，为非作歹，并得到日本人的庇护。他还大摆香堂，先后收下的徒弟多达千人。

天津沦陷后，日本的华北交通株式会社利用青帮获得了水路运输控制权，企图利用青帮再获得铁路运输的控制权。经天津铁路局推荐，王士海充当伪警察局的爪牙，并成立由其负责的暴力组织"武装义侠队"与专为日本人服务的"慰安所"。这个青帮恶霸受到日本人的赏识，被授予陆军少将军衔，从此死心塌地为日本侵略者服务，甘心做其帮凶。

"武装义侠队"的任务是配合平津、津德、津榆等铁路沿线5华里范围内的伪村组织"爱路村"，维护铁路运输安全，并为日本人搜集情报。其队员都是王士海的徒弟。"武装义侠队"刚开始有五六百人，后增至800余人。附属该队的四个大队内设武装别动队，配合负责水路运输安全的河防队检查往来船只。他们借检查之机，肆意刁难群众，以"私通八路"的罪名扣留货物，敲诈勒索。

王士海对日本主子感恩戴德，千方百计取悦日本人。他负责的"慰安所"先是以代谋职业为名，将拐骗来的青年女子运到涿州、良乡、房山等地的日军营房中，供日军取乐。后来，王士海勾结天津乐户同业公会理事长李万有，多次成批地将女子强行送往日军营地。据记载，仅1943年12月1日就有137名女子被运往遵化，其中100人在途中被炸身亡，36人或病死或被日军蹂躏至死，最后仅有1人生还。1945年5月的一个晚上，王士海奉日本防卫司令部的命令，在天津各妓院强征40名妓女，送到日军"慰安所"。此外，王士海还强行招募华人劳工，运往徐州、连云港等地供日军驱使。他勾结文安县、霸县一带的郝宝祥队伍和任丘、大城、静海一带的刘勋臣队伍，制造、贩卖毒品，大发横财。

"天网恢恢，疏而不漏。"1950年12月21日，恶贯满盈的青帮分子袁文会以汉奸罪被判处死刑。1952年，无耻汉奸王士海被人民政府处决。

五、奴化教育的毒害

日军在天津的殖民统治，既实施刚性的暴力镇压，又推行柔性的奴化教育。相对于暴力镇压，奴化教育可以更有力地消解中国人的民族意识，塑造底层民众的政治认同。日军通过伪天津特别市公署，在社会教育与学校教育两方面极力宣扬"中日两国同文同种""休戚相关""共存共荣"的文化侵略理论，毒害社会大众的心灵。

伪天津特别市公署积极利用中国尊孔的传统，将其作为殖民统治的外衣。1937年10月，根据日本在沦陷区推行儒学、尊崇孔子的"以华制华"策略，伪天津治安维持会宣布以尊崇儒学为全市的教育方针，并通令各机关、学校悬挂孔子像。每逢孔子诞辰日（八月二十七日）及春丁与秋丁，教育局在东门内文庙举行纪念活动，届时日本特务机关长以及其他军政官员均参加。日军尊孔，并非真正信奉儒家思想，只不过是通过尊孔的假象骗取中国民众的好感，稳定其统治。1938年，新成立的伪天津教育文化振兴委员会向社会公开征集有关孔子生平事迹的电影剧本，共收到作品40余件。

日军推行奴化教育的经验来源于1921年建立的"天津同文书院"。该书院是日本侵略者在天津地区进行教育文化渗透的前沿阵地，向学生灌输忠于日本帝国主义的思想观念，还开设军训课，由日本军官担任教官，以培养中国亲日的下一代。后来，天津同文书院改名为"天津中日中学"。天津沦陷后，日伪当局借鉴该校的做法，在当地努力推行奴化教育。在教学上，日本侵略者大肆宣扬"中日两国同文同种""共存共荣"的殖民统治理论，美化日军侵华的强盗行径。他们教给中国学生的一首歌有如下歌词：

> 旭日和煦照东亚，
> 全亚协合成一家。
> 学宗孔孟行王道，
> 为做新民在中华。
> …………

在推崇儒学的同时，伪天津特别市公署还大肆利用口号与歌曲，宣传反对共产党、国民党以及英美两国的言论。在历次"治安强化运动"中，该公署利用伪新民会组织，向各行各业派发印有"解放东亚""共存共荣""剿共自卫"等标语的小布条，要求民众佩戴布条并背诵布条上的标语。他们在火车站和市内交通要道随时检查行人对反动标语的背诵情况。若是被检查的行人不能当场背出标语，轻则罚款，重则遭受一顿毒打，甚至被扣上反日的罪名，由日本宪兵队处置。由该公署控制的《津津月刊》刊登了一系列歌颂"大东亚战争"的歌曲。其中，《大东亚战争必胜歌》的歌词称："太平洋上乾坤旋，东亚'圣战'已开端。海陆空军总动员，铲除英美莫迟延。"《大天津市进行曲》的歌词中有"解脱英美的桎梏""建设东亚的新秩序""建立共荣圈""亲仁善邻树风标"等字句。伪天津特别市公署要求民众传唱这些歌曲，营造"反共灭党""打击英美"的社会舆论氛围。

"欲要亡其国，必先亡其史。"学校教育的教科书是天津伪政权的重点管控对象。1937年11月成立的伪天津治安维持会中小学教科书审查委员会，负责审查普通教学课本及短期小学民众学校课本，删除有关"国耻"纪念、不平等条约、九一八事变、三民主义、帝国主义侵华等所谓"有碍中日邦交"的内容。1938年12月，伪

天津第一小学的学生在书法课上被迫书写"中日亲善"的文字

天津特别市公署要求各学校彻底停用旧教科书，改用经过其审定的新课本。另外，他们要求各学校及社会教育机构将授课时间一律改为日本东京时间，试图以此增进学生的亲日情感。为统制学生的思想，伪天津特别市公署要求各学校采用统一的校训："反共灭党，努力文化，拥护政府，复兴东亚。"

日语培训是天津日伪当局推行奴化教育、培养亲日人才的一项重要手段。为使学生从思想上接受日本的殖民统治，安心做良民与顺民，日伪当局要求遴选40所私立小学，自1937年11月1日起教授日语。伪天津教育局组织设立日语普及班，贯彻天津日伪当局的日语教育方针。1939年，伪天津教育局接管平民日语学校，同时采取多种举措加强对日语师资的培训。1941年9月，专门筹建日语专科学校，用日语教授日本的文学、音乐、礼法等课程，试图从思维方式、行为习惯、语言系统等方面培养日本化的中国学生。此外，伪天津教育局组织中日小学生互赠明信片等活动，每年有计划地选派学生、公务人员赴日留学。

在伪天津特别市公署的要求下，天津的小学、中学与大学都要开设日语课。据曾在杨柳青镇天津县公立第五十女子小学任教的张荣山回忆：1940年，该小学被日军占领后，不得不开设日语课。在伪天津特别市公署的强制安排下，全镇原有的公立第八小学、公立第五十女子小学以及镇东、西、南部各处小学合并为杨柳青镇立小学，课程设置除语文、算术、修身外，还有日语课。所有学生都要学日语，讲日语。太平洋战争爆发后，天津的日本军队及居留民团立即接收英国租界，成立由日军"极"部队接管的所谓"极管区"。从此，由"浙江旅津同乡会"在英租界筹建的浙江中学被迫开始增设日语课。据天津居民阿风回忆：1940年，他几经周折考入天津铁路学院机务科。当时，学校实行半军事化管理，要求学生剃光头，穿制服，打裹腿，平日不准外出。教务主任和学生科主任都由日本人担任。日本教师任班主任兼日语教师。每天上课前要做晨操，教官喊口令、班长报人数均用日语。学校规定学生要用日语唱"华北交通株式会社"的社歌，并用日语背诵"社训"。显然，驻津日军在用日语培训的形式瓦解青年学生的民族意识。

伪天津特别市公署试图从服饰、礼仪以及思想观念上培养学生的亲日情感。

1940年秋，日军占领杨柳青镇天津县公立第五十女子小学后，在北教室屋顶的东、西两端各建了一个碉堡，在东碉堡的旗杆上挂了一面太阳旗；又在校门前修建了两个乌龟壳式的地堡，由端着步枪的日本兵站岗。在校师生及过往行人每次经过校门口，都要向站岗的日本兵行九十度的鞠躬礼，否则就会遭到毒打，甚至被刺刀捅死。学校还向学生灌输"王道乐土""中日满提携""大东亚共荣圈"等殖民统治的观念。日军每侵占一座中国城市，全校师生就被迫参加一次日本人组织的"庆祝游行"，手拿日本国旗，呼喊反动口号。游行结束后，在主校区院内举行"皇居遥拜"仪式，师生们要唱日本国歌，向东方行九十度鞠躬礼。

每逢"八达日"，天津各学校必须举行"纪念活动"，不许上课。太平洋战争初期，日本军事进攻每次有所进展，像占领香港、进军马来西亚、接管越南等，必大搞游行以示庆祝。据记载，举行这种庆祝活动之时，伪天津特别市公署组织伪新民青少年团在市区内游行。当时，天津英租界的浙江中学学生不得不穿上"协和服"，打上裹腿，头戴"战斗帽"，上街游行。游行时，队长持指挥刀喊口令，由男生组成的"鼓号队"领路，由女生组成的"笛鼓队"先行，以宣扬日本的"国威"。

在日本殖民统治天津的8年间，天津日伪当局通过奴化教育的层层渗透，试图消解在校学生的民族意识与祖国观念，使其成为亲日的顺民与良民。这是一种赤裸裸的文化侵略，给当时天津青少年的身心健康带来了深重灾难。

六、日伪操纵下的《庸报》"变脸"

新闻舆论战线是日军占领天津后的一条重要战线。1937年秋，日本军部派大矢信彦接管《庸报》，并命令他尽快将该报改造为"北支派遣军"的机关报，以承担所谓"圣战"宣传的任务。大矢在日本同盟社享有很高的威望，又是日本情报机构"闻人会"的骨干分子，深得日本军部的信任。大矢接手《庸报》之后，对报社的人事大加调整，并将该报的办公地点从法租界迁至日租界。名义上，此时的《庸报》名义上仍是中国人办的报纸，接受伪华北政务委员会情报局及伪天津特别市公署新闻管理所的管辖，实则完全不能自主。

在日本人的控制下，《庸报》改换版面，设立了"新茶经"文艺版、"花苑"曲艺专版等。"新茶经"文艺版发表了大量的文学创作、文艺理论文章以及当时文艺界的动态。"花苑"曲艺专版多介绍电影、戏曲方面的信息，以表演与剧评为主要内容，后来还连载《小桃红》《凤双飞》等小说。

"变脸"后的《庸报》美化日军侵华行径

新《庸报》受到有爱国心和正义感的中国人的唾弃与抵制，其发行量不如旧《庸报》。日军对此极为不满，遂在天津、北平等大城市设立多处"派报社"，在中小城镇设立"派报所"或"派报人"，通过这些机构与个人强行派发报纸，对拒绝订报的商户以所谓"反满抗日"的罪名敲诈勒索。在日军的淫威之下，《庸报》的发行量迅速由5万份增至10万份，最高时达到30万份。为此，大矢信彦受到日本军部的表彰。

《庸报》根据局势变化实施不同的宣传策略，以粉饰日军的侵华行径。"七七事变"后，该报一面鼓吹日本军力"不可抗拒"，一面把日本军事侵略说成是"挽救中国免于赤化"。1937年11月29日，该报发表的《和他们没有相干》一文欺骗民众称：自从国民党政府受了中共的愚弄，不惜冒天下之大不韪，送万民于水深火热中，对"友邦"轻启战祸，才发生卢沟桥事变。四月以来，丧师失地，断送了四五十万名将士，放弃了晋察冀绥鲁苏浙七省的土地，至今还没有一些悔悟的表示，一味抵抗，首都很快就要陷落了。这种颠倒黑白、混淆视听的说法完全将日军侵华的责任推到中国人身上。《庸报》还以揭露国民党政府腐败的方式，美化日军的侵华战争。同年12月，该报刊登的《就更幸运了》一文称：国民党专权以来，国家糟透了，那行政院的官员不是大舅就是连襟。各省的民政厅，大半都是庸碌之辈，他们哪儿知道什么叫做行政啊！大家一起营私舞弊是真的，他们早已不要民众了。《早知今日·何必当初》一文云：现在的蒋介石虽年岁刚过五十，精神和体力尚没有到真正的暮年状态，竟轻信妖言，对"友邦"挑衅。"七七事变"刚过去五个月，连首都都快被日军占领了。他已经没有面目再见江东父老，预备下野，以谢国人。这种论调旨在煽动民众对国民党政府的不满与反抗，为日军侵华张目。

太平洋战争爆发后，日本在东南亚的战线越拉越长，迫切需要将华北建设成为"大东亚圣战"的后方基地。《庸报》为此极力宣传日本的飞机、大炮等军事装备如何精良，沦陷区支持日军的民心士气如何旺盛等。

在大矢信彦负责的《庸报》写作队伍中，汉奸何海鸣尤为引人注意。何海鸣在1911年的革命运动中，曾率军在南京钟鼓楼一带和张勋激战，失败后流亡日本。在"二次革命"中，何氏在南京举旗反袁，但最终兵败下野。之后，何氏决定鬻文为生，写过《老琴师》《娼门送嫁录》等"娼门小说"，但这些小说均难称佳作，故而收入微薄。"九一八事变"后，寓居天津的何海鸣为求生活安逸，不顾民族大义，竟出任《庸报》的社论主笔兼文艺部长，鼓吹"中日亲善""大东亚共荣圈"的日本殖民统治理论。1944年，何氏在日伪的派系倾轧中失去《庸报》的工作，前往南京谋生。3月8日，这个变节者在贫病交加中死去。

在沦陷时期的天津，《庸报》一家独大，大多数报刊被查禁。日军占领天津后，《大公报》《益世报》《商报》等陆续停止发行。1937年8月至1938年5月，在日本特务的监督下，伪天津新闻管理部门对各报进行审查，后被批准复刊的报纸共有26家，分别为《庸报》《博陵报》《大路周报》《东亚晨报》《晶报》《中南报》《午报》《快报》《亢报》《新天津报》《新天津晚报》《市民日报》《治新日报》《天声报》《天风报》《晨报》《大北报》《广播日报》《三津报》《儿童报》《国强报》《平报》《民强报》《兴报》《华报》《银线画报》。这26家报纸虽获准复刊，但不准刊登中国政府的任何消息及一切反日言论。为增强《庸报》的社会影响力，天津特务机关于1938年初，以"新闻统制"为借口，再次封禁所有私人通讯社和半数以上的报刊，结果除《庸报》外，只剩下《东亚晨报》《新天津报》《妇女（天津）》等10余家报刊。即使如此，这10余家报刊也未能维持多久。1943年秋，整个天津市除《庸报》外，只留下《妇女（天津）》期刊与由《天风报》改成的《新天津画报》作为陪衬。1944年上半年，《庸报》与北平的几家报纸合并改组为《华北新报》，在天津设立分社，由汉奸管翼贤派其亲信负责，直至日本投降为止。

第八章

日伪统治下的津门百姓劫难（下）

天津沦陷期间，该地商会被日军控制，成为日本实施殖民统治的马前卒。诸多颇具规模的中国企业横遭日军掠夺与压榨。在这段黑暗的岁月中，天津人民忍辱求生，大量劳工备受虐待，许多民众惨遭日军杀害，恐怖的气氛笼罩着天津地区的城市与乡村。各界人士不甘沦为"亡国奴"，勇敢走上抗争的道路。

一、日寇操纵下的天津商会

1937年，日军占领天津后，不仅建立了伪政权，而且将魔爪伸向了民间组织天津商会。在日军台前幕后的操纵下，商会协助日伪当局实施粮食统配与铜、锡、钢铁、煤炭等战略物资的管制，成为协助日军侵华的傀儡组织。

天津沦陷时期，天津商会的人事安排完全被日军把控，难以自主。该商会的前身是1903年成立的天津商务公所，1904年改称天津商务总会，1931年改称天津市商会。1937年秋，时任商会会长的王竹林卖身投敌，为虎作伥。这个汉奸"好景"不长，1938年12月被抗日锄奸团刺杀。此后，天津市商会会长的改选屡次被日军与伪天津特别市公署操纵。在1939年初的改革中，商会主席改为会长，执行委员改为董事，监察委员改为监事。在1940年5月的改革中，伪天津特别市公署成立伪天津商会整理委员会，以张伯麟等9人为委员，刘静山等为常务委员，进一步控制了商会的人事权。[①]约5个月后，改选刘静山为商会会长。刘静山对日军感恩戴德，极力吹捧日本国民对于战时体制绝对服从的精神，要求商会会员"为东亚民族之解放与共存共荣，以人力、物力尽量供献，并应以后方战士自任，与友邦前方士兵同甘苦，使他们顺利作战"。不过，刘静山在商会会长的座位上还没坐热，就被换了下来。1941年1月25日，伪天津特别市公署派赵聘卿为监选委员，又经过缜密策划，改选屈秀章为商会会长。1943年3月，日本人小山峻成为该

---

① 宋美云：《近代天津商会》，天津社会科学院出版社，2019，第110页。

会顾问。此后商会的一举一动，都在日本顾问的监视之下。

　　天津商会组织商户向日军"献金"求荣。1941年12月，天津商会组织商户"献金"5万元。后来，又成立伪天津特别市"圣战"献金运动总会市商会分会，宣称"随时秉承总会的指示办理本会献金之事"。从1941年至1945年，商会会员被迫多次"献金"，仅该会总务科1944年10月3日至11月21日收纳的"献金"即达245万元。1944年6月，因时任商会会长的屈秀章逃离天津，邸玉堂代理会长。这个汉奸会长向商户强征布匹、自行车、五金制品等物资，组织向日军"献金"，甚至还以个人名义，为日军捐献6架飞机。

天津日伪当局设立的献纳场所

在日军实施的五次"治安强化运动"中，天津商会为之大造舆论。天津商会采用标语、广告、讲演会、电台广播、商人座谈会等形式，积极号召商户配合日军行动，还组织商户在商品的包装纸、包装盒上加印吹嘘日军战绩的漫画、标语。

无疑，沦陷时期的天津商会已经沦为日军侵华的工具。更令人痛惜的是，这一时期天津的多家企业被日军强买、强占。日本对天津企业采取"杀鸡取卵"的方式，服务于其"速战速决"的侵华军事战略，使天津经济遭受重创。以炼油行业而言，战前天津的炼油工厂有四五十家，最后只剩下3家勉强维持运营，其余均被迫关闭。天津其他行业的许多中国工厂也是这种状况。

宝成纱厂被劫掠的遭遇，是日军巧取豪夺天津企业的典型案例之一。宝成纱厂的三分厂设于天津，由刘仲融任经理，拥有2.5万个纱锭的生产能力。1936年，这家纱厂因经营不善，意欲对外转让。当时，中国银行有意接盘，而日商东洋拓殖公司与伊藤洋行合作成立的大福公司想趁火打劫。大福公司的经理植松真经为拉近与刘仲融的关系，不择手段。由于刘曾留学美国，喜好跳舞，植松便投其所好，经常拉他到夜总会寻欢作乐。刘仲融娶了两个妻子，其中一个是日本人。植松便向刘的日籍夫人行贿，摸清宝成纱厂的标底，最终将该厂买到手，并成立天津纺织公司。在宝成纱厂卖出后不到两个月，因纱价猛涨，纱厂的价值随之大大提高，但宝成已落入日本人的手中，刘仲融对此悔恨不已。

1943年左右，大福公司为支援日军侵华战争，将其控制的中国企业——裕大纱厂的大部分机器拆毁"献铁"，只留下一部分零件给宝成纱厂做配件。后来，大福公司又将裕大纱厂的厂房卖给日本人做酒精厂。原本一个好好的中国企业，在日本的侵略之下，就此消亡。伪中华民国临时政府行政委员会委员长王克敏曾与日本人交涉，要求关闭大福公司，发还中国原裕大纱厂股东的股本，但这无异于与虎谋皮。

天津北方航业股份有限公司（以下简称"北方公司"）是一家被日本人强制"合营"的中国企业。该公司是20世纪20年代初我国创办的一个规模较大的民办航运企业。在1947年停业之前，其拥有10余艘大小轮船，航行业务遍及我国沿海各口岸和长江沿岸各商埠，并远及日本、南洋群岛等地。1935年，日本人小寺武寺开办的大连靖和商会船行（亦名大连靖和株式会社，以下简称"靖和船行"）趁北方公司遭受天灾人祸之机，与其建立代理关系，包办了该公司在大连的一切业务。依据双方签订的合同，靖和船行将北方公司在大连一切业务收入的25%作为佣金扣留，剩余的75%汇交北方公司。起初，靖和船行尚能按照合同约定办理，但半年以后停止付款。"七七事变"爆发后，小寺采取所谓"合营"的强硬手段，试图吞并北方公司。

面对小寺的咄咄逼人，作为北方公司创办人之一的陈世如亲自到大连进行交涉。然而，作为双方调解者的日本宪兵队、关东州厅、旅顺港司令部等全都偏袒小寺一方。最后，大连海务协会以"中日一家，应当合作"为由，裁定北方公司与靖和船行"合营"，但北方公司董事会反对此项裁决。由此强制"合营"之事陷入了僵局。

1939年初，陈世如前往北平向日本海军武官须贺彦次郎寻求帮助，须贺答应找山本五十六设法处理"合营"的裁决问题。后来，山本指示驻天津海军武官大喜负责办理此事，迫使靖和船行偿清对北方公司的全部欠款100万元。北方公司也借此收回过去交给靖和船行经营的"北华"号、"北康"号、"北孚"号、"北安"号四艘轮船。不过，大喜武官随即找到陈世如，说："你们公司单独经营，在目前环境下是不可能做好的，还是和日本的航运业合作吧！"不得已，北方公司与日商国际公司签订了代理揽货载运合同，暂定以3年为期，将总收入的30%作为佣金付给后者。与国际公司合作期间，"北孚"号触礁沉没，"北安"号在从香港驶往西贡的途中被美军炸沉。

1940年9月，日本退役海军少将山口石勾结原为北洋时期直系军官的刘永谦，成立伪华北航业总公会，意图操纵华北民营航业，总会设于青岛，在天津设有直辖支部。伪华北航业总公会成立后，处心积虑地把华北民营航业控制起来。1942年11月17日，日本人强制成立伪华北航业联营社，以陈世如为董事长，青岛亚细亚轮船公司经理那介臣为副董事长，大连政记公司经理王士年为总经理。联营社设于青岛海运公司内，实权在刘永谦、山口石手中。此后，天津、烟台、青岛、大连各地大小民营轮船公司的船只，均被强制加入"联营"。1945年3月17日，北方公司的"北华"号轮船行至浙江温州附近海域时，被美机炸沉。除水手张凤柱外，船上的20多位船员与20余名日本宪兵在船只爆炸中身亡。张凤柱带着救生圈跳海，后漂到海滩，被当地渔民搭救生还。他说，船内装载的是由日本在上海掠夺的现银化成的2 000余吨银锭，要秘密运往日本。另外，"北康"号轮船也被美军击沉。因为被强制加入"联营"，北方公司的多艘轮船被击沉，很多船员因此丧生。其他被迫加入"联营"的轮船公司的遭遇与北方公司类似。

日军占领天津期间的永利碱厂

　　相对于大福公司、靖和船行的巧取豪夺，日军对天津的永利制碱公司则直接强占。永利制碱公司由"中国民族化学工业之父"范旭东于1918年11月在天津塘沽成立。1926年，该公司生产的"红三角"牌纯碱在美国费城举行的世界博览会上荣获金奖，震惊了全球化工行业，被西方人誉为"中国近代工业进步之象征"。后来，该公司发明的专利技术——"侯氏联合制碱法"是世界制碱工艺史上的重大突破。1934年3月，永利制碱公司更名为永利化学工业股份有限公司（以下简称"永利化学工业公司"）。在20世纪30年代的天津，永利化学工业公司、南开大学和《大公报》被合称为"天津三宝"，分别代表了当时天津工业、教育和新闻业的最高水准。随着华北局势吃紧，范旭东将永利化学工业公司的部分设备陆续转移到四川，并安排李烛尘看守天津的厂房与设备。然而，日本人对这家制碱企业早就垂涎三尺。1937年7月，日军攻占天津城时，为掠夺化工资源，刻意将这座工厂完整保存下来。1937年12月9日，日军拿着预先拟好的将永利化学工业公司交给日本人的协议文本，强迫留守天津的李烛尘签字。李烛尘对日军无耻的嘴脸忍无可忍，怒斥道："世界上哪有强盗抢了东西还要物主签字的道理！你们做强盗也太有勇气了！"第二天，日军在没有李烛尘签字的情况下，下令强行接管永利化学工业公司。

在日军的侵凌下，天津的中国民族工商业步履维艰，无法掌握自己的命运。

二、遭受虐待的中国劳工

1936年5月21日黄昏，天津直沽的海河边停着三五艘轮船，桅杆上面挂着日本的太阳旗。直沽码头旁站立着十几个警察，不时有行人经过他们身旁走向摆渡口。

"你老好，这几天真辛苦啊！日夜都要你们守在这儿，怎么，今天又捞着几个？"一个行人向一个警察打起招呼，问着。

"啊，是……他×的，这几天来，狗骨头不晓得怎么这样多，每天都有！今天又捞起了十四架……"山东大汉的警察红着脸滔滔地说着。

"这几天，总共捞的究有多少？你老！"

"他×的，光我们这儿就捞了三百多架，总共，总共就不知有多少了。"

"这许多！你老，这倒是吗原故？"另一个老年的乡人听得颇感惊异地从旁边插嘴了。

…………

"吗原故！你道吗原故？起初只发现三五个，都以为是抽白面的，后来越发现越多了，检查，一个个就是二三十岁的小伙儿，哪像抽白面的？"

"那么，一定是遭人暗杀的啊！"一个秃着头的矮子不等那警察说完便抢着说了。

…………

"你老，到底是吗原故？"一个行人很性急地又问那开首说话的警察。

那警察望了望他，没有回答。

"他×的，那真怪哩！遭杀的，也不会有这许多，何况天天都有，这是从来没有的事……"一位赤着臂膊的行人争先地说了。[①]

　　这是当时在场的一位名为吴江的人记录的真实场景。看着这惨绝人寰的浮尸场面，他满腔怒火无处发泄。他在文中说：初夏的风应该是清幽的，但现在海河的风却夹杂着浓重的血腥的臭味，死人的臭味！轮船桅杆上飘舞着的太阳旗，像魔鬼一样狰狞。

　　吴江看到警察在直沽码头打捞的浮尸，其实是被日军虐杀的中国劳工。

　　1936年4月至1937年10月，海河不断发生浮尸案。1937年5月的天津《大公报》报道称：1936年4月至6月，天津大直沽闸口海河内陆续发现大批浮尸，共有300余具。关于其来源与具体情况虽有各种猜测，但始终未得到证实。1937年4月中旬以来，又发现70余具浮尸。经地方公安部门查验，这些死者多由海河上游漂来，年龄多在三四十岁，十之八九为赤身裸体。他们均系溺水而亡，死亡时间在四五日之内。令人震惊的是，这些死者除少量生前有吸毒嗜好外，大多数为普通壮丁，体格健壮，绝非正常死亡，因为脸朝上的浮尸大多显露出很多伤痕和痛苦的面容，还有些俯身的尸体被绳索捆着双臂。同年6月1日，《大公报》又称，1937年4

---

　　① 吴江：《直沽码头上》，王之彦编：《新型集》，朝明出版社，1937，第79—81页。

月以来，大直沽闸口海河内不断发现浮尸，每日3具以上；至5月间，数量更大为增加，至少已有120具；据地方法院检验，这些浮尸皆为近期被淹身死的男尸，其年龄均在20岁至40岁，但无法证明其来源。这些只是被人们发现的一部分，那些没被发现的劳工尸体不知又有多少。

日军在华北地区掳掠劳工

一年半的时间内不断发生的海河浮尸案，为天津城蒙上一层厚厚的阴霾，整个天津城的民众谈之色变。冀察政务委员会委员长宋哲元曾下令相关部门加紧调查，并悬赏5 000元奖励情报提供者。尽管如此，该案始终没被地方公安部门破获，真相成谜。其实，人们已经猜到这是天津日军犯下的滔天罪行。1937年5月，天津《益世报》发表社论，呼吁彻底查究海河浮尸大案，其他报刊也提出过要查明此案的内情、追究肇事者的要求。青年学生走上街头示威游行，高呼"彻底查清海河浮尸案！""反对华北自治！""打倒日本帝国主义！"等口号。然而，国民党政府深恐引起中日外交纠纷，对此案不敢深究。

事实上，自从达成"何梅协定"、签订《华北防共协定》后，日军在天津疯狂进行扩军备战。1936年5月底，天津日租界内的日军已有两万余人。他们强征和诱骗了大批中国劳工去修筑营房、飞机场、军用仓库等军事设施。因为担心劳工泄露军事机密，在军事设施建设完成后，日军对其痛下杀手。一位名为陈封雄的老人回忆说："我和一位略知情的同船旅客悄声谈后，得知那些死者都是被日本军队以雇佣为名骗去的中国劳苦工人。他们被迫在海光寺军营修筑秘密工事，工程结束后，日军采取残忍手段，先将中国工人打昏，然后从大口径下水管道冲入海河淹死。"

滚滚的海河浪涛，不知带走了多少被日寇残忍杀害的中国劳工的冤魂。

1936年，在天津求学的青年诗人邵冠祥在《白河》一诗中悲愤地写道：

　　横过你身旁的那些风暴？

　　多少无辜而死的奴隶的尸首，

　　像石块一样向你怀里抛！

　　哦！那些多尸首随着你漂去，

　　（也从那里带来，又带向何处？）

　　你们犯的什么罪过

　　轻轻地死了，没一声叹息。

　　这是死，不是空灵的迷！

　　他们要生存，心里点着饥饿的火把。[①]

　　然而，这位诗人竟于1937年7月被日寇杀害，时年仅21岁。

　　天津是日军将华北各地抓捕的劳工运往东北或日本的中转站。据不完全统计，日本侵略者在1940年至1945年间从天津抓走、转运的华工有7万多人。这些被抓走的劳工，能够活着回来的只有极少数。1943年，日军在塘沽设立的"冷冻公司"即为劳工转运站之一。被日寇关押在这里的中国劳工过着生不如死的日子。

　　据亲身经历此事的陈再生回忆：1940年他因抗日嫌疑而遭日寇逮捕，几经酷刑审讯，后被转移至塘沽的

---

① 乔富源、罗振亚主编：《天津百年新诗》，天津人民出版社，2017，第67页。

"冷冻公司"集中营。他和另外37人同住在3号牢房，长期遭受非人的待遇，备受折磨。牢房内用木板搭的通间大炕高约半米，宽两米多，用木柱支撑。炕下是高低不平的沼泽地，杂草丛生，泥水横流。炕上只铺了一层薄薄的苇席，且十分潮湿。牢房内弥漫的臭气几乎使人窒息。劳工们的饮食、作息受到日寇的严格管控。他们每天只能吃两顿饭，上午九十点钟和下午三四点钟各吃一顿。每人每顿只给一个顶多二两重、发了霉的玉米面饼子，还不熟，须用手捧着吃，否则会散掉。几十个人只给一桶水喝，偶尔放一点烂菜叶子和盐。不少人夜间饿得胃疼，难以入睡，只能用手按压胃部缓解疼痛。因为干渴，人们嘴上都起了血泡，实在难忍时，就趴到炕下用碗舀泥水解渴。他们白天只许坐着，晚间只准躺着，不经允许则不能随意活动，否则就会遭到毒打。每天吃完晚饭，劳工们都要到牢门外站队，在日军清点人数后脱光衣服，交给看守，然后回牢房立即躺下。睡觉时不许蒙头和枕东西。更令人发指的是，一些经日寇授权的汉奸走狗负责管理集中营，时常通过虐待劳工寻开心。他们变着花样对劳工进行体罚，比如有时让两名劳工互打嘴巴，数目不定，必须打得响亮，直到他们开心为止。这里的不少劳工被虐待得奄奄一息，最后被直接扔进塘沽四号码头的"万人坑"。像陈再生这样侥幸存活下来的人，则被送到日本做苦力。这些华工到日本后受尽压榨、折磨，能生还者为数寥寥。

在津南地区日军建设的农场，中国劳工过着牛马不如的生活。伪天津米谷统制协会在津南地区投资建立了10个米谷农场。这些农场分别为新桥附近的卫津河农场、大韩庄以西的示范农场、中塘以南的三井农场、石闸以北的相川农场、西小站以西的大农农场、大芦庄以西的藤井农场、翟家甸以西的香川农场、大安周围的大安农场、东大站以东的东一农场和东大站以西的东二农场。其中，示范农场面积最大，占地约18 000亩，农工1 000人左右。其余9个农场占地面积不一，较大的三井农场占地约16 000亩，农工800人左右；最小的东二农场占地3 500多亩，农工200人左右。这些农工既有原来在这里耕种的农民，也有从咸水沽、葛沽、小站三镇及周边各乡招来的贫民以及外来逃荒的农民。在日军的强制下，他们平均每天在稻田劳动十二三个小时，农忙季节更是夜以继日地干活。然而，数千名农工住在阴暗潮湿的窝铺里，每天只能吃两顿牲口都不吃的混合面，经常有人饿得一头栽倒在稻田，失去生命。当时农场流传着一段令人痛心的话："种稻子的农工玩命干，整天吃的是猪狗饭，顶着星星来，打着月亮散，小日本的军谷是农工的血和汗。"

在驻津日军的刺刀下，广大中国劳工过着暗无天日的生活，其中被夺去生命的劳工数量无法统计。他们的悲惨遭遇是天津历史上极其黑暗的一页。

三、铁蹄下的艺人生活

天津日伪当局对艺人大肆迫害，限制他们的言论自由，不少艺人因言获罪。1944年的一天，人称"小蘑菇"的常宝堃在表演传统相声《耍猴儿》时，加了一段"现挂"，说他的"锣献了铜了"，讽刺伪天津市政府搞的"献铜献铁运动"。第二天，他就被日伪警察局抓走。之后不久，他演了弟弟常玉霖编写的《牙粉袋儿》，说"强化治安"之后，面粉"落价"了，只不过"袋儿"小一点儿，只有"牙粉袋儿"那么大，讽刺日伪统治带给人民的苦难，他又一次被抓走。

在天津日伪当局的统治下，艺人命如草芥。天津著名相声表演艺术家马三立曾回忆他在沦陷时期的天津的卖艺生涯：1935年，21岁的马三立因父亲去世，挑起全家生活的担子，遂搬进南市"三不管"地带，以说相声勉强养家糊口。1937年，"七七事变"发生后，天津实行宵禁，艺人各奔前程。不久，奉天（今沈阳）翔云阁茶社来人到天津约请相声演员，有人介绍了马三立。马三立为一家老小的口粮，不得已应约乘火车前往奉天，走上了"闯关东"的道路。因不堪受辱，数月之后，他又从奉天返回天津，继续在"三不管"地带说相声。他和刘宝瑞、高桂清、杨文华、李少卿几个兄弟搭伴，每天的收入仅能买上几斤杂合面。然而，汉奸袁文会的青帮徒子徒孙在"三不管"地带欺行霸市，要求凡是在南市一带谋生的艺人都得"孝敬"他们。马三立与合伙人不得不向袁文会交钱，以保住饭碗。但只交钱还不够，袁文会要求在此卖艺的人员都要加入青帮。马三立不想成为青帮的混混儿，无奈之下，离开天津去"跑码头"，历尽艰辛。1939年天津水灾过后，马三立从外地返回家中。1940年，他与耿宝林搭伴，在宝和轩正式登场演出。由于市场萧条，宝和轩的生意逐渐淡下来。在宝和轩经理桑振奎的提议下，马三立与女艺人搭档，反串《打面缸》《一匹布》等闹剧，在戏中扮演丑婆子、傻愣子一类的角色。即使如此，马三立挣的包银仍难以维持一家老小的生活。为了糊口，他与耿宝林又到东北角大观楼戏院和南市口中华戏院赶场。

可悲的是，马三立等艺人的演出报酬与人身自由都受到以袁文会为首的青帮分子的恶意控制。由于汉奸陈炎和恶棍于嘉麟倚仗日本宪兵队的势力，占据了燕乐升平茶园，组织班社，袁文会对此很不痛快，遂以南市慎益大街的庆云戏院作为场地，定班社名为"联义社"，与燕乐升平茶园竞争。在袁文会的淫威之下，全社艺人卖力表演，但他们应得的包银总发不下来，大家敢怒不敢言。后来，演员王剑云壮着胆子挺身而出问了一句："什么日子能关钱？"随后，他就遭到一顿毒打。王剑云忍气吞声，不久便含恨而死。马三立于1940年进入联义社，虽没有立下卖身契，但和立了卖身契没有实质区别，没有去留的自由。1942年，因林红玉组班到济南演出，马三立被"借出"三个月，"使用"完了又被送回剧团。1943年，因白云鹏到南京演出，他又被大流氓高登第"借用"了三个月。马三立对这种没有人格尊严的屈辱生活非常愤慨："我就像一张桌子、一把椅子似的，可以听凭他们随意借来借去。"

在日军的铁蹄下，艺人的社会地位尤为低下，那时曲艺界流传着一句自嘲的话："笤帚疙瘩戴帽子就能够欺侮咱们！"

四、忍饥挨饿的天津百姓

沦陷时期，粮食是天津百姓活命的最后保障。然而，日寇对天津粮食的统制与配给，使得天津百姓忍饥挨饿，每天都挣扎在死亡线上。

据一位名叫阿凤的天津市民回忆：沦陷之前家里都是从附近的一家米面铺买粮食，当时付钱或赊账均可。那时，天津寿丰面粉公司生产的"红桃牌""绿桃牌"面粉，一袋22公斤，也不过2元钱。沦陷之后，他家附近的米面铺先是关门停业，后来又恢复营业，但寿丰公司的面粉一下子涨到5元钱一袋，而且是现钱交易，概不赊欠。过了一段时间，家里没钱买面粉，不得不到寿丰公司排队买小袋棒子面。由于买棒子面的百姓越来越多，需要一大早排长队去买，否则就可能空手而归。每到需要买粮的日子，阿凤和弟弟从午夜两三点就要起身，经小树林、津塘支路，进意租界，过回力球场，再走到寿丰公司门口。这时天还没亮，灯影下已排起了长长的购粮队伍。在公司门口维持秩序的意租界巡捕在排队者的肩头用粉笔写上号码。阿凤和弟弟当时都穿着棉袍，外罩蓝大褂，站在凛冽的寒风中等待。他俩脚冻麻了就跺跺脚，手冻麻了就搓搓手，一直等到早上8点寿丰公司上班。

后来，阿凤在铁路机务段上班，家里才吃上单位配售的粮食。可好景不长，日寇对粮食供应加大控制力度，每人每月只给半袋或三分之一袋面粉，其余是杂

粮。刚开始配售的杂粮是棒子面、高粱米，后来就变成
了荞麦、土豆、豆饼面、混合面等。用豆饼面和混合面
蒸出来的窝头一拿就散，要用手捧着吃或用碗盛着吃。
吃的时候噎得慌，吃完了还拉肚子。那种沮丧与无奈的
心情可想而知。

再后来，阿风和家人的豆饼面和混合面也不够吃
了，就开始吃豆腐渣。这种过去用来喂猪的东西真是让
人难以下咽。家里几乎揭不开锅，阿风只能饥肠辘辘地
在火车上坚持工作，就盼着拉粮食的车来，能有机会捡
一点儿玉米或麦子，拿回家磨磨吃。为了活命，阿风在
大机米厂挂车或送车时，就向管仓库的朝鲜人要点儿米
渣或掺了土的粮食充饥。

食不果腹的天津百姓比比皆是，大街上的饿殍并不
罕见。1939年，天津发生的水灾让当地的粮食供应更加
紧张。在随后的两年间，面粉涨价一倍多。

1941年，太平洋战争爆发。由于日军战线拉得太
长，消耗过大，日本本土面临的粮食危机也越来越严
重。为实现所谓的"大东亚战争的粮食自给自足"，日
本侵略者及其伪政权开始将粮食危机转嫁到天津人民身
上。同年11月开始，伪天津特别市公署将大米、白面列
为军用品，严禁中国民众食用大米，将粮商和市民所存
的稻米与面粉搜刮一空，同时实行黑豆、豆饼、蚕豆粉

的限量配给制。

在日军的物资封锁下，天津市面上的细粮几乎绝迹。由于饥饿难耐，天津有些富商巨贾偷偷地向津南农民高价购买稻米，而农民卖给他们稻米要冒着生命危险。例如，1942年7月的一天夜里，葛沽的一位农民吕某给天津"八大家"之一的"振德王家"送两包经过伪装的稻谷，作价20块大洋。吕某刚走过茶棚哨卡，就碰上日本人大盖三和小地木检查。小地木用刺刀挑开麻袋，见是高粱米，遂扬手准备放行。未料大盖三抽出大马刀，一刀捅到麻袋底，发现了高粱米下隐藏的稻米，随即用枪托将吕某打倒。然后，大盖三用警绳套住吕某的脖子，将其拴在摩托车后，驾车驶向咸水沽，最终将吕某活活拖死。

1942年12月，伪天津特别市公署成立了伪天津特别市食粮配给统制事务所。该所由88家中日粮商集股组成，统一管理天津市的粮食分配。为推行粮食配给制，伪天津特别市公署在居民居住证后附加红、蓝两色的配售（购）证，将居民分为上等人、中等人和下等人三个等级，根据不同等级定量定质分配粮食。上等人专指日军、日侨，中等人指伪政府的官吏，下等人则指天津平民百姓。伪天津特别市公署分配给百姓的粮食极少。对普通百姓而言，仅靠分配的那一点粮食根本不足以活命。他们常常半夜起来，前往粮店排队购买由杂粮、饲料等磨成的混合面，能买上豆饼已属幸运。遇到冬天半夜排队时，人冻得像冰块似的，丢掉半条命。一位经历过这段惨痛岁月的老人回忆称：那时的日子越来越不好过，人们没有粮食吃，有的人只能吃花生饼、豆饼。花生饼、豆饼是由花生、大豆榨完油剩下的渣子做成的，很硬，吃之前需要用水泡泡，泡完再上锅蒸。那些东西哪是人吃的啊！它们不光难吃，还难以消化，吃进去很难排泄。即使是这样的东西也数量有限，还有很多人因为各种原因无法领到配给证，也就无粮可吃。有很多时候，即使有配给证，人们也买不到粮食。这是亡国奴生活的真实写照。

实际上，混合面对人的健康危害很大。日军给津南区为其种植稻谷的农户发放配给卡片，但配给的粮食是掺有沙土的豆饼渣、变质的军马料或由腐烂杂粮磨制的混合面。辛庄乡稻农蒋富贵一家因食用这种混合面而中毒，全家腹泻不止，两儿一女因此丧命。蒋富贵夫妇无法接受这一惨况，双双含恨投河自尽。然而，伪天津特别市公署一面加紧搜刮粮食，一面进行反动宣传。他们把混合面做成丝糕，美其名曰"兴亚糕"，鼓动人民去食用。汉奸市长温世珍还专门在一次记者招待会上大谈"兴亚糕"的营养成分。一位天津的学徒后来回忆说：

"那时候在城里的老百姓苦得很，有钱人好点，没钱就难了。'强化治安'饿死的都是穷人。不管有钱没钱，都不许吃大米，吃大米是犯罪，要杀头。"

1941年夏，伪天津特别市公署成立伪天津米谷统制委员会，负责管理天津及其附近稻米产区（包括津海道12个县、冀东11个县）的稻米生产与收购，其下属的事务局人员主要由日本驻天津总领事馆、大财团和天津伪政权的要员组成。1943年夏，该会成立了伪天津米谷统制会，全面管控天津地区粮食的产供销。该机构虽为经济部门，却形同军事机关，由日军士兵守卫，并配有军犬和重机枪等，驻地的围墙上架有高压电网，戒备森严。

在伪天津米谷统制会的管控下，天津百姓人人自危。由该机构指挥的日军经常突然把一些百姓集合起来，通过灌药或打针的方式，强制其呕吐。若是发现呕吐物中有米粒，日军就直接用刺刀刺死百姓或放狼狗撕咬百姓。一天晚上，咸水沽的李家驹和小站的杨作志用自行车驮运大米，准备在石柱子河装船，再转道海河运往市内。然而，米还没来得及装船，二人就被日军抓获，被绑到小站的日军守备队门前。日军放狼狗撕咬二人，李家驹被当场咬死，杨作志花了200块大洋请翻译赎命，并由商会作保，才幸免于难，但也落下终身残疾。据统计，仅1944年10月18日到12月11日不到两个月的时间，天津伪天津警察局特务科就协助伪天津米谷统制会查获了所谓"私自携带大米"的案件共40起，如农民方尚志携带大米3斤，邢文贵携带大米15斤等。这些人都受到惩处，所带粮食全部被没收，还遭到逮捕，并被判以"资敌罪"。日伪当局曾承认，粮食价格自暴涨以来，一般下层阶级无力购买，数日不得一饱者比比皆是，天津大部分人民不能维持生活。大量天津市民饥饿难耐，挣扎在死亡线上。据不完全统计，1943年4月17日这一天，全市乞丐有8 832人（其中男3 216人，女3 647人，儿童1 969人），无业游民有2 971人。据1944年4月的一项统计，在15天中，因饥饿而昏倒在街头的人数为239人。①

日军检问所排查民众

---

① 罗澍伟主编：《近代天津城市史》，中国社会科学出版社，1993，第701页。

在日伪推行的粮食配给制下，天津市民能够领到的口粮很少，无法维持基本生活。1944年4月的配给标准如下：一等面粉，每斤0.8元，大人每人配给4.5斤，老人每人配给3斤，小孩每人配给3斤；二等面粉，每斤0.7元，无配给；玉米面，每斤0.6元，大人每人配给1斤；高粱米，每斤0.71元，大人每人配给1斤。按这个配给标准，以每月30天、每天三餐计，大人每餐配给粮食只有几十克，这都达不到维持生命的最低限度。在日伪的高压统治下，天津百姓食不果腹，朝不保夕，死亡率急速增长。

五、惨遭戕害的天津民众

日军占领天津后，采用暴力手段消灭抗日力量，不断制造骇人听闻的血案。

1938年，天津教育界发生了一件震动全市的谋杀案件——天津耀华学校校长赵天麟被日寇刺杀。赵天麟（1886—1938），字君达，天津市人，在哈佛大学获得法学博士学位。从1934年起，他被聘为天津耀华学校校长，曾受到当时英租界工部局董事会的特别重视。1937年天津沦陷后，他顶住重重压力，在英租界的耀华学校中学部开设特班，招收失学学生1 000余人；被炸毁的南开中学的大部分教师也转到耀华任教。赵天麟的这一爱国行为引起日军的不满。

天津沦陷后，日伪当局对青少年进行奴化教育，下令学校一律换用日本特务审核过的"毒教材"，不允许悬挂中国国旗，不允许唱中国国歌。赵天麟利用学校在英租界的条件，拒绝使用毒教材，并且在校庆和重要节日仍悬挂当时的中国国旗，唱中国国歌。全校师生满怀爱国热忱，在校内多有宣传爱国及抗日的举动。耀华学校招致日军的忌恨，被他们视为天津抗日的大本营。

不久，日本宪兵队便指使日军上尉中泽与汉奸李殿臣负责的暗杀团伺机刺杀赵天麟。英租界工部局警务处获得日军阴谋刺杀赵天麟的情报，立即报告英工部局，并通知了赵本人。为预防不测，警务处为赵配备了一名随从警卫与一辆专用汽车。随后的一段时间内没有发现暗杀团成员的身影，英工部局就不再派汽车接送赵上下班，但警卫人员依旧随身护卫。1938年6月27日上午7时许，赵从位于英租界伦敦道昭明里2号的家中出来，步行去学校上班。未料赵刚出门不远，就有两个骑自行车的匪徒尾随其后，其中一个打扮成学生模样的匪徒从背后向赵连开两枪。赵被击中，当场殒命。枪声响起时，巡捕刘宝山恰好在附近，见此情景，掏枪向杀手射击，但未能击中，反被杀手击中腹部。正在赵家门口的警卫于绍周闻声冲了出来，在伦敦道花墙南边开枪击中这两个杀手，一人被击中左腿，一人被击穿小腹。闻讯赶来的英工部局巡捕将两个杀手与受伤的刘宝山一同送到医院。经过英租界警务处审讯，凶手供认正凶是汉奸李殿臣的外甥何绍洲，帮凶是魏文汉。他们两人都是暗杀团成员，此次受日军上尉中泽及其助手李殿臣的派遣，到英租界刺杀赵天麟。不久，何绍洲因伤势恶化导致肺部感染死亡。魏文汉先被羁押于英工部局警务处，随后被移交至日伪天津地方法院。

被日伪特务暗杀的耀华学校校长赵天麟

一位爱国教育家惨死街头，立即轰动全市，震惊全国。耀华学校师生及社会上的爱国人士听闻此噩耗，悲愤难平。然而由于日本特务的干预，凶手魏文汉被释放，迟迟没有得到应有的惩罚，直到1946年才再次被警方抓获。

天津的日军与特务不仅暗杀我国的爱国人士，还公然用种种酷刑屠杀普通民众。天津沦陷后，日军将杨柳青镇的天津县立第五十女子小学改造成杀人魔窟。日军用砖墙将学校分成南北两院，并把北院变成戕害中国民众的刑讯场所。他们对关押在此的无辜百姓灌辣椒水、压杠子，甚至灌锢水，将人的内脏烧烂，致其痛苦而死。这些日军还将抓来的人拖到运河南岸的乱葬岗（今光华路附近），用刺刀将人活活刺死。更为狠毒的是，日军把百姓常穿的衣服套在稻草人上，并在稻草人内部塞入猪肉，用以训练狼狗掏中国人的心脏。据曾在该校任教的张荣山回忆，日军曾把一名中国妇女用绳索捆住手脚，指使狼狗扑上去撕咬。狼狗先是撕碎她身上的衣服，又咬掉其身上的皮肉，再抓出眼睛，咬掉鼻子和耳朵，后掏出心脏，场面极其血腥和残忍。在日军占领杨柳青镇的几年中，被残害的无辜百姓有百余人。

日军在天津的静海、武清、宝坻、宁河、蓟县等地的农村，特别是抗日根据地周边的农村，大肆烧杀抢掠，造成一系列惨案。

（一）静海惨案。1937年8月5日，日军第二军矶谷师团赤柴部队在杀死我国驻府君庙一个排的守军之后，又进村搜查，杀死36人，其中妇女都是被奸淫之后才杀害的。8月初，日军矶谷师团先头部队在静海县的五美城村一带受二十九军一部重创。8月8日，大队日军前往该地报复，将五美城村未及躲避的男女老幼集中到一道墙前，用机枪扫射，致使25人死亡，5人受伤。他们在邢家垫村见人就杀，造成13人死亡，2人受伤。8月18日下午两点多钟，日军占领了东边庄，挨家挨户地搜查未逃走的乡民。他们将最先被搜到的老人张文成、郑治明和他的两个未成年的儿子等9人用麻绳捆成一串，带到刘登科家的车屋内，然后用刺刀一个个刺死。不久，日军又搜捕了刘水田、郑黑猪等7名青年，用绳子捆绑起来并押到战场，让他们搬运、焚烧日军尸体。这些青年一直干到第二天中午，20多个小时没有吃一口饭、喝一口水。等烧完尸体后，日军又把他们重新捆起来，带至后疙瘩处，全部枪杀。东边庄惨案发生后的第四天，这里已沥涝成灾，外逃的村民张广海、刘万荣等6人冒险回村。他们蹚着水，从史庄子来到距东边庄2里处，看见水的颜色发红，再往前走就闻到一股刺鼻的怪味。后来，他们将刘登科家车屋内的9具遇难村民遗体拉到村边埋葬，又将后疙瘩的7具尸体就地掩埋。随后的几天内，外逃的村民们陆续回村，看到全村的凄惨景象，无人不穿孝，无人不痛哭。在日本侵略者的刺刀下，平民百姓惶惶不可终日，随时都可能遭遇屠杀。9月7日，日军在花园村屠杀40多人。1938年5月7日，日军在王口镇屠杀100多人。1945年1月，日军将高里庄及周边3个村庄的房屋全部烧毁，导致寒冬腊月里百姓无家可归。

（二）武清惨案。1937年10月25日，日军两个小队与汉奸侦缉队"进剿"武清县的崔黄口镇，沿途挑死、枪杀张令林等20余人。进城后，将300余名商人和赶集的百姓集中在西门里路北的土坡处验手，将其中128位手上没老茧的人进行集体屠杀。之后，日伪军又将陈祠荫等6人押到杨村，用军犬将他们活活咬死。1938年4月14日，日军在六道口村"扫荡"，见人就杀，见房就烧。1938年7月27日，日军袭击东沽港村，屠杀了120余名没来得及逃走的老弱妇孺，焚毁1 700余间民房。1940年初夏，驻城关的日军将抓获的44名中国人挨个刺杀，过程持续2小时。1942年7月，驻城关的日军将关押的20名中国人倒剪双臂，蒙上眼睛，赶入大坑后，全部枪杀。

（三）宝坻惨案。1938年8月，日军为在县城北王庄子修机场，抓了2 000多名百姓，将村里的全部房屋夷为平地。日军对百姓实行法西斯式管制，百姓只要稍有不满，就会惹来杀身之祸。1941年春节前夕，日军将正在赶大集的百姓赶到固定地点，又将县城附近的居民赶到此处，然后用大炮轰击、机枪扫射这些百姓。1944年，蔡家铺的一个保长因在日军开会时，吃了几口麻花充饥，被一刀砍下了脑袋。林亭口后小庄子的一位村民，因为回家探亲时穿了一件红毛衣被砍死。1944年11月17日，日军中队长柴崎听说抗日干部们在大吴庄开会，立即派军进村"清剿"，杀死2名村民。18日凌晨，柴崎亲率日伪军包围了大吴庄，将村民李长义、吴学富等9人捆绑在一起，于次日早晨全部刺死。11月22日晨，柴崎率日伪军数百人围住赵家铺村，将村干部巴素科吊在树上毒打后，往其嘴里塞上点燃的香，然后将其活埋。柴崎还亲自砍死了李长富、李广文等7名村民。回家庄、南庄子、赵家铺都惨遭日军"扫荡"。

（四）宁河惨案。1943年1月23日下午，佐佐木率领日伪军10余人闯进李麻鄱村，将李厚民、李中宪等5人用蘸凉水的棍棒打得血肉模糊，又脱光其衣裤，从头上向下浇凉水。第二天，又把从东魏甸、西魏甸、岳令庄、褚家庄、张六庄等村抓捕的数十名村民赶到李麻鄱村，连同李麻鄱的村民一起赶到雪地里，用刺刀刮皮肉、刺头部、扎肋骨，将村民装入麻袋中摔打，甚至用刺刀残害他们的下体，造成18人惨死。日军又将几十名村民带走，施以酷刑。1943年12月21日，日伪在乐善庄杀害3人后，将尸体拉到芦台游街示众。1944年秋，日军在齐家沽村、田庄坨村虐杀村民数人。杨拨庄、田辛庄、杨富庄、纪庄子、小从庄等村庄也惨遭"扫荡"，房屋被烧毁，很多村民被严刑拷打，被枪炮打死，被刺刀刺死。有的人被砍断手脚，挑断韧带，刺破肚子，肠子都流了出来。

（五）蓟县惨案。蓟县是天津境内日军血腥屠杀中国民众最多的地方。该县的史各庄、上仓镇（由南闵庄、后秦各庄、河西镇三个村组成）、杨庄、花峪、六百户、联合村、辛庄子、吴家洼、前大岭、后大岭、小漫河、双杨树、北后子峪、前干涧、五盆沟、小现渠等30余座村庄都曾遭遇日军的血腥屠杀。仅在1938年8月25日，日军大队长石川率军"扫荡"上仓镇的三个村，用枪杀、挑死、砍死、活埋以及用铁丝将民众的锁骨或手串在一起推进河中淹死等歹毒手段杀害的民众就有300余人。[①]

以上只是列举了一些例子，实际上的屠杀远不止如此。据1946年4月编制的《中国解放区抗战8年中人口损

---

① 张笑平：《日军在天津暴行实录》，中国人民政治协商会议天津市委员会文史资料委员会编：《天津文史资料选辑》1995年第4辑，天津人民出版社，1995，第102—112页。

失初步统计表》及《中国解放区因敌灾天灾所遭受之人口损失及灾难民统计表》，直接和间接被日军杀害的天津平民人数有60 000余人，其中蓟县8 800余人，武清2 700余人，宝坻3 600余人，宁河3 200余人。这仅仅是日军所欠天津人民血债的一小部分。其害人手段之毒辣、杀人方式之残忍，骇人听闻，罄竹难书。

六、民众的英勇抗争

日军占领天津后实行严酷的殖民统治，生活在这方土地上的100多万中国人成为毫无尊严的亡国奴。除少数汉奸媚日求荣外，各界民众并不甘于在日军的刺刀下苟且偷生，他们以自己的方式对驻津日军与附逆汉奸进行了可歌可泣的抗争。

抗日杀奸团是由一群热血青年为抗日救国而组成的团体。1937年冬，在复兴社特务处曾澈与南开中学学生李如鹏等人的发动下，南开中学、耀华中学、圣功女中、工商附中、汇文中学、中西女中、新学中学、志达中学、广东中学、中日中学及达仁学院等学校的一些爱国青年学生组织成立了抗日杀奸团（简称"抗团"）。

创立初期，抗团组织严密，曾澈为团长，李如鹏负责组织，孙大成负责行动。成员入团时要宣誓，誓词为"抗日杀奸，复仇雪耻，同心一德，克敌致果"。他们以利华大楼的顶层平台为主要训练地点。该楼是天津一处非常有名的历史建筑，创建者为法籍犹太人李亚溥。据抗团成员刘永康（刘洁）先生回忆，每次聚集在利华大楼研究事项、部署任务时，大家手里经常拿着足球，带着杂志等，就像玩累了聚在一起休息。无论会议内容多么重要，都是长话短说，快聚快散，以保证每个成员的安全。

抗团的外围组织为"挺进团"，也叫"小学联"。抗团与外围组织互相配合，与天津的日寇和汉奸展开斗争。

舆论战是抗团宣传抗战的日常做法。每当"九一八""七七"等纪念日时，抗团成员利用清晨或夜间，将宣传抗日的传单投进住户的邮箱；当中国军队在战场取得大捷时，他们在闹市区散发捷报；他们还冒着被捕的风险，于1938年夏出版《跋涉》杂志，揭露日军的侵华暴行，报道中国军民英勇抗战的消息。

纵火战是抗团震慑日伪的重要手段。对于出售伪教科书的书店，抗团成员趁店内人多时放火，以此警告店主不要为日寇服务。抗团成员点燃了日寇在天津南站的棉花仓库，使其燃起熊熊大火。这场大火使日寇遭受重大损失，驻守南站的一个日军中尉为此剖腹自杀。抗团还到日本人开的大丸商店放火。这些纵火行动轰动全市，鼓舞了民众抗日的士气。

锄奸战是抗团精忠报国的铁血斗争。在爱国者的眼中，投日附逆的汉奸和侵华日军一样可恨。抗团选定的第一个锄奸目标是住在天津的伪河北省教育厅厅长陶尚铭。1938年11月初的一天，陶从住处马道场西湖饭店出门，抗团成员孙若愚、孙湘德当即迎上去，对着陶连开

天津抗日杀奸团成员在金钢桥悬挂的
"打倒日本帝国主义"标语

数枪，然后迅速撤退。由于是初次行动，他们的枪法不够精准，仅打瞎了陶的一只眼睛。随后，抗团成员开始加强枪法训练。

抗团又将暗杀目标指向了当时的天津商会会长、长芦盐务局局长王竹林。王氏在天津傀儡政权系统中的地位并不高，但他卖力讨好日寇，四处劝说亲朋故友和遗老遗少做日寇的帮凶。负责此次刺杀行动的枪手是祝宗梁和孙湘德，由孙若愚掩护。三人为了保证行动的成功，差不多每天都要到利华大楼顶层平台等处苦练射击，主要是用气枪练习瞄准。1938年12月27日，王竹林在丰泽园饭店请客，行动组潜伏在丰泽园门口。宴会结束后，王竹林出门送客，行动组随即展开刺杀行动。祝宗梁后来回忆说："待距王竹林约5米远，我立即向他打了一枪，跟着孙湘德又连开两枪。但见王竹林转过身来，张着嘴惊叫一声'啊'，我又连着开了4枪。我身旁一个送客的人忽然瘫软在地上，弄得我莫名其妙，也来不及顾他，就迅速撤退。这时，孙若愚也在胡同口向天开枪助威。第二天，报纸上报道说王竹林头部中了一弹，胸部中了两弹，在送往医院途中身亡。"王竹林遇刺的事震慑了那些想当汉奸的人，不少北洋旧官僚轻易不敢出来做日寇的帮凶。由于该案中的枪手一直没有归案，伪天津特别市公署被迫撤换了伪警察局局长周思靖等人的职务。

不过，仍有汉奸积极为日寇效力，伪津海关道监督、伪华北联合准备银行天津支行经理程锡庚就是一例。程是江苏镇江人，毕业于江南高等学校，曾任海军部秘书，后到伦敦大学深造，之后又相继到法国和美国深造。1934年，程被任命为外交部驻北平特派员。然而，他辜负了国家培养之恩，甘心沦为日寇的鹰犬。1938年3月，日寇依照伪中国联合准备银行的模式，在天津成立了伪华北联合准备银行天津支行，由程锡庚出任该行经理，以骗取中国百姓的金银与法币。1939年4月9日下午，程带着家人到英租界的大光明电影院看英国电影《贡格丁大血战》。抗团侦知此信息后，随即派祝宗梁率领袁汉俊、刘友琛、冯健美等人执行刺杀任务。冯健美将他们准备的枪支预先带到影院中。行动组成员坐在灯光昏暗的影院中不能确定程的具体位置。祝宗梁急中生智，请放映员在影片放映时打出字幕"程经理外找"，以测试观众的反应。果然，程锡庚看到字幕后起身，但立即被家属拽着坐下。祝宗梁由此认准了目标，遂走到程背后的空座坐下。过了片刻，祝掏出手枪朝程的头部连开4枪，程当场毙命。随后影院大乱，行动组趁机撤出，全身而退。次日，各大报纸纷纷报道程锡庚遇刺的消息，《大公报》在相关新闻上方特地印了

"津除一巨奸"五个大字，引人注目。

1939年9月，由于军统局天津站行动组长裴级三（代号吉珊）叛变投敌并出卖同志，曾澈、李如鹏等抗团成员遭日本宪兵队逮捕，后英勇就义。他们牺牲后，抗团遭到严重破坏。后来，陈肇基、赵尔仁等人重建抗团，继续战斗。然而，他们在制造了中原公司（今百货大楼）四楼剧场及滨江道国泰电影院爆炸案后，抗团的一些核心成员又遭日寇逮捕。经过几次大迫害，抗团失去了骨干，不得不停止锄奸活动。

相对于抗团宣传抗战、暗杀汉奸的公开行动，津南农场的农工则采取隐蔽的方式破坏日寇的"米谷统制"。天津沦陷后，日本以征服者的姿态在当地掠夺大量农田，以保证日本的军粮供应并满足其农副产品需求。通过大肆掠夺，日本在天津附近建立了120个农场，土地总面积达92万亩，约占当时天津县和宁河县耕地面积的一半。这些地方的农民被剥夺赖以生存的农田，深受其害。比如，"北仓农场"的2万多亩土地，原属当地900多户农民；"蓟运河电化水利组合"的4万多亩土地，原属当地8个村3 000多户农民；郑家庄、杨家庄以及贾家沽道村的土地全被日本人圈占。日本人还设立两大农业垄断组织，即"华北垦业公司"和"米谷统制协会"。他们将土地划分为小块，强迫当地农民和所谓"游民"充当农工，进行繁重的体力劳动，或者通过一些包租人间接经营。

日军士兵残酷对待农工，甚至煮食农工的心肝肺。沦陷时期，每逢秋季，日军设在咸水沽的粮库便从外面招雇苦力，进库干活。有一天，短工韩德利、韩德文兄弟被招到这里扛稻谷包。从清晨干到晚上，瘦弱的韩德文累得筋疲力尽，一不小心从几米高的跳板上摔下来。正在监工的大界外用刺刀逼着韩德文马上站起来，奈何韩德文摔得疼痛难忍，一时站不起来。大界外端起刺刀，将韩德文刺死。韩德利见弟弟被刺死，不顾一切冲了上去。日本翻译小地木见状，举起刺刀，又将韩德利刺死。在场的其他短工义愤填膺，纷纷上前抗议。大界外吹起警笛，集合日本兵、勤农队，用机枪对准这些短工，大施淫威。同时，这些恶魔还让日本兵端来火锅和烧酒，当众用刺刀剜出韩氏兄弟的心肝肺，放在火锅里煮熟，当作下酒之物。这种禽兽行径激起了农工的极大愤怒。

1942年，农工暗中破坏了日寇在津南地区的示范农场进行的"温汤浸种"实验。日本专家亲自负责这场实验，让农工用大锅烧水浸泡种子。由于当时没有温度计，几个日本专家就用手试水温。一开始，他们嫌水温不够，达不到"温汤浸种"的标准，后来又嫌水温太高，诬陷农工有意烫死稻种，破坏生产，并威胁要鞭打农工。面对凶残的日寇，烧水的农工伺机反抗，只要监工不在，就用开水煮种子；看到监工来了，就赶快往锅里掺凉水，使日本专家难以真正掌握浸种的实际水温。经过农工的暗中破坏，被浸过的稻种发芽率很低，当年示范农场的18 000亩稻田仅仅栽种了大约一半。日本专家不明内情，反而认为"温汤浸种"在天津地区不适合推广。

1943年，日军在卫津河农场抢栽"小满秋"稻秧，葛沽镇的农工趁着雨夜掘堤冲走稻田里的秧苗。当时在日军强制下，葛沽镇的刘家五兄弟被招募为栽种稻秧的农工。刘家老五刚满16岁，身单力薄，插秧较慢，且有些漂秧。日本监工见此情形，硬说他故意破坏军谷生产，将其带到护场队毒打了一顿。老五的四个哥哥为此愤愤不平，寻机报复日寇。不久后的一个夜晚，大雨滂沱，刘家五兄弟偷偷掘开卫津河大堤，很快河水就冲毁了农场里刚栽种上的稻秧。第二天，等农场的日军堵住决口，这里的稻秧已被河水冲刷殆尽。随后，刘氏兄弟被迫逃往关外。

日军为弥补卫津河农场遭河水冲击的损失，重新插秧，并从天津军用仓库运来大批化肥，为稻田施肥。为稻田施肥的农工只是在监工在场时撒些化肥做做样子，在距离监工较远的时候，就假装撒肥，到地头将剩下的化肥埋起来。有胆大的农工瞅准机会，干脆把整袋的化肥倒进预先准备好的袋子里，到半夜时分拉走，然后再找机会卖给附近的稻农或菜农。这一年，卫津河农场的稻子大量减产，而附近李楼村的大白菜却喜获丰收。

沦陷时期，天津的绝大多数民众从来没有真正屈服于日寇的殖民统治。无论是抗团的公开锄奸，还是农工的暗中破坏，都留下了可歌可泣的斗争精神与英雄故事。

第九章

美军在天津的暴行

日本投降以后，国民政府接管天津，美国军队却强势进驻天津，暂时代行受降工作，并维持治安。1945年9月30日，美国海军陆战队第三军团司令骆基中将率18 000人在塘沽登陆。10月1日，骆基率领4 000名美军进入天津城。6日上午9时，骆基代表中国战区最高统帅蒋介石在天津举行对日受降仪式。本以为抗战胜利后，中国人民终于摆脱了列强的殖民统治，然而，美军进驻天津后，即以征服者的姿态，四处横行霸道，恣意妄为，犯下累累罪行。据不完全统计，从1945年10月到1947年9月，驻津美军制造的车祸、枪杀、抢劫、强奸等案件多达365件，造成中国人死伤近2 000名。这仅仅是国民党官方档案中有案可查的暴行，而未记录在案的不知又有多少。

一、美军对天津民众的凌辱

　　驻津美军军纪败坏，经常在娱乐场所寻衅滋事。1945年10月，为取悦美军，行政院长何应钦电令北平、天津、上海、青岛等地设立所谓的"招待盟军委员会"。随后，天津市政府设立"招待盟军委员会"，由副市长杜建时兼任主任，杜用文为专职副主任。该委员会成立后，首先联络天津市青年会、东亚毛纺厂及各公、私团体共同筹备招待事宜，并要求全市各娱乐场所张灯结彩，随时招待美军。1946年初，"圣安娜""小总会"等舞场因招待美军"有功"，获得免除所有宴席税和娱乐税的奖励。在市政府的推波助澜下，短短一年内天津新设立了20余家为美军服务的舞场，以伴舞为生的女郎不下2 000人。驻津美军在这些娱乐场所狂欢作乐。他们随意进入各戏院、影院等娱乐场所，经营者也不敢向他们收取费用。不久，各戏院、影院不堪其扰，戏园电影业同业公会商定，专为美军免费开放"平安""光华""大光明"等影剧院。然而，美军对此并不满足，仍不时到各娱乐场所惹是生非。

1945年10月抵达天津的美军

　　美兵经常在舞厅、酒吧等场所酗酒、闹事，引发多起无辜者死亡的恶性案件。1946年9月23日晚10时左右，美国陆战队的3个士兵离开舞厅，走向海河岸开滦西码头渡口，途中遇到4名中国幼女向其讨钱，将其中1名幼女推入河中致其死亡。第二天凌晨，该幼女的尸体被人发现。这3个美国陆战队士兵坚决否认曾将这名幼女推入河中，致其溺亡。后经查明，当时美国士兵行至墙子河附近时，这名幼女向其乞讨，美兵呵斥幼女，并将其推入河中，致其死亡。令人愤怒的是，调查尚未完成，涉事的美国陆战队士兵就已经被释放了。

　　驻华美军四处肇事，残害中国民众。1946年10月21日晚10时左右，在第十区北平道东口，3个乘坐人力车的美兵下车后拒付车款。更恶劣的是，这些美兵一起打劫3位车夫，强抢他们的财物。车夫们随即奋起反抗，而美兵竟拿出随身携带的短刀，意欲行凶。车夫们大声呼救，经过该路口的警察闻声赶来，3个美兵惊慌逃走。一位名为王静波的市民目睹了这一恶性案件，随后向《大公报》投书，揭露美军的丑行。然而，此案被公布后，美军依然肆无忌惮，毫无收敛。1947年5月19日晚，两个美兵雇佣两辆人力车，行至天津哈尔滨道下车后随即扬长而去，没有付一分车费。

　　美军残害天津妓女的事件不时见诸报端。1947年4月的一天晚上，几个美兵将妓女杨华（亦名杨淑贞）带至美国大院留宿，对其肆意蹂躏。不长时间，该妓女停止呼吸。随后，他们调用一辆救护车和一辆警车将杨送至马大夫医院救治。经医师检验，杨已死亡。为避免承担责任，他们将杨的尸体遗留在马大夫医院，转身离去。接到消息的警察局通知地方法院对此事进行调查，得出的结论是杨死于"气虚"。此事引起民众的不满，纷纷要求严惩美兵。然而，没有人为此事负责，肇事的美兵无一人受到惩处。在美军看来，天津的民众只是用以取乐的工具，可以随意侮辱与伤害。

二、美军汽车的肇事与逃逸

在天津的街道上，美军开着吉普车，肆意横冲直撞，导致撞毁人力车，撞死、撞伤行人的现象屡见不鲜。据《益世报》报道，从1945年9月12日至1946年1月10日的120天内，驻津美军驾车撞人的案件有100余起。美军驻津期间，这类案件层出不穷。

1945年秋，贫民郭鸿勋外出为全家生计奔波，被美军二十三团的军车撞倒在地，当即昏死过去，而肇祸的美兵迅速逃逸。郭鸿勋被严重撞伤，醒来后手臂不能动弹，双腿残疾，难以正常行走。郭鸿勋一家家徒四壁，忍饥挨饿，到了冬天，无煤取暖。无奈之下，郭鸿勋仅14岁的大女儿大荣到车站去捡拾煤渣，烧火取暖。1946年1月，大荣捡拾了一些煤渣，行至唐家口的津塘公路时，美军的一辆大卡车急速向她驶来。大荣急忙躲避，但美军士兵对大荣毫无顾忌，最终卡车从其身上碾压而过，只留下一具血肉模糊的尸体。为了掩盖杀人罪行，驾驶大卡车的美兵将一挂铁链扔在大荣的尸体上，驾车而去。郭鸿勋的老伴眼看数月之内丈夫与女儿连遭美军车辆撞击，却无人对此负责，异常悲愤。为了给屈死的女儿报仇，她拿着求人代写的一张控诉书，向天津警察局、国民政府外交部天津特派员办公署以及美国领事馆控诉，请求他们主持公道。然而，当时的天津哪有穷人申冤的地方。从当时天津市政府的档案来看，驻津美军当局给外交部天津特派员办公署的信中竟反诬郭大荣"系自己冲进汽车"，拖拽车中物品而被轧死，美兵不用负任何责任。外交部天津特派员办公署偏信美军的一面之词，在给外交部的报告及回复天津地方法院检察处的信函中称，郭大荣是因为"扒车偷东西"而被轧死的。驻津美军带给郭家的冤屈无法洗刷。

美军在天津横行无忌，造成许多孩童伤亡，却不负任何责任。1945年12月29日上午，一名13岁的王姓男孩在铁道外捡拾美军兵营扔掉的空罐头盒，不幸被美军卡车撞倒，虽被送至医院抢救，但终因伤势过重而不治身亡。美军对这位男孩的死亡未做任何表示。天津地方法院检察处的工作人员到场查验之后，通知孩子的母亲王氏前去领取尸体。王氏悲痛欲绝，拿着美军签字的医疗记录，坚持要美军予以赔偿，并表示在凶手未得到惩处以前拒不领尸。经过数月的僵持，医院里的一个来自意大利的神父领着王氏到美军司令部交涉，美军才答应赔付王氏8万法币，但绝口不提惩办凶手之事。

当时驻津美军规定，美军每杀死一个中国人赔偿10

万法币，而每杀死一头中国的驴则赔偿伪13.5万法币。据当时的媒体报道，当时一个家庭一个月的最低生活开销为15.6万法币。也就是说，美军杀死一个中国人赔偿的费用只相当于一个普通家庭大半个月的生活费。由此可知，在美军的眼中，中国人的命还不如一头驴。人不如畜，这是美军明目张胆地对中国人民的侮辱。由于当时美蒋签订的《中美宪警联合勤务议定书》规定，美军人员肇事，须由美国宪警处理，因此在天津肇事的美军凶手通常被宣布无罪，也就无所谓赔偿。遭美军伤害的中国人常常无处申冤，很难拿到赔偿款。

天津的美国海军俱乐部

1946年9月，一位读者不满美军欺凌、侮辱中国人，向《大公报》投书称：他曾多次见到美兵调戏中国妇女。有的美兵边乘着吉普车兜风，边用鞭子抽打路过的中国人取乐；还有的美兵开着吉普车冲向人群，故意伤害民众，然后逃逸。至于报纸上所登的"殴伤警察、枪击学生"，不过是这许多侮辱事件之一罢了。

虽然《大公报》对驻津美军肇事逃逸的情况不时报道，但没有肇事者受到惩处。这些美兵依旧在天津街头肆意横行。1947年1月1日上午，天津南开大学、北洋大学等高校的学生为抗议美兵在北平强奸女大学生的暴行，结队游行示威。他们在游行过程中喊口号、贴标语，声音响亮，行动有序。游行期间，美兵开着吉普车两次从队伍中间穿行，以表示对中国人的蔑视。游行即将结束时，学生目睹美军吉普车撞伤一名孩童。驾车肇事的美兵蛮不讲理，不但没有表示歉意，反而提高车速，冲过10多名学生的阻拦，驾车逃逸。这些学生记下了吉普车的号码"37285"，随即报警。当时在附近值岗的警察过来后并不关心被撞孩子的伤势，而是先上前向驾车的美兵行礼，美兵见此情况愈发嚣张，根本不顾人们的阻拦，扬长而去。学生们无奈，只好雇了一辆人力车，把孩子送到医院去医治。面对这种屈辱的情形，100多位游行的学生气愤不已，不顾饥饿，又结队向市政府请愿。后来，天津市市长为平息众怒，出面答复说："关于老西开美军吉普车撞伤小孩的事件，我已经知道，将来必有一个合理的解决方案。各位有什么意见，可以交给我去办。"然而，肇事的美兵最终也没有受到应有的惩处。

美军的汽车在天津的大街上横冲直撞，天津百姓远远听见汽车声就赶紧躲开，生怕躲得慢了就成为美军的车下冤魂。

三、美军犯下的累累罪行

驻津美军都配备着精良的武器，横行霸道，经常开枪射杀中国的民众与士兵，犯下令人发指的累累血案。

美军在天津四处设立兵营与仓库，对雇来的中国人随意侮辱，甚至枪杀。面对美军的傲慢、冷酷，受雇的工人极为愤慨，并与之进行抗争。美军兵营得知此事后，假意派人到美军仓库进行调查。工人李富有挺身而出，痛斥美军的暴行，从而招致美兵的记恨。不久后的一天，李富有路过美军仓库门口时，负责守卫的美兵便乘机报复。他把军帽向李富有扔去，同时举起手枪向李连射三枪。李中枪后倒在血泊中，很快死去。凶案发生后，天津警察局只派了稽查处的一个科员前往美军赔偿事务所了解此事。然而，美军赔偿事务所拿出驻津美军司令的信函称，美军司令部与警察局了解的案件情况全然相反，拒绝考虑任何惩办凶手和赔偿的要求。警察局对此无可奈何，最终不了了之。

1946年8月4日夜10点半左右，第二区美军兵营发生追捕逃兵而打死中国警察的惨案。当夜，美国海军陆战队的一个士兵携带枪械出逃。美国宪兵随即对其展开追捕，该逃兵负隅顽抗，并开枪射击，惊醒附近尚在睡梦中的居民。约11点40分，该逃兵被美国宪兵抓获。然而，美国宪兵在追捕逃兵时，随意开枪，打中值勤警士，造成这名警士当场死亡。同年，天津农民何万顺在田中劳作时，被美国士兵当作射击目标打死。

1947年2月3日，美兵枪杀码头工人刘宝恩的事件，更是激起全市人民的极大愤慨，他们一致要求国民政府向美军当局提出严重抗议，惩办凶手。然而，由于美军的袒护，肇事的美兵逍遥法外。

侵华日军投降后，美军占领了浙江兴业银行仓库与中国银行仓库，这两个仓库的平台连在一起。1947年7月5日夜，看守浙江兴业银行仓库的美兵企图盗卖中国银行仓库平台上放的两桶军用铁钉。为避免被抓，他威胁并欺骗人力车夫沈立永前往中国银行仓库平台搬运铁钉。沈立永不知这是美兵的诡计，在搬运过程中被中国银行那边守夜的美兵发现，随即遭枪击致死。而那个做贼的美兵却摇身一变，贼喊捉贼，污蔑屈死的沈立永为盗窃铁钉的嫌疑人。天津警察局将这起案件上报至国民党天津市政府，市长虽然也承认该案"显有隐情"，但苦无证据，导致该案不了了之。

驻津美军不仅蔑视中国民众，还公然向八路军战士开枪，制造了"安平事件"。抗战胜利之初，平津公路沿线的通州至武清段已是解放区。由于中国共产党、中国国民党与美军三方组建的"军事调处执行部"设在北平，中国共产党同意美军车队从此处通行，但必须出示美国国旗。然而，肆意妄为的美军并不遵守约定。1946年7月29日上午11时，美国海军陆战队十一团战斗巡逻队乘坐20多辆吉普车和卡车行驶至安平解放区（香河县）的安平镇时，并未出示美国国旗，巡逻的八路军哨兵示意美军停车接受检查。车上的美兵拒不配合，公然开枪射击八路军哨兵。中共地方部队闻讯赶来，与之展开激战。战斗持续约4个小时，双方共计死伤数十人。这就是史书上所说的"安平事件"或"安平镇事件"。

1947年6月中旬，驻津美军已开始分批撤回美国。但这些美军在撤离前夕仍旧飞扬跋扈，毫不收敛，犯下杀害中国民众的累累血案。

6月14日早晨，在河东大王庄七经路美军兵营门前，美兵发现了4名少年在徘徊，随即连续开枪射击，导致其中1人死亡。这名被射杀的少年名为侯老黑，14岁，住在河东凤林村十字胡同二十八号。此前，驻津美军司令何华德曾表示，即使在美军仓库遇有偷窃情况时，也不准美兵鸣枪恫吓。然而，这一规定只是在做"表面文章"，美兵根本不在乎这一规定，仍旧任意开枪杀害当地民众。

8月初，驻天津第十区的美兵麦根尼与小贩唐宝勋预先约定，以15美金的价格卖给唐宝勋一箱军用皮靴。但在交货时，麦根尼拿出的是一箱军帽，而非皮靴，二人遂为交易价格起了争执。在唐宝勋走出百步后，麦根尼竟向唐连开两枪，将其射杀。

8月8日晚9时许，当两名中国人路过美军驻天津第六区台儿庄路的营门口时，美兵不问情由，随即向他们连开三枪。结果这两名中国人，一人伤重身死，另一人伤重不能言语。后经查证，被射杀的中国人为某公司的工役刘某。他于该日下午6时到城区办事，9时左右欲到美兵营附近的渡口等候渡船，不幸竟遭枪击丧命。

驻津美军制造的一桩桩血案，让每一个有民族自尊心的中国人痛苦地感到，尽管抗战胜利了，但外国人在中国领土上肆意侮辱、杀害中国人的日子并没有过去。

1947年美军于天津塘沽港口撤离

　　1947年8月底，绝大部分驻津美军撤离天津。自此，天津终于结束了近代以来遭受西方列强侵凌的屈辱历史，天津才真正成为我们中国人的天津，天津人民才真正站了起来。

结　语

近代百年，天津历经战火与硝烟。这期间，天津发生的每一次中外战争都给当地民众带来了深重的劫难。这期间，随着西方侵略者在天津的力量持续增加，民众的日常生活变得越发艰难，他们既无生活保障，也丧失人格尊严。

晚清时期，天津被迫卷入西方资本主义的扩张浪潮，遭遇前所未有的冲击与摧残。16世纪以来，西方侵略者为掠夺资源，以武力为后盾，肆意在全球进行扩张，建立殖民地与半殖民地。1840年，第一次鸦片战争爆发，英军入侵天津大沽口，进而威胁北京，而天津由此被推到西方列强侵华的第一线。第二次鸦片战争结束后，天津被开辟为通商口岸。在战争中，大量普通百姓遭受侵略军的劫掠与杀戮。庚子国变后，西方列强在天津成立都统衙门，直接对天津进行殖民统治。

清政府腐朽无能，与西方列强签订了一系列丧权辱国的不平等条约，使中国开始沦为半殖民地半封建社会。而这些不平等条约的最大受害者，是生活在社会底层的普通民众，尤其是包括天津在内的通商口岸的民众。

1902年，天津因拥有"九国租界"而成为当时中国租界最多的城市。西方列强在天津设立租界，虽然引入电灯、电车、自来水、新式建筑等西方文明成果，但这些都是为生活在租界中的西方人服务的。这些租界如同中国的"国中之国"，完全不受中国政府管辖。在领事裁判权的庇护下，外国人在天津恣意妄为，横行无忌，残害众多天津民众。西方宗教力量在天津设立医院、学校和育婴堂，客观上对天津民众生活有一些帮助，但他们掠夺民众的土地，从文化上奴化中国人民，并纵容传教士、教民欺辱民众，造成严重的社会冲突与流血事件。天津的诸多西方人怀着一种所谓"文明"的优越感，俯视中国民众；在不受监督、约束和惩罚的特权庇护下，放纵人性的"幽暗意识"，对中国民众实施了野蛮的剥削与压迫。他们根本无意造福天津百姓，而是极力维系和扩大西方列强的在华利益，对天津实行残酷的殖民统治，视华人为草芥，肆意杀戮。

辛亥革命后，由于国力虚弱，民国政府难以与西方列强抗衡，天津民众依旧生活在外国侵略者的奴役之下。尤其从1937年8月至1945年8月，侵华日军在天津进行惨绝人寰的军国主义统治。在其刺刀之下，天津民众长期处在饥饿、屈辱与死亡的恐惧之中，朝不保夕，度日如年。抗战胜利后，美军驻扎天津两年，当地民众因其肆意妄为而遭受诸多伤害。

可以说，近代百年天津的历史就是一部当地民众遭受西方列强侵凌的屈辱史与苦难史。

那些近代天津民众因外敌入侵而遭受的屈辱与苦难，通过一个个具体而鲜活的个体、一幅幅真实而残酷的历史场景展现在我们眼前。

那些被侵略者杀害的天津民众有第二次鸦片战争时期被法军枪杀的农民赵老汉及其二子，庚子国变中被都统衙门杀害的义和团成员李荣起、赵莲舟、李洪太等，清末被日本洋行职员谋杀的平民张璞斋，北洋时期遭罗马尼亚人枪杀的消防队员蓝佩铭，抗战时期被特务暗杀的教育家赵天麟、遭到日军残酷用刑的教师姚士馨，解放战争时期被美军汽车撞死的贫民少女郭大荣……

那些被洋商打压的华商与被抢夺的企业有清末受德商乾泰洋行欺骗的华商王筱安、梁德顺、叶恩庆，遭上海德商谦信洋行诬告的华商松盛大麦酒厂，被日商侵吞的华商企业裕元纱厂、裕大纱厂、宝成纱厂……

那些被破坏的天津建筑有被侵略者强行拆除的天津

城墙与大沽口炮台、被法国与日本先后强占的海光寺、遭日军狂轰滥炸的南开大学、被列国租界当局强征的平民房屋……

近代天津民众遭遇外敌侵凌的一幕幕往事、一段段历史，满是血泪与沧桑。

国破，山河在？！民生多凄凉。海河的怒涛，控诉着列强对天津民众的残杀；大沽口的悲风，抗议着西方军舰冲撞华人商船的横行。近代天津民众的屈辱，是近代中华民族屈辱的一个缩影。

前事不忘，后事之师。对于近代中国而言，没有民族独立，没有国家富强，就没有普通民众的生命安全与人格尊严。面对西方列强的殖民统治，天津民众奋起抗争，为近代中华民族复兴写下慷慨悲歌的一页。

历史在这里沉思……

参考文献

宝复礼，2015. 八国联军侵华战争回忆录［M］. 北京：
东方出版社.

北京市政协文史资料研究委员会，天津市政协文史资料
研究委员会，1990. 京津蒙难记——八国联军侵华纪
实［M］. 北京：中国文史出版社.

毕耶尔·洛谛，2009. 一个法国特使1900年的北京目
击——撕裂北京的那一年［M］. 北京：九州出版社.

布莱恩·鲍尔，2007. 租界生活——一个英国人在天津的
童年（1918—1936）［M］. 天津：天津人民出版社.

戴逸，1997. 中国近代史通鉴（1840—1949）［M］. 北
京：红旗出版社.

付燕鸿，2013. 窝棚中的生命：近代天津城市贫民阶层
研究（1860—1937）［M］. 太原：山西人民出版社.

高晞，2009. 德贞传：一个英国传教士与晚清医学近代
化［M］. 上海：复旦大学出版社.

郭登浩，周俊旗，2016. 日本占领天津时期罪行实录［M］. 北京：社会科学文献出版社.

黄沛骊，何一民，2020. 中国城市通史［M］. 成都：四川大学出版社.

来新夏，1987. 天津近代史［M］. 天津：南开大学出版社.

雷穆森，2009. 天津租界史（插图本）［M］. 天津：天津人民出版社.

梁初鸿，郑民，1988. 华侨华人史研究集（二）［C］. 北京：海洋出版社.

刘海岩，等，2004. 八国联军占领实录：天津临时政府会议纪要［C］. 天津：天津社会科学院出版社.

刘海岩，2018. 近代外国人记述的天津［M］. 天津：天津人民出版社.

罗澍伟，1993. 近代天津城市史［M］. 北京：中国社会科学出版社.

马士，1963. 中华帝国对外关系史（第二卷）［M］. 北京：商务印书馆.

南无哀，2016. 东方照相记：近代以来西方重要摄影家在中国［M］. 北京：生活·读书·新知三联书店.

皮埃尔·辛加拉维鲁，2021. 万国天津：全球化历史的另类视角［M］. 北京：商务印书馆.

齐红深，2015. 日本侵华图志（第22卷）［M］. 济南：

山东画报出版社.

齐思和，1954. 鸦片战争［G］.上海：神州国光社.

齐思和，1978. 第二次鸦片战争（第一册）［G］.上海：上海人民出版社.

乔富源，罗振亚，2017. 天津百年新诗［M］.天津：天津人民出版社.

尚克强，2008. 九国租界与近代天津［M］.天津：天津教育出版社.

孙德常，周祖常，1990. 天津近代经济史［M］.天津：天津社会科学院出版社.

万鲁建，2015. 津沽漫记：日本人笔下的天津［M］.天津：天津古籍出版社.

王凯捷，2005. 天津抗战［M］.天津：天津人民出版社.

王绳祖，1983. 国际关系史资料选编（上册　第一分册）［G］.武汉：武汉大学出版社.

许绵永，1983. 中国通史教学参考资料选录（近代史部分）［G］.武汉：湖北省教育学院教材科.

杨大辛，2015. 津门古今杂谭［M］.天津：天津人民出版社.

张树明，1998. 天津土地开发历史图说［M］.天津：天津人民出版社.

中共天津市委党史研究室，2015. 天津人民抗日斗争图鉴［M］.天津：天津人民出版社.

中共天津市委党史研究室，2015.中国抗日战争全景录·天津卷［M］.天津：天津人民出版社.

中国人民政治协商会议天津市委员会文史资料研究委员会，1979.天津文史资料选辑（第三辑）［G］.天津：天津人民出版社.

中国人民政治协商会议天津市委员会文史资料研究委员会，1992.沦陷时期的天津［M］.天津：天津人民出版社.

周俊旗，2002.民国天津社会生活史［M］.天津：天津社会科学院出版社.

周利成，王勇则，2007.外国人在旧天津［M］.天津：天津人民出版社.

朱国成，2010.阅读大运河——杨柳青故事［M］.天津：新蕾出版社.

后 记

2022年5月，在老同学谭景玉的介绍下，我和泰山出版社结缘。当时泰山出版社正在酝酿"国破山河在？！——中华民族近代屈辱史"丛书的选题，希望从普通民众社会生活的层面揭示近代西方列强带给中华民族的屈辱与苦难。出版社的编辑王艳艳老师在电话中向我细致介绍了这一选题的缘起、主旨与基本写作方案。出于研究近代中国社会史的职业敏感，我觉得这套丛书既有独特的叙事特色与文化意义，又有明显的现实关怀与时代责任感。对于丛书作者而言，这是将书斋学问转化为通俗历史读本的一次有益尝试，也是将历史研究付诸"经世致用"的一次难得机遇。

近代中国的百年屈辱史是一个沉重的历史话题。从鸦片战争的割地赔款到侵华日军的殖民统治，这些历史事件无不通过历史课本、纪念活动、展览场馆等多元方式，转化为中华民族的历史记忆。新中国成立以来，这种历史记忆对于塑造每一位中国公民的民族认同感与国家归属感，都具有不可忽视的意义。在全球化背景下文明冲突与野蛮行径依旧并存的今天，如何巩固和传承这种历史记忆，是一个需要深入思考的问题。回望过去的历史研究，相关的政治史叙事已蔚为大观，而对应的社会史叙事还有很大的可拓展空间。将政治史与社会史相结合，从社会生活的角度呈现近代中华民族的屈辱，无疑是新时代提出的深化历史研究与普及历史知识的新要求。"国破山河在？！——中华民族近代屈辱史"丛书正是这样一套恰逢其时的大众历史读本。这里的"山河"，既是有形的激扬家国情怀的地上"山河"，也是无形的承载历史记忆的纸上"山河"。

经与出版社协商，我承担这套丛书《天津卷》的写作。天津是华北一座具有重要战略地位的港口城市。十余年来，我数次前往天津，或参观名胜古迹，或进行田野调查，或参加学术交流活动，每次都有不一样的收获。漫步"五大道"街区，一边欣赏那充满异域风情的建筑群，一边忍不住沉思它的前身——英租界。走进天津博物馆，参观"中华百年看天津"的专题展览，深刻感受近代天津人在屈辱中抗争的风雨历程。这不禁使我想起年少时看过的一部反映天津抗战的电视剧《血溅津门》，耳边回响着它的主题曲："海河掀巨浪，怒火燃胸膛。津门好儿女，驰骋在疆场上……"也许我与天津有一种特殊的缘分，总觉得应该多写一些这座城市的近代历史，但真到了写作的时候，才深感落笔不易。若只是参考学界既有的相关研究成果，通过"剪刀+浆糊"的方式做个"拼盘"式的读物，这条路是行不通的。实际上，要走进近代天津的社会生活，需要大量查阅原始资料，补充相关学术背景知识，去粗取精，去伪存真。在此基础上，从一点一滴的具体生活"细节"中发现西方侵略者的"幽暗意识"，揭示屈辱时代中普通人物的多舛命运，进而呈现近代天津的城市心灵。

在本书写作与修改过程中，泰山出版社的胡社长给予充分支持。编辑王艳艳老师精心编校，订正书中一些史实错误与不确切的文字表述。天津社会科学院的任云兰研究员给予诸多宝贵的修改意见。书中所用图片，有一部分来自中国社会科学院图书馆的"中国近代影像资料库"；有一部分来自互联网，其版权一时难以查知。如有相关问题，敬请致函电子邮箱junling12345@163.com。天津博物馆的杨兴隆博士在图片查找方面给予了重要帮助。在此，向前述诸位老师和朋友表示衷心感谢！

这套丛书的写作是一个团队工程。我曾和这套丛书其他各卷作者多次进行交流，大家都希望丛书的历史叙事应当少一些"书斋气"，多一些"烟火气"；既要有扎实的学术依据，又要有朴实的语言风格。我努力按照这个准则去写，期待写出有品、有料的大众历史读本。

过去是"大家写小书"，现在则是青年学者写小书。由于本人才疏学浅，书中难免舛误，祈请方家指正。

李俊领

2024年9月写于北京

认知觉醒

〔英〕保罗·斯隆（Paul Sloane）◎著　　庄乾花 代千千◎译

HOW
TO BE A
BRILLIANT
THINKER

❤ 中国友谊出版公司

图书在版编目（CIP）数据

认知觉醒 /（英）保罗·斯隆著；庄乾花，代千千译. —— 北京：中国友谊出版公司，2023.10

ISBN 978-7-5057-5690-8

Ⅰ.①认… Ⅱ.①保… ②庄… ③代… Ⅲ.①思维方法－通俗读物 Ⅳ.① B804-49

中国国家版本馆 CIP 数据核字 (2023) 第 131292 号

著作权合同登记号　图字：01-2023-3147

书名	认知觉醒
作者	[英] 保罗·斯隆
译者	庄乾花　代千千
出版	中国友谊出版公司
发行	中国友谊出版公司
经销	新华书店
印刷	河北鹏润印刷有限公司
规格	880×1230 毫米　32 开
	7 印张　138 千字
版次	2023 年 10 月第 1 版
印次	2023 年 10 月第 1 次印刷
书号	ISBN 978-7-5057-5690-8
定价	48.00 元
地址	北京市朝阳区西坝河南里 17 号楼
邮编	100028
电话	(010) 64678009

本书献给安（Ann）、杰基（Jackie）、瓦尔（Val）、汉娜（Hannah）和所有努力变得优秀的人们。

前　言

　　我一生中最幸运的时刻之一是在一次晚宴上，我发现自己坐在保罗·斯隆（Paul Sloane）的身旁。这纯属机缘巧合，如果我当时再往左或往右移动一个座位，我们可能就永远不会相识。我们在交谈的过程中发现彼此都对人类的思维模式感兴趣，尤其是横向思维。一项持续多年的合作由此拉开了序幕，此后我们合作出版了十几本涉及横向思维谜题的书籍。我从保罗身上学到了很多关于如何去思考的知识，或许他也从我身上学到了一些吧。我们的故事正应了那句话：两人智慧胜一人。

　　人类作为一个物种，能战胜种种困难而得以绵延生息的重要原因之一就是我们拥有聪慧的头脑。它让我们学会思考，让我们了解自然、元素、环境、疾病、能源、食物链，以及其他许多威胁或促进我们生命延续的因素。当然，我们要理解和探索的事物还有很多。相较于过去人类发展的任何一个阶段，我们现在身处对自己更有利的高度，因为我们开始思考人类的思维模式，这将

加深我们理解的深度，拓宽我们探索的广度。

在本书中，保罗·斯隆贡献了全面、详尽的思考艺术指南。创作关于此类话题的书籍的人并不少，但他们的作品都有各自的不足之处。保罗并没有步他们的后尘，他有自己的独到之处。一方面，书中的理论依据合情合理；另一方面，或许也是更重要的一个方面，书中提供的建议非常实用，而且事例都源于现实生活，生动有趣。这些事例的主角有伟大的思想家，也有平民百姓，他们脑洞大开，思考的过程新颖独到，激动人心，由此开辟了他们自己的一片天地。我确信，读过这本书的你，通过对书中内容的学习，一定会成为更敏锐、更出色的思考者。

我在科克大学（University College Cork）讲授一门关于逻辑的课程，这是数学专业的学生获取学位必修的一门课程。我们在课堂中不可避免地会讨论社会中普遍存在的一些问题及其解决途径。目前，世界上还有许多重大问题困扰着我们，迫切需要得到解决——全球变暖、贫困人口、粮食供应、毒品危害、和平维护等（这个可以作为练习：列出你认为的世界正在面临的重大问题）。我们迫切需要创新性的方案来解决这些问题，需要新颖、独特的思维模式——科学分析的、横向发散的、幽默风趣的等等。这些模式在本书中都会给予描述。年轻人拥有创新思维当然至关重要，但老一代人思维模式的转变也不应被忽视。我们目前的思维模式在很多时候确实有些过时，这正如失业者需要进行再培训和获得新技能一样，我们也需要重新训练我们的思维。

告诉你一个小秘密——如果你付诸实践,把你现有的技能作为终身学习策略的一部分并对其加以扩展,你也可以成为一名优秀的思考者。拓展思维能力非常有趣,这不比你变换穿衣风格获得的乐趣少。抓紧训练,享受其中的乐趣吧!

德斯·马克海尔(Des MacHale)

科克大学数学副教授

目 录
CONTENTS

第1章　转换思维：装备趋同思维与发散思维的"双重武器"　/ 001

第2章　逆向思维：开辟新道路，令固有观念实现"惊天反转"　/ 007

第3章　正视假设：勇敢施展才能，挑战"完美假设"　/ 013

第4章　分析问题：三思而后行，看透问题错综复杂的原因　/ 019

第5章　提出问题：了解世界的有效途径，获取真知灼见的最佳方式 / 027

第6章　组合思维：用"合二为一"的方式碰撞出创意的火花　/ 033

第7章　平行思维：利用"六顶思考帽"突破思维局限性　/ 039

第8章　创造思维：激发创造力，遨游想象之海　/ 045

第9章　横向思维：探索多种可能性，打破规则"天花板"　/ 051

第10章　全新视角：见他人之所见，想他人所未想　/ 057

第11章　想法评估：甄选可实施方案，让想法永不枯竭　/ 061

第 12 章　做出选择：摆脱犹疑不决，做出理性决定　　　　/ 067

第 13 章　语言思维：清晰表达力是激发灵感的有效工具　　/ 077

第 14 章　数学思维：避开直觉陷阱，获取准确答案　　　　/ 085

第 15 章　掌握概率：以更理性的方式了解、评估风险　　　/ 093

第 16 章　视觉思维：思维可视化，复杂想法也能一目了然　/ 099

第 17 章　提高情商：了解、管理情绪，搭建"心灵之桥"　/ 107

第 18 章　交谈技巧：人人都能成为出色的聊天高手　　　　/ 113

第 19 章　赢得辩论：用说服他人的妙招提高你的想法的价值　/ 119

第 20 章　静心沉思：放缓节奏，养精蓄锐，集中精力　　　/ 127

第 21 章　强化记忆：寻找开启思维之门的钥匙　　　　　　/ 133

第 22 章　吸取教训：失败是比成功更好的老师　　　　　　/ 147

第 23 章　会讲故事：故事比事实更能深入人心　　　　　　/ 153

第 24 章　幽默思维：用一句有趣的笑话感染整个世界　　　　/ 159

第 25 章　积极思维：心态决定一切，探索幸福、长寿的秘诀　/ 163

第 26 章　设定目标：记录目标，分解目标，实现目标　　　　/ 169

第 27 章　优先排序：真正成功的勇士，具有激光般的专注力　/ 173

第 28 章　付诸行动：识别拖延症的危险圈套，化思想为行动　/ 179

第 29 章　思维错误：对认知过程进行"健康检查"，治愈"思维病症"/ 187

第 30 章　锻炼大脑：打磨思想、观点、记忆的基石　　　　　/ 195

第 31 章　游戏推荐：锻炼思维和判断力的消遣方式　　　　　/ 203

第 32 章　总结：优秀思考者的"50 问清单"　　　　　　　　/ 207

附录　参考答案　　　　　　　　　　　　　　　　　　　　/ 211

第**1**章

转换思维：
装备趋同思维与发散思维的"双重武器"

习惯影响着我们的生活。每天，我们穿上风格千篇一律的衣服，早餐也没有过多的花样。我们坐着同一辆车，沿着日日经过的路途去上学或工作。到达目的地后，我们按部就班地开始新的一天。大多数时候，我们的思维模式一成不变——善于分析、喜欢趋同、长于判断的左脑思维。这就是我们思维的正常运作模式，我们把自己禁锢其中，难以想象它给我们带来了多么严重的阻碍。实际上，生活中还有很多其他的思维模式和表达思想的途径。

我们用语言表达思想。我们在日常生活中进行表述、写作，写备忘录、发电邮和作报告，所有的一切似乎都是自然而然发生的，我们很少停下来去想是否有更好的解决问题的方法。比如数学家会用方程来表达自己的想法，艺术家用图画、作曲家用音乐、建筑师用图纸、工程师用模型、电影导演用移动的图像来表达各自的想法，演说家善于雄辩与讲故事。这么多种表达方式，为什么我们却鲜少应用呢？

我们会在本书中探讨不同类型的思维模式，以及一些应对智力挑战的方法。我们从趋同思维和发散思维开始探索。趋同思维是我们正常的思维状态。当我们听到一个提议时，就会本能地去审视它、评判它，分析其结果，并特别注意可能出现的问题。我们在学校里接受的训练都是对作家、历史学家和科学家的作品或成果进行总结、分析和评价，很容易也很自然地从不同的角度对一个概念进行批判性的审视。我们按照自己的假设和思维定式，在已知的世界框架中融入新的观点。

而发散思维是针对核心议题，从不同的方向向外发散思考。当我们处于发散思维的状态中，就会产生各种各样的想法，而这些想法与我们起初的提议或设想并没有明显的联系。我们拓展思维的边界，任想象力驰骋，以产生各种不同的可能性，甚至是天马行空的或荒谬可笑的想法。趋同思维则与之相对立，它促使我们将注意力集中在一个目标上，缩小范围，以获得既定的解决办法。

此外，我们还有一种令人苦恼的倾向：我们只愿意看到和收集支持我们现有观念的证据，却拒绝或忽视与之相冲突的证据。伦敦大学（University of London）的彼得·沃森（Peter Wason）做了一项著名的心理学实验，实验结果足以证明这一点。他给本科生展示了一个由 2、4、6 这 3 个数字构成的序列，并且告诉学生这些数字的排列方式符合他设定好的规律。学生的任务就是通过列举 3 个数字的各种组合来推断这个规律是什么。学生每尝试

一次，沃森都会告诉学生他们的选择是否符合规律。他们可以进行多次尝试，然后去猜测这个规律。学生在一开始几乎都会尝试一组类似的数字，比如6、8、10。如果沃森告诉他们这符合规律，那么学生总结的规律就是后一个数字必须在前一个数字的基础上加上2。如果沃森说这是错的，那么学生会尝试另一组数字，比如3、6、9。沃森会再次告诉他们，这符合规律。学生就会说规律是1x、2x、3x。然而，这仍然不对，猜测就这样继续进行下去。学生们总是热衷于寻找等差或等比这种有固定模式的规律，他们尝试的那些数字序列总是符合他们头脑中固有的规律。事实上，沃森设定的规律是3个数字只要符合数值递增就可以——因此，3、29、311符合规律，而978、979、67834也符合规律。如果再找些人一起做这个练习，你会发现，他们几乎都能很快找到自己设想的规律，然后按照这个规律来检验他们列举的3个数字。他们的答案没有错，却不能找到真正的规律。对于参与者来说，他们在验证规律时总是避免那些不符合固有观念的数字序列，比如10、10、10。

这种心态反映的是我们的世界观。我们有一套自己的观念和假设，在日常生活中，我们总是寻找证据来巩固这种程式化的观念。比如，我们相信松鼠都是灰色的，那么每当看到一只灰色的松鼠，我们就会更加坚定这种观念。可是，再发现一只灰松鼠来验证这种规律又能怎样？我们应该关注的是自己能否发现一只其他颜色的松鼠，因为这也许会推翻我们固有的观念，

推动人类知识的进步。人们首次在澳大利亚发现黑天鹅的事件一经报道，欧洲人根本不相信——这个发现违背了传统的世界观，所以一度被认为是谣传。

优秀的思考者意识到人们拥有不同的世界观，而且每一种世界观都不是完美无缺的。我们现有的思维模式束缚着我们的世界观，但是我们必须承认，它只是众多世界观中的一种；或许它是个不错的体系，但也是片面的，它的信息是需要更新的。艾萨克·牛顿（Isaac Newton）提出的万有引力定律和三大运动定律刷新了人们的世界观。这些定律曾经堪称完美，几个世纪过去了，它们一直指引着科学的发展，直到阿尔伯特·爱因斯坦（Albert Einstein）创立了广义相对论，对万有引力定律进行了补充和全新的诠释。新的理论在发展，爱因斯坦的宇宙观也在不断地得到检验和修正。

爱因斯坦说过："想象力比知识更重要。"发散思维可以调动我们的想象力，指引我们去探索各种创新的可能性。趋同思维则驱使我们运用知识储备去验证各种观念，并确保这些观念适用于特定的范围。很不幸，如果某些观点与我们现有的知识和观念体系相背离，就会自然而然地被我们摒弃。

发散思维允许我们从各种角度进行思考，包括那些新奇的、守旧的、荒谬的以及古怪的角度。这是一项基本技能，对很多人来说并不需要刻意进行训练。我们有时需要趋同思维的精确性，有时又嫌弃它过于束缚我们。发散思维和趋同思维其实是头脑风

暴的两个阶段，两者互为补充，凸显了即使是两种对立的方式也是可以相互协调、相互增益的。比如一个团队要解决一个难题，他们首先采用发散思维模式，由此产生五花八门的想法，而这些想法当中有些是可笑的、不可行的，但它们功不可没，因为它们进一步激发人们去思考。当所有的想法都被罗列、整理出来，主持头脑风暴的负责人将鼓励组员使用趋同思维，对这些想法加以评估，评选出最佳方案。这里面的关键是两种思维模式必须独立运用于不同的阶段，不能混淆。如果一开始就将趋同思维与发散思维混合在一起运用，每提出一种想法，就立刻进行评估和批判，那么创意的源泉或许就此干涸。

循规蹈矩的思考者通常将自己拘泥于趋同思维模式中，而优秀的思考者却可以将两种思维模式自由转换。有时我们确实需要进行分析、计算、评估和判断，但如果过多地依赖这种方法，我们的思维就会被限制、束缚甚至损害。要想成为出色的思考者，就要考虑多种可能性，从不同的角度来看待问题，从多个方向去击中问题的要害（也就是从侧面看问题）。我们需要发散思维，也需要趋同思维。1953 年，弗朗西斯·克里克（Francis Crick）和詹姆斯·沃森（James Watson）在剑桥大学（University of Cambridge）共同研究发现了 DNA 的结构。他们先运用发散思维来思考 DNA 结构模型和排列的各种可能，再运用趋同思维将范围缩小，直到得出唯一正确的答案——双螺旋结构。作曲家在创作一首原创音乐时，会运用发散思维来构思新颖的旋律和音乐

表达方式。然而，不论是有意还是无意，在谱写乐曲的阶段，他们都会运用趋同思维，这样才能写出和谐、悦耳的曲子。

趋同思维是实用的思考武器，不过它不应该成为我们思考工具箱中的唯一武器。充分利用想象力和发散思维，我们才会变得更具创造性，才能加倍提高思考的有效性。

第2章

逆向思维：
开辟新道路，令固有观念实现"惊天反转"

1992 年，蕾切尔·尼克尔（Rachel Nickell）在伦敦温布尔登公地（Wimbledon Common）惨遭杀害。警方请来一位专家为凶手画犯罪心理学画像，并据此锁定了一名嫌疑人——科林·斯塔格（Colin Stagg）。案发当天他在温布尔登公地遛过狗，并且比较符合犯罪特征。警方并没有发现斯塔格犯罪的确凿证据，却依然认定他就是凶手，还别出心裁地导演了一出"美人计"引诱他认罪。尽管这招并没有奏效，但警方还是将其送上法庭，不过最终法官将此案驳回。直到 2008 年，罗伯特·纳珀（Robert Knapper）才最终被认定为杀害尼克尔的真凶。纳珀在 1992 年曾接受过审讯，却阴差阳错地被排除在外。斯塔格在被关押 13 个月后得以释放。警方公开向斯塔格道歉，并赔偿他 70.6 万英镑。很显然，一旦警方认定斯塔格有罪，他们就无视反面的证据，而是加倍努力对他进行立案调查。

人类智慧的显著缺陷之一就是我们执着于现有的观念，而忽视那些与之相反的证据。上文我们提到了彼得·沃森的著名试验。他组织不同的参与者反复进行了数百次实验，证实人们列举的数列只会符合他们固有观念中的规律。很少有人会采取更明智的方法，打破固有规律去检验一个理论。在人们提出一个假设后，他们会寻找证据去证实它，而不是推翻它。

接下来举一个略微复杂的例子。在你面前摆着4张卡片，每张卡片的正面是数字，背面是字母。你所看到的4张卡片如下：

E　4　3　J

你需要尽可能少地翻开卡片来验证以下规律是否正确：任何背面是元音的卡片，正面都是奇数。那你应该翻开哪几张卡片呢？先想一想：你打算获取什么样的信息？翻开哪几张卡片会对你有所帮助？

大多数人都会翻开"E"和"3"，他们的推理如下：如果"E"的正面是奇数，"3"的背面是元音，那么这两张卡片都可以证实这个规律。这固然不假，但仅仅用两个符合规律的例子并不能证明它。

假设我们行驶在高速公路上，我说："开跑车的人总是超速。"接下来我们看到两辆跑车都明显超速了，这能证明我的说法就是普遍真理吗？当然不能。无论我们看到多少辆超速的跑车，想推

翻这个规律只需看到一辆不慌不忙地慢慢行驶的跑车即可。卡片游戏也是这个道理。

翻开带有"E"的卡片有用，因为它可以反证规律。如果它的正面是偶数，就证明规律无效。"J"毫无用处，因为不论它的正面是什么，都与规律毫不相关。"3"更有意思，如果它的背面是元音，就能证实这个规律，却不能反证这个规律。因为如果它的背面是辅音，那它就不符合规律，也不能给我们提供新的证据。因此，正确答案是翻开"E"（基于上述原因）和"4"。如果"4"的背面是元音，那么这个规律就不成立了。

因此，我们要记住重要的一点：例子再多都无法证实一个规律，因为推翻它只需要一个反例。重申一个著名的例子，请大家再思考一下"天鹅都是白色的"这一结论。如果你住在北半球，那么你可以用一生的时间来收集数以千计的实例来支持这一结论，但只要你去澳大利亚旅行，哪怕只看到一只黑天鹅，便可以推翻它。

当年美国人侵越南的时候，林登·约翰逊（Lyndon Johnson）总统的国家安全顾问麦乔治·邦迪（McGeorge Bundy）曾被问及一个问题："如果越南北方在南方扩充兵力怎么办？"邦迪回答："我们没有你那么悲观。"在被追问时他又说："我们认为这种情况根本不会发生。"提问者接着又问："假设它真的会发生呢？"邦迪拒绝继续回答，并以"我们对不相信的事情不作假设"结束了对话。如果邦迪及相关人员对他们不相信的事情加以思考，那

么美国可能就免于卷进那场糟糕的噩梦之中。[①]

在商业活动、日常社交以及处理各行各业事务的过程中，人们常常通过假设来处理各种状况。我们总是不断地寻找貌似合理的解释，一旦找到一个，我们往往会拼命地抓住它，寻找例子来印证它，却不曾考虑反面的例子。优秀的思考者认为，以假设作为我们处理事情的依据是行之有效的，不过只要再出现一个更合理的假设，先前的假设就是站不住脚的。几个世纪以来，牛顿运动定律一直是完美的理论模板，直到后来爱因斯坦提出了更为完整的宇宙观。同样，爱因斯坦的理论也是目前最优秀的理论模板，不过或许还有新的科学家能发现其中的瑕疵，并提出更完美的理论。

弗朗西斯·培根（Francis Bacon）说过："人一旦形成某种世界观，就会想方设法地维护它、认同它。哪怕有更多、更重要的反例，也会被忽略或轻视，或是因区别对待而被搁置或排除。"

关于人们为什么十分抗拒改变自己的观念，斯图尔特·萨瑟兰（Stuart Sutherland）给出了 5 点原因：[②]

---

① 查尔斯·麦科伊（Charles McCoy），2002，《为什么我想不到？》（*Why Didn't I Think of That?*）。新泽西州：普林蒂斯霍尔（Prentice Hall）出版公司。

② 斯图尔特·萨瑟兰，2007，《非理性》（*Irrationality*）。伦敦：品特和马丁（Pinter & Martin）出版社。

1. 人们总是回避那些与自己观念相悖的证据；

2. 人们往往拒不相信此类证据；

3. 固有的观念使人们曲解新证据，使之仍然符合自己的观念；

4. 人们选择性地记住符合自己观念的事物；

5. 人们想保护自己的自尊心。

面对与自己观念相悖的证据时，我们该如何逆向思考？很简单，我们先把自己固有的观念放在一边，然后扪心自问："如果……？"如果我们所作的每个假设都是错的呢？如果我们信以为真的观点都是假的呢？如果与我们观念相悖的证据都是真的呢？优秀的思考者不满足于确定性，他们乐于思考，乐于探索种种可能，并因结果的不确定性感到愉快。

第**3**章

正视假设：
勇敢施展才能，挑战"完美假设"

　　无论我们身处哪个行业、面临什么样的问题，我们总会做出种种假设。我们总认为假设阻碍着我们，让我们难以施展才能，难以找到新颖的方案去解决问题。优秀的思考者不会忽视假设的存在，而是能够愉快地面对它们。

　　有这样一个关于梭子鱼的实验。北方梭子鱼是一种大型肉食性淡水鱼。一条梭子鱼被放进一个水族箱里，一块玻璃隔板将水族箱内部空间一分为二。玻璃隔板的一侧是梭子鱼，另一侧有许多小鱼。梭子鱼多次试图吃掉这些小鱼，但每次都撞在玻璃隔板上。后来隔板被实验者拿走了，梭子鱼仍然不去攻击这些小鱼，因为它认为这是徒劳且痛苦的，所以它放弃了尝试。我们也经常会患上这种"梭子鱼综合征"，之前的经历会使我们对类似却不同的情况做出错误的假设。

　　看看图 3.1。研究一下，然后回答这个问题：面对房主的抱怨，建筑工人会做出什么样的回应？

"你帮我们建的房子漏水了。你什么时候给我们修一修？"

建筑工人该怎么回答？

图 3.1 房主与建筑工人

　　我们看待事物的方式往往受到假设的限制。在中世纪，天文学被定义为"研究天体如何围绕地球运动的学科"，其隐含的意思就是地球位于太阳系的中心。1510 年，一位杰出的波兰天文学家尼古拉·哥白尼（Nicolai Copernicus）提出了"太阳是太阳系的中心，所有行星都围绕太阳运动"的观点。虽然他所解释的行

星运动的方式言之有理，但与当时的传统观点完全相悖。

原子最初被定义为"不可分割的最小物质单位"，人们设想原子不可再分。这种观点一度阻碍了科学的发展，直到 1887 年，约瑟夫·约翰·汤姆森（J. J. Thomson）最终发现了亚原子粒子——电子的存在。

20 世纪 30 年代，英国和法国的军事指挥高层认为，无论哪国与德国重新开战，都将面临和第一次世界大战类似的情况，双方会进入相持阶段，因此他们主张防御战。法国人在法德边界构筑了一条巨大的防线，工程浩大，固若金汤，被称为"马奇诺防线"（Maginot Line）。可是事与愿违，1940 年 5 月，德国对法国发动进攻的时候，并没有选择正面交锋。他们派出行动迅速的装甲师和伞兵部队，横扫了持中立态度的荷兰和比利时，绕过了马奇诺防线迂回进攻。英法两国被耍得团团转，法国在仅仅 5 周内便沦陷了。我们一次又一次地从军事历史中看到，面对新的战争，依然用过去的思维作种种假设是十分危险的。

在生意场上，我们也会做各种各样的假设。例如，你可能会听到有人说：

- "竞争决定了我们行业的价格水平。"
- "我们必须不断提高产品质量和服务水平。"
- "我们最大的客户就是我们最重要的客户。"
- "我们应该聘用与团队合得来的人。"

这些观念都需要我们重新思量。

一个行业往往需要一个新人来打破现有的传统观念。例如：

- 亨利·福特（Henry Ford）质疑"汽车是为富人手工打造的昂贵马车"这一假设。
- 安妮塔·罗迪克（Anita Roddick）质疑"化妆品必须装在昂贵的瓶子里"这一假设。她的零售连锁店美体小铺（The Body Shop）所售的产品竟是用塑料容器盛装的。
- 宜家（IKEA）违背传统的假设，允许顾客从仓库挑选家具。
- 西南航空和易捷航空①等低成本航空公司质疑"旅行社发售机票，人们需要通过旅行社来选座和买票"的假设。
- 苹果公司（APPLE）质疑"个人电脑只注重性能而不注重美感"的假设。

优秀的思考者知道，假设是可以被挑战的，并且他们乐于向假设发起挑战。如何做到这一点呢？这里有一些小建议：

- 首先要认识到，我们每个人对各种情况做出的假设都是根深蒂固的。

---

① 这里分别指美国西南（Southwest）航空公司和英国易捷（EasyJet）航空公司。——译者注

- 想要了解这些假设并且挑战它们，需要多提出一些基本问题。

- 列出适用于你所处环境的所有基本规则和假设，然后对照清单扪心自问："如果故意打破这条规则，会怎么样？""如果做了违背常规的事情，会怎么样？"

- 假装自己完全是一个局外人，然后提出一些问题，比如："我们究竟为什么要这样做？"

- 尽可能地把情况简单化，将它置于你生活的环境之外进行思考。

- 用截然不同的表达方式来重述问题。

肯·奥尔森（Ken Olsen）是美国数字设备公司（DEC）的首席执行官，该公司曾是小型计算机时代的伟大革新者。他说："最好的假设就是'普遍存在的观念都是错误的'。"

现在，你觉得图 3.1 中的房主和建筑工人接下来的对话是怎样的？实际上，工人的回答是："我很抱歉，先生，我马上检查，然后把它修好。"你一开始是不是认为建筑工人是图中的那位男士？我想大多数人都会这么认为。[1]

---

[1] 盖伊·克莱斯顿（Guy Claxton），1998，《野兔的头脑，乌龟的智力》（*Hare Brain, Tortoise Mind*）。伦敦：第四阶层（Fourth Estate）出版社。

轻松一刻

请快速回答下列 10 个沃利测试题^①来检验自己的假设。这些问题难度中等，较为浅显，答案可参见附录。

1. 一只狗要跑多远才能跑进树林？

2. 哪种动物在完全黑暗的环境中视力最好——是猫头鹰、豹子，还是鹰？

3. 英国国王和王后在哪里加冕？

4. 如果美国的副总统被杀，那么谁会成为总统呢？

5. 哪种蜡烛燃烧后会更长——是蜂蜡蜡烛，还是牛油蜡烛？

6. 一位农夫在一块地里堆了 4 个干草堆，另外两块地里干草堆的数量均是第一块地里的两倍。如果他把 3 块地里的干草堆放在一起，那么他现在有多少个干草堆？

7. 如果把英文单词"post"（邮件）拼成"POST"，把"most"（最）拼成"MOST"，那么放进"toaster"（面包机）里的东西该怎么拼呢？

8. 一位住在英国的穆斯林即使皈依基督教，也不能葬在教堂。这是为什么呢？

9. 一个成年人空腹时能吃多少根香蕉？

10. 什么东西被取走得越多反而越大？

---

① 保罗·斯隆，德斯·马克海尔，1997，《令人困惑的横向思维谜题》（*Perplexing Lateral Thinking Puzzles*）。纽约：斯特林出版公司（Sterling Publishing）。

第**4**章

分析问题：
三思而后行，看透问题错综复杂的原因

对思考者来说，最大的挑战是陈述问题时只想着解决问题。

——伯特兰·罗素（Bertrand Russell）

有时我们遇到的问题很简单，很容易就能想出一个不错的方案使问题得到圆满解决。有时我们遇到的问题纷繁复杂，在这种情况下，我们最好克制自己，避免鲁莽行动。严谨的思考者更喜欢三思而后行。爱因斯坦曾经说过，如果只给他 1 小时的时间来拯救世界，那么他首先要花 55 分钟来分析问题，最后 5 分钟才会用来解决问题。为什么我们明明可以直接解决问题，却还要把宝贵的时间花在分析问题上呢？下面就是花时间分析问题带来的一些好处：

- 它可以阻止你做出不成熟的判断或得出错误的结论。
- 它让你对自己的假设提出疑问。

- 它让你对问题出现的真实原因有全新的认识。
- 它可以帮助你看清潜在原因之间的联系。
- 它可以帮助你梳理清楚一系列待解决的事项——你可以把它当成路线图。
- 它可以帮助你看清问题各个方面的轻重缓急，确定你努力的方向。

此外，如果你们成立了团队，这会促进每个成员对潜在的问题有全面的理解，易于达成共识。如果你们组成了多个团队，那么每个团队会以不同的角度处理问题，产生不同的分析结果，从而给你们带来全新的见解。

下面是几种比较实用的问题分析法，希望可以帮到你。

通往理想的路径

取出 3 张白纸。在第一张纸上列出你目前的状况，包括所有的不足、问题和困难。在第三张纸上写下你希望达到的理想状态，即所有的问题都得以解决，一切都顺利进行，或者你所定义的"理想状态"。然后在中间第二张纸的顶部写上"路径"二字。在这张纸上，你必须写下自己从目前所处的位置到达理想状态需要采取的步骤。"路径"并不包含详细的解决方案——这都是后话，你只需简单地列出大方向上的理想解决办法。这种方法可以帮助你把握问题，了解通往理想之路上的关键因素。"路径"上的每

一个步骤现在都可以成为一个问题，你可以深入思考，产生尽可能多的创意来解决这些问题。

"为什么，为什么"图表

如果你有孩子，你就会知道，他们经常会问"为什么"，当你给出答案后，他们又会接着问"为什么"。这是提高理解力的好方法，可是我们成年人却不会这么做，因为这看起来很幼稚。这种问题分析法就是激励自己不断去问"为什么"。你可以把问题写在一张白纸上，然后想想问题为什么会出现，列出其出现的主要原因，然后针对每一条原因接着问"为什么"。只要你愿意，就可以一层层地继续推进，直到你尽可能广泛地了解了问题出现的全部原因。

比如在讨论"头脑风暴收效甚微"这个问题时，最初的"为什么，为什么"图表可能会如图 4.1 所示。

这个过程可以通过问题进行扩展，比如，你可以问"为什么在这个过程中人们会缺乏信心？"或者"为什么会有规避风险的文化？"

这个过程还可以扩展到更多的层面。多问"为什么"，这种方法易于理解且颇有成效，它很适合用于分析复杂的问题。

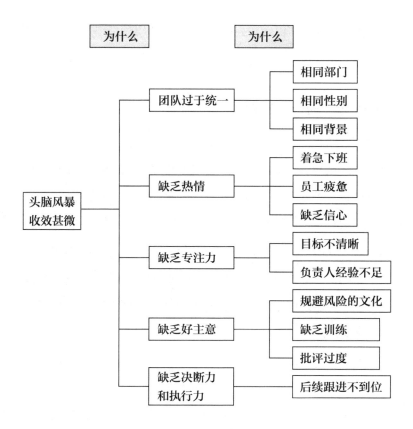

图 4.1 "为什么，为什么"图表

"6 个仆人"分析法

"6 个仆人"作为一种问题分析法，以鲁德亚德·吉卜林（Rudyard Kipling）的一首诗而得名：

我有 6 个忠实的仆人，他们教会我一切，

他们是"什么""为何""何时""如何""何地"与"何人"。

"什么""为何""何时""如何""何地"与"何人"这 6 个词可以帮助我们分析问题。将每个词用在正、反两面的语境中，我们可以有效地提出 12 个需要解决的问题。把问题列出来，按顺序读一读。

比方说，你正在思考"为什么有些男孩会加入犯罪团伙"这一复杂的问题。你可以依次提出以下问题：

○ 加入犯罪团伙有什么好处（从男孩的角度来看）？

○ 加入犯罪团伙有什么坏处？

○ 为何犯罪团伙会存在？

○ 为何许多男孩不会加入犯罪团伙？

○ 男孩们何时会加入犯罪团伙？

○ 男孩们何时不会加入犯罪团伙？

○ 犯罪团伙是如何招募男孩的？

○ 男孩们应如何抵制或避免加入犯罪团伙？

○ 犯罪团伙选择在何地活动？

○ 犯罪团伙不会选择在何地活动？

○ 何人会加入犯罪团伙？

○ 何人不会加入犯罪团伙？

我们问的每个问题都是字面上的意思。因此，以“何地”提问的问题就是询问实际地点。依次询问这 12 个不同的问题可以帮助我们从不同的角度来处理问题。这种方法不仅可以为我们提供一些意料之中的或是平淡无奇的答案，还可以给我们带来一些不同寻常的观点和见解。你可以独自使用这个方法，也可以分小组进行思考，每个小组可以只思考其中的一小部分问题。

莲花构思法

莲花构思法起源于日本，是一种严谨的问题分析法。据说它代表着剥落莲花花瓣的过程，每片花瓣被剥开后，下面会露出更多的花瓣。

现在，在一张白纸的中心画一个圆圈，把要解决的问题写在圆圈里，然后用类似于“为什么，为什么”图表的方式确定你认为问题出现的主要原因。选择其中 8 个特别重要的原因，把它们写在中央圆圈周围的 8 个圆圈里。

这 8 个原因又各自成为一个主题，你必须为每个主题找到 8 个特性、问题或者原因。这样便产生了 9 张表格，8 个主题均进一步产生了 8 个子主题，如图 4.2 所示。最终我们提出了 64 个问题，其中许多问题相互关联。最好用一张大桌子或一面墙来实施你的莲花构思法！

为了找到 64 个详细的原因而大费周章，可能会显得有点刻意和烦琐，但这正是这种方法的优势所在。对问题进行如此详尽

的研究，不仅可以帮助我们深入了解问题，还可以揭示那些容易被忽视的联系。

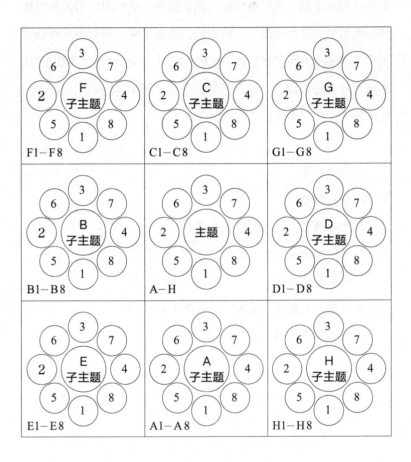

图 4.2　莲花构思法

总　结

　　问题分析法不以解决问题为目的，它们只是为了帮助你在寻求解决方案之前，先了解问题的内在原因。它们可以帮助你看清问题的本质与其中错综复杂的原因，这反过来又可以帮助你确定优先考虑哪些方面。接着，针对每个问题，你会产生更多的创意，然后会对其加以评估，并做出最优选择。解决问题的项目计划就这样诞生了。起草项目计划的顺序如下：

1. 明确问题。

2. 分析问题。

3. 优先确定主要问题的子主题。

4. 依次思考每个子主题。

5. 产生种种想法。

6. 评估这些想法，选择、实施最佳方案。

7. 制定实施计划。

第5章

提出问题：
了解世界的有效途径，获取真知灼见的最佳方式

　　小朋友通过提问来了解世界，学生通过提问来学习知识，新员工通过提问来熟悉工作。提问是最简单也是最有效的学习方式。那些认为自己无所不知的人不会提问——自己已经无所不知，还有什么好问的呢？优秀的思考者从不会停止提问，因为他们知道这是获得真知灼见的最佳方式。

　　谷歌（Google）前首席执行官埃里克·施密特（Eric Schmidt）曾经说过："我们在公司运营的过程中需要多问问'为什么'，而不是依赖现成的答案。"他认为，只有不断提出新的问题，才能找到更好的解决方案。

　　2000 年，格雷格·戴克（Greg Dyke）就任英国广播公司（BBC）总裁。上任伊始，他就去各主要分部会见员工。本以为戴克会长篇大论，但他只是坐下来，问了大家一个问题："我应该怎样做才能为大家提供更好的工作体验呢？"听取了大家的意见后，他又问了一个问题："我应该怎样做才能让我们的客户获得更

好的体验呢？"他知道，在上任初期，自己从员工那里学到的东西，要远比员工从他身上学到的多。公司员工提供了许多绝妙的想法，他们很乐意与人分享。而新老板愿意花时间提问，并倾听大家的意见，也获得了员工们极大的尊重。

无论是在现实生活中还是在虚构的小说中，那些赫赫有名的大侦探们都不断地提出种种疑问，神探可伦坡（Columbo）也是如此，他喜欢通过提问来揭开谜团。此外，那些伟大的发明家和科学家也会不时发出疑问。艾萨克·牛顿会问："为什么苹果会从树上掉下来？为什么月亮不会落到地球上？"查尔斯·达尔文（Charles Darwin）会问："为什么加拉帕戈斯群岛（Galapagos Islands）会有这么多其他地方没有的物种？"阿尔伯特·爱因斯坦则会问："如果我们以光速穿越宇宙，那么宇宙看起来会是什么样子？"正是这些根本问题的提出，指引着他们的研究方向，最终引领他们取得重大突破。

伟大的哲学家们终其一生都在追问生命的意义、道德、真理等深刻的问题。我们不必思考得如此深刻，但我们还是应该对自己所面临的处境进行深入的思考。这是我们获取信息并做出明智决策的最佳方式。

既然提问是一种有效的学习方法，那我们为什么不多提问呢？大家各有理由。一些人是因为懒惰，他们觉得掌握主要的信息就足够了，自然懒得再去询问更多。他们坚持自己的观念，对自己的假设充满信心——不过最终往往显得有些愚蠢。另一些人

害怕提问，他们担心周围的人认为自己软弱、无知、缺乏信心。他们喜欢给人留下雷厉风行、有能力掌控一切的印象，不想表现出犹豫不定，也惧怕别人轻视自己。恰恰相反，会提问才是力量和智慧的象征，它可不代表软弱或犹豫。伟大的领导者会不断地提出问题，因为他们清楚自己并不是无所不知。还有一些人总是风风火火，他们担心过多的问题会阻碍自己解决问题的速度，所以他们冒着风险并轻率地采取了错误的行动。

　　不管是在学校、家中、生意场上，还是在与朋友、家人、同事、客户或经理相处时，我们都可以通过提出问题来验证自己的假设，从而更深入、更全面地了解所要处理的问题。提问时，可以先从基本的、宽泛的问题开始，然后转到更具体的方面来理清你的思路。开放式问题非常好，它能让大家各抒己见、开诚布公。下面是一些开放式问题：

- 我们到底是做什么生意的？我们产品的附加价值是什么？
- 你觉得为什么会发生这种情况？
- 可能是什么原因导致了这个问题？
- 我们如何减少客户投诉？
- 你觉得这个人为什么会有这种感觉？
- 我们还应该考虑哪些其他的可能性？

当我们仔细聆听答案时，会进一步提出问题。当有人给出我们答案时，我们可以经常问"为什么？"我们很容易带着自己的观点、经验、结论或建议去看待一个问题，为了避免这种情况发生，最好的办法就是不断提出问题来加深自己的理解，然后再做出决定。一旦我们确定了要点，就可以利用封闭式问题来获取具体的信息。封闭式问题的答案是有限的——通常只有"是"或"不是"。下面是一些封闭式问题：

- 这是什么时候发生的事？
- 那个人生气了吗？
- 这批货现在在哪里？
- 你授权付款了吗？
- 周六晚上你愿意和我一起去看电影吗？

通过给对方有限的答案选择，我们可以获取具体信息，并有意将对话推向特定的方向。

在国际商业机器公司（IBM）的销售培训中，销售员要学会用问题来回应异议。面对异议，人们往往会立即辩驳，但是在辩驳前，最好先问几个问题。假设客户提出反对意见："你们的提案太贵了。"大部分销售员会迎面而上："再考虑一下我们的提案带来的利益吧，您会发现它物有所值。"不过，更好的方式是问一个问题："您说的太贵是指哪方面呢？"或者："我想问一下，您

觉得它是与什么相比太贵呢？"通过让对方阐明观点，你会更了解客户反对提案的真正理由。这也会为你争取时间理清思路，为客户提供更准确、更理想的答复。

多多提问确实非常有效，不过也会让你显得好奇心过重或者咄咄逼人。因此，以友好、无害的方式进行提问尤其重要。提问时语言中不能含有责备的情绪。我们问"您觉得为什么会发生这种事情？"可能会比问"你要对这场灾祸负责吗？"更易得到好的回应。试着以一种充满善意的态度提问，并确保你的肢体语言也轻松、友好。提问时不要用手指对方，也不要使身体前倾。

试着在日常对话中练习提问吧，用问题来回答问题。不论是在讨论、会议还是辩论中，提出问题的人往往就是掌握大局的人。因此，要想控制局面，就要学会提问。与其告诉别人答案，不如问一个问题。巧妙地提问可以激发我们的兴趣，使我们获取更多的信息，并给我们更多的启迪。优秀的思考者从不厌倦提问。他们就像孩童，有着无尽的好奇心。他们用问题来进行沟通、彼此激励、互相理解，因为他们知道，问题有助于互教互学。

第**6**章

组合思维：
用"合二为一"的方式碰撞出创意的火花

很多奇思妙想的产生并不是无中生有，它们都是在现有事物基础上标新立异的。印刷机是有史以来最伟大的发明之一，它是由约翰内斯·古腾堡（Johannes Gutenberg）[①]于 1440 年在斯特拉斯堡（Strasbourg）发明的。他将铸币模具的灵活性和酒榨机的动力这两种现有技术结合起来，创造了一种活字印刷系统。他的发明改变了西方世界传播信息的方式，使有关政治和科学的书籍、册子和资料得以迅速传播。它是推动文艺复兴的关键技术——就像互联网一样，推动了知识经济的发展。

铸币模具和酒榨机都不是复杂的发明，两者合一，便产生了印刷机这个伟大的创意。这和人们第一次将铁和锡两种软金属结

---

① 约翰内斯·古腾堡约 1400 年出生于德国美因茨，1468 年逝世于美因茨，是西方活字印刷术的发明者，他曾移居法国东北部城市斯特拉斯堡。——译者注

合起来，创造出坚硬的合金青铜一样，如魔术一般神奇。

伟大的思考者不断地寻找新的方法来组合事物，我们是否也可以用这种方式来改变世界呢？不久前，手提箱还只是手提箱，人们只能提着它或把它放在手推车上。后来，有人认为把手提箱和手推车的轮子结合起来是个不错的主意，于是就产生了带轮子的手提箱。你看，现在的手提箱成了人人可以推着的行李箱。那么，你可以在你的"手提箱"上加什么样的轮子呢？你可以在你的服务或产品中加入什么，使用户体验更好，使产品用起来更便捷呢？

罗博·劳尔（Rob Law）将行李箱这个创意进一步提升。他将带轮子的行李箱和儿童骑乘玩具结合起来，创立了儿童行李箱品牌"Trunki"。这款可骑乘儿童行李箱首次亮相于英国电视节目《龙穴》（*Dragons' Den*）中，却遭到了专家们的嘲笑，他们称其毫无价值。不过后来这款行李箱在 22 个国家畅销，取得了巨大的商业成功。

特雷弗·贝利斯（Trevor Baylis）是一位优秀的思考者，他发明了发条式收音机。这似乎是一个不太可能形成的组合——收音机需要电源才能使用，而发条是一种机械装置。谁会希望自己听广播节目时被打断，然后不得不去给收音机上发条呢？对我们来说，使用电池或外接电源更方便。但是在许多贫穷的国家，电池价格昂贵，电力供应也不可靠。贝利斯不理会那些质疑者，他

不断研究，最终发明了可以以手动上发条来发电的收音机，这一发明改变了许多发展中国家人们获取信息的方式。

组合思维不仅适用于产品和服务，也适用于其他方面，比如合作关系。你想学习新技能、打通新市场吗？那么请思考一下，你可以与谁合作呢？帕瓦罗蒂（Pavarotti）曾经与爱尔兰摇滚乐队 U2 合作演出过，他们属于两种完全不同的音乐流派，却为对方的音乐带来了新的听众。梅赛德斯 - 奔驰（Mercedes-Benz）想要打造一款新型的城市用车，他们没有与其他汽车制造商合作，而是选择了时尚手表制造商斯沃琪（Swatch）。梅赛德斯 - 奔驰拥有汽车工程制造技术，但他们需要斯沃琪的设计天赋和横向思维，于是双方一起开发了斯玛特（Smart）迷你小型车。

事实证明，将不同的事物结合是一种很好的创新方式。许多伟大的创意都是现有事物的组合，比如带轮子的手提箱。所以，多去尝试一些新奇的组合，看看情况会发生什么改变。举个例子，如果把学校和动物园结合起来，会有什么新奇的事情发生呢？自己先想一想，然后与下述想法对照一下，是不是你也想出了很多新奇、有趣的可能性呢？

○ 可以邀请动物管理员来学校讲课，并向孩子们展示一些小动物。

○ 可以将去动物园游玩作为孩子们按时上学或取得优异成绩的奖励。

○ 为什么不把学校设在动物园里呢？

○ 每所学校可以分管一个濒危物种，由孩子们与当地动物园一起研究合作，对其进行拯救。

○ 学校可以与动物园合作，孩子们在放学后可以在动物园当志愿者，作为奖励，其家人和朋友可以免费入园。

3M 公司[①]发明过一种胶水，黏性不强，一直被视为失败品。后来，阿特·弗赖伊（Art Fry）考虑将其与书签相结合，发明了一种可以重复粘贴的纸条，这就是便利贴。

我们要培养自己组合思考的习惯。当你看到两种产品时，想想它们可以怎样结合起来？有的人看到时钟和铃铛，就设计了闹钟；有的人在用橡皮和铅笔的时候突发奇想："为什么不在铅笔末端加上一块小橡皮呢？"你也可以这样做——不管这些物品是否被一起使用过，多问问自己："怎样把它们组合在一起呢？"和别人讨论业务时，想象一下你如何在业务中开展合作；和别人讨论兴趣爱好时，思考一下你们如何将兴趣结合起来。

---

① 3M 公司，全称为明尼苏达矿务及制造业公司（Minnesota Mining and Manufacturing Company），于 1902 年成立，总部现位于美国明尼苏达州，为世界著名的多元化跨国企业。——译者注

下次当你需要使产品、服务、营销信息或其他任何事物更具创意时，试着把两种截然不同的东西结合起来，看看会有什么新的发现，这是提升创造力的方式之一。

第 **7** 章

平行思维：
利用"六顶思考帽"突破思维局限性

西方人大多具有对抗性思维，它源自古希腊人的思维方式，即一个人提出论题，其他人通过批判来对论题进行检验。举例来说，你提出了一个观点，我的本能反应是通过批判来检验它是否可行。还有一个大家熟知的例子是法庭上原告和被告之间的针锋相对。原告律师拿出证据，申明观点，以证明被告有罪，应予以监禁；辩方律师对指控提出异议，并坚定地为被告进行无罪辩护。政府和议会中的反对党之间的关系也可以清晰地体现出对抗性思维。反对党有义务反对政府的政策和理念。这种处理问题的方式若应用于其他行业领域，效果并不理想，因为对抗性思维会使我们变得顽固、戒备和思想僵化。在各种会谈中，人们总是固执己见，不肯承认对方观点的优势。比如，销售经理总是跟市场经理唱反调，互相争执下，只会让双方更加坚定自己的立场。另外，人们对上司的观点总是有所顾忌，很难提出反面的评价，因为他们不想被视为与上司作对的人。

我们该如何克服对抗性思维的局限性呢？首先，有一种解决方案是运用平行思维，最著名的思考工具是"六顶思考帽"（STH）。这一概念是由爱德华·德·博诺（Edward de Bono）提出来的，是创新和启发思维的有效工具，它可以应用于很多场景，比如理事会会议、陪审团休息室讨论会等。

"六顶思考帽"技巧敦促每个人进行多角度思考来克服对抗性思维的局限性。团队的每一名成员必须根据帽子的颜色以特定的方式进行思考，比如一项提案在接受审议时可以采用以下流程。

提案宣读完毕，每个团队成员依次戴上不同颜色的帽子：

- **白色帽子代表信息**。人们可以通过搜集更多的信息和数据来分析提案。他们不需要讨论提案的利弊，只需客观地陈述手头的事实和数据。

- **红色帽子代表情绪和感受**。人们必须说出提案给他们带来的感受。例如，有些人可能会感到被威胁或恐惧，另一些人可能会受到鼓舞或感到兴奋。表达自己的感受很重要，因为这可能是人们反对或支持某项提案的直觉，是隐藏的原因。"这个投资回报率极低"并不是一种感受，而是理性分析，所以并不适用于此阶段。"我很生气"或"我很高兴"才是我们鼓励和需要记录的反应。表达情绪是一种宣泄，一旦情绪得到宣泄，我们才会感到如释重负。

○ **黄色帽子代表积极乐观。**团队成员需要依次说出该提案的优点。即使你认为这个提案糟糕透顶，也必须尽力找到它的可取之处。我们一一列出提案的优势和能为我们带来的利益，还可以对其进行评估、排序。

○ **黑色帽子代表悲观主义。**大家都需要对提案吹毛求疵。即使这是你引以为豪的提案，也必须指出它的缺点和不足，列出它所有出错的可能，指出其中的风险和隐患。在现实生活中，有些人喜欢一直戴着这顶帽子。总之，我们不断地思考，直到找不出更多的缺陷。然后我们可以将其中的内容根据风险和隐患的大小进行排序。

戴下一顶帽子之前，让我们回顾、总结一下。我们已经搜集了重要的事实和数据，记录了每个人最初的感受，列出了该提案的所有优、缺点，并对其进行了优先排序。我们取得了长足进展，但是没有提出任何异议，也没有进行任何争论，因为规则不允许我们将时间浪费在互相争执上。当然，我们必须认真对待讨论——但这是在戴上绿色帽子思考时才需要做的。现在，所有的利弊都清楚地摆在面前，我们可以进行建设性的讨论了。

○ **绿色帽子代表成长、创造力和可能性。**每个人都需要拿出对策，对提案进行调整或改进，使其顺利实施。我们如何强化提案的效益？又如何弱化它的弊端？什么样的举措

可以帮助我们规避可识别的风险？绿色帽子代表头脑风暴、创意、评估和协商，这个阶段存在着各种可能性。对于提案，我们可以支持它，可以否决它，可以修正它，也可以改进它。当然，我们也可以将其推倒重来，这就要求我们回到戴白色帽子的阶段，重新开始整个思考过程。不管进行到哪个阶段，我们都可以按下暂停键，换上另一顶帽子来思考——前提是大家必须同时佩戴相同颜色的帽子。

- **蓝色帽子代表过程管理**。它用于检验思考过程是否有序。当你戴上蓝色帽子，就意味着由你来决定思考方式。你可以在会议开始时规划思考过程，也可以在会议结束时进行回顾、总结。如果有人觉得会议进行得并不顺利，你可以要求大家戴上蓝色帽子，一起讨论如何做才能行之有效，少做无用功。

在会议中，大家通常很少戴上蓝色的帽子，戴白色和红色帽子的时间也不长，大部分时间都是戴黄色、黑色和绿色的帽子。大家可以在不同颜色的帽子之间来回转换，但是大家必须同时戴同一颜色的帽子。为每人提供一套帽子是必要的，因为更换帽子的行为有助于人们转变思考方式。最好有人主持会议，告诉大家何时更换帽子，或者摆出一张带颜色的卡片，以提示大家正在佩戴的帽子的颜色，确保统一战线，每个人都不掉队。如果主持人

发现有人在"黄帽会议"期间使用"黑帽思维",就必须把此人拉回队伍。

六顶思考帽这一方法简单易行,适用于各种会议,非常有效。如果你想使用这种方法,那么强烈推荐你读一读德·博诺有关这个主题的书籍。[①]

虽然平行思维常见于团队活动中,但是两人,甚至只有一个人思考的时候也同样适用。依次佩戴不同颜色的帽子,并按照帽子颜色代表的思维方式来处理问题,会让你对问题有更全面的理解。

[①] 爱德华·德·博诺,2000,《六顶思考帽》(*Six Thinking Hats*)(第二版)。伦敦:企鹅出版集团(Penguin Group)。

第8章

创造思维：
激发创造力，遨游想象之海

优秀的思考者富有创造力，他们会萌生种种想法去解决自己面临的所有问题。每个人都有陷入困境的时候，比如，你正在努力解决一个棘手的问题——它或许发生在工作、家庭、与孩子的相处或社交生活中。你已经为此努力了一段时间，却找不到突破口，你需要真正有创意的想法。你该怎么做呢？下面是一些切实可行的方法，可以激发你的创造力，帮助你解决问题。

1. 尽可能多地写下自己的想法。列出普通的想法、创造性的想法、愚蠢的想法等。首先要追求数量，先列出 40 种与问题相关的想法，接着增加到 60 种，然后增加到 80 种。在这个过程中，不要评判或拒绝任何想法——多多益善，你只需随心所欲。如果你能说服别人帮助你，那就更好了。在你绞尽脑汁，已无其他想法之后，可以从头到尾浏览一遍这些想法，并通过一些宽泛的标准对其进行评估。比如，这个想法是否可行？是否有效？划掉那

些无效的想法，在有趣的想法旁边打一个"√"，在最有可能付诸实践的想法旁边打两个"√"。现在来看看入围清单，然后决定将哪种想法付诸实践。

2. 画一个"为什么，为什么"图表。想想为什么会出现这个问题。写出几种答案，然后针对每个答案再问一遍"为什么"。这样一来，每个答案又会变成一个问题。这个阶段并不要求你去解决问题，而是试图对问题的产生进行更深入的了解。问题图表就是一个大型的思维导图，描述了问题的方方面面，可以激发你的灵感，为你提供全新的解决问题的视角。

3. 找个与此事无关的人聊聊。这类人经常会问一些基本的问题，或者提出一些看似愚蠢的建议，这反而能激发出好的创意。太过了解此事的人往往会和你有同样的想法，所以尝试找个局外人与自己讨论吧。比如一个生意上的问题，你可以和邻居、孩子、教练、作家、音乐家、老婆婆、老师甚至警官进行简单的讨论。对方很有可能会从不同的角度来看待这个问题。

4. 想象一下名人会如何解决这个问题。贝拉克·奥巴马（Barack Obama）会怎么做？史蒂夫·乔布斯（Steve Jobs）呢？或者拿破仑（Napoleon）、理查德·布兰森（Richard Branson）①爵士、

---

① 理查德·布兰森是英国最具传奇色彩的亿万富翁，维珍（Virgin）品牌的创始人，以特立独行著称。——译者注

萨尔瓦多·达利（Salvador Dali）[①]、玛格丽特·撒切尔（Margaret Thatcher）、麦当娜（Madonna），甚至大侦探夏洛克·福尔摩斯（Sherlock Holmes）呢？也可以从小说、历史或者今天的电视新闻中选择有魄力的人物。夸大他可能的做法，把想象力发挥到极致，你很有可能就会找到解决问题的创新性办法。

5. 随便拿起一件物品，对自己说："它是解决问题的关键。"也可以选取其他物品努力去联想，一些新奇而富有创意的想法往往由此而生。假设你的问题是"如何找时间写一本书"，而你拿起的物品是一个啤酒瓶，以下是你可能想到的一些创意：

- 每完成一部分就奖励自己喝一瓶啤酒，或者每写一页就喝一杯茶，每写一章就喝一杯啤酒，在你完成初稿时奖励自己喝一瓶香槟。

- 举办一场作家聚会，邀请一些朋友来喝几杯，畅所欲言。

- 在冰箱里放一份手稿。每次打开冰箱拿啤酒喝的时候就会想起需要完成的工作。

- 无论去哪里，带上一些啤酒杯垫，在上面记录你的想法。如果啤酒杯垫很笨重，那就试试使用便利贴或笔记本。

- 啤酒在瓶中不能让人提神，只有倒出来才有效。你的想法亦是如此。只想不记没有用，必须把它们写出来。

---

① 萨尔瓦多·达利是西班牙著名画家，因其超现实主义作品而闻名，他与毕加索（Picasso）和米罗（Miró）一同被认为是西班牙20世纪最有代表性的3位画家。——译者注

6. **使用比喻**。试着去思考其他行业类似的问题。比如你希望自己的员工尝试新的工作方式，你可以想象这就像让你的孩子吃蔬菜一样。你会想出各种方法来鼓励或说服他们尝试各种蔬菜。把这些方法列出来，想想是否可以转换一下思路，把它们应用到你的工作中。

7. **想象自己在一个没有约束的世界中找到了完美的解决方案**。比如，你可以随意使用资源或手段。假设你已经站在这个完美的解决方案面前了，现在回过头来看看来时路上的障碍，将它们一一清除。许多障碍都可以通过这种方法克服。

8. **打开字典，随便选一个名词**。写下该名词的 6 个相关词汇，比如"树"，它的相关词汇有"根""枝""家""苹果""树干"和"高"。然后在该名词及相关词汇和你的问题之间建立联系，以便激发出新的想法。你会惊讶地发现，无论是对个人还是对团队来说，这都非常有效。

9. **换换脑筋**。休息一下，出去散散步。体育锻炼能增加大脑的氧气流量，有助于激发创造力。把问题先放一放，酝酿一段时间，这有助于你的潜意识进行整合判断，汲取灵感。过段时间再回到这个问题上，你通常会有更好的想法。或者去参观美术馆或博物馆吧，外部刺激可以让你的思维活跃。以你看到的事物作为出发点，去寻找新的组合和方法。艺术家们用各种方式来传递自己的思想，你也可以借用他们的方式。

10. **用简单的卡通画展示人物和问题**。把画挂在墙上吧，时

常观看它并想象故事会如何发展。把它想象成一个卡通连环画，用便利贴来记录不同的行动方向及其可能带来的后果。比起文字或数字，许多人的大脑更善于处理图像，由此产生不可思议的联想与创意。你可能经常在刑侦剧中看到这样的场景：警察办案小组经常把照片和一些线索信息张贴在一张大黑板上，抽丝剥茧，仔细跟踪有效的线索。

11. 将问题改编一下，发布在博客或网络论坛上，看看会收到什么样的回复。你可以隐藏确切的信息，发布一个虚构的版本，不过待解决的主要问题必须与实际问题相似。你可以问："有人遇到过这种问题吗？请问你是怎么处理的？"你得到的回复可能五花八门，有些回复愚蠢无礼，有些却精彩得让人叫好。冷静一下，参考一下这些角度不同的主意。

这些方法对个人和团体都适用。试一试，看看哪种方法最适合你。请谨记，要不断提醒自己："我的问题会有很棒的解决方法，只是我还没找到，但我肯定会找到它的！"

第9章

横向思维：
探索多种可能性，打破规则"天花板"

创造性思维可以帮助我们进行创新，它涵盖面广，既包括现有思想的拓展，也包括不同凡响的新思想。横向思维使人有意避开传统的思维模式，专注于从新的角度来处理问题。古典画家们都非常具有创造力，但只有毕加索做到了横向思考。

横向思维是爱德华·德·博诺针对传统思维和纵向思维提出的一种新的思考方式。在传统思维中，我们以一种可预测的、直接的方式思考问题。而横向思维是从新的角度来解决问题——从侧面、多角度入手。德·博诺解释了横向思维的4个主要方面：

1. 承认处于主流地位的两极化思想；

2. 寻求从不同的角度看问题；

3. 弱化纵向思维的僵化控制；

4. 不要放过偶然性。

各行各业都有自己的主流思想，它们是支撑各个体系的假设、规则和惯例，影响着人们的思想和态度。"地球是平的""地球是宇宙的中心"，这些都属于过去的主流思想，它们使人们的思想沿着既定路线两极分化。一旦主流思想确立，其他一切事物都会被视为主流思想的支撑。偏执狂会认为别人帮助自己的动机都是恶意的，认为别人意图操纵自己；阴谋论者会把所有的麻烦事都归因于阴谋背后的势力，认为他们是故意为之。大多数团体的主流思想会让其世界观两极分化。比如，我们极易对马车制造商提出批评，因为他们认为汽车是花哨可笑的装置，永远不会流行。而我们也不过是既定观念的俘虏。

我们使用横向思维的一种技巧就是写下那些符合我们现状的主流思想，然后有意地去质疑它们。举例来说，过去的一些大型航空公司都坚持这样的理念：

- 客户需要高标准的服务。
- 出售全部航班的机票。
- 提前安排座位。
- 通过旅行社售票。
- 飞往主要机场，满足商务旅客的需求。

当然，后来低成本的小型航空公司打破了这些规则，创造了一个庞大的新市场。想试试横向思维？那就在头脑中有意识地颠

覆每一种假设和主流思想，想想会带来什么样的结果。

多问几个"如果"是一种横向思维技巧，可以帮助我们探索多种可能性，鼓励我们挑战假设。我们多用"如果"来提问，可以将要解决的问题推向各个层面。每次提问都允许自己极端到荒谬的地步。假设我们正在经营一个小型的慈善机构来照顾流浪狗，我们面临的挑战是"如何让我们的筹款翻倍？"那么我们可以提出下列问题：

- 如果我们只能有 1 名捐助者呢？
- 如果我们可以有 1000 万名捐助者呢？
- 如果我们有无限的营销预算呢？
- 如果我们没有营销预算呢？
- 如果每人都要照顾一只流浪狗一整天呢？
- 如果狗睡在床上，人睡在狗窝里呢？
- 如果狗会说话呢？

"如果我们只能有 1 名捐助者呢？"这个问题可能会使我们把目标锁定在非常富有的爱狗人士身上，以便从更少的捐助者那里筹集到更多的资金。我们可以探索如何才能做到这一点，这会启发我们去思考。"如果狗会说话呢？"这个问题指狗与狗之间的交流等，这可能会引导我们思考营销策略。每一个问题都可以激起一连串的追问，来挑战既有规则或主流思想的底线。不论是

个人还是团队，都可以从质疑开始，列出一份真正具有挑战性的"如果"问题清单。选择其中的一个问题，看看它引向哪里。任思绪天马行空，看看会有什么奇迹浮出水面。起初你以为愚蠢的那些想法往往会为你带来独到的见解和创新。

偶然性在重大发明和科学发现中所起的作用已有充分的文献记载。无线电波的传输是由赫兹（Hertz）在偶然中发现的，当时他房间另一边的一些设备碰巧产生了火花；亚历山大·弗莱明（Alexander Fleming）发现了青霉素，当时他发现自己的旧培养皿中产生了一种可以抵抗细菌的霉菌；X 射线是伦琴（Roentgen）在研究阴极射线管时意外发现的；而克里斯托弗·哥伦布（Christopher Columbus）是在寻找前往印度的路线时发现了美洲。这些所谓的偶然性都有一个共同点，那就是好奇心驱使他们去探索。一旦有不同寻常的事情发生，他们就会研究如何将其发掘出来。同样的方法也适用于我们。当我们在寻求新的创意时，随机性输入就可以帮助我们。一种高效的头脑风暴技巧是从字典中随机抽取一个名词，写下与该词相关的一些特性，然后将这个词或它的特性与头脑风暴联系起来。人们总是在尝试之后才确信它确实有效。有些词或许并没有直接给你带来有价值的线索，但是通过这种方法，事情会发生根本性的改变。当然，你也可以随机选择其他的物品、图片、歌曲等。这也是为什么当我们在处理棘手的问题时，去博物馆或美术馆里走一走会让我们豁然开朗。我们的大脑在受到各种刺激后，往往会在我们要处理的问题之间建

立各种横向联系。

　　横向思维谜题往往适用于一些比较特殊的情境，比如你只获得少量的信息，必须通过提问来努力理清事情的来龙去脉。这最适用于小组游戏，其中一人担任问答主持人，其他人则不停地提出问题，主持人只能回答"是""不是"或"无关"。这些谜题非常有趣，同时还能训练我们提问、验证假设、运用想象力和拼凑线索的技能。思路受阻时，就必须另寻角度提出问题——这就是横向思维在起作用。

　　最著名的横向谜题或许是"电梯里的男人"。

　　一个男人住在一座大楼的第 10 层。每天他都乘电梯到 1 楼去上班或者购物。回来时，他会乘坐电梯到 7 楼，然后走楼梯回到第 10 层的公寓。他讨厌走楼梯，那他为什么还要这么做呢？[①]

　　如果你还不知道答案，可以去附录中寻找。

　　幽默大都建立在横向思维的基础之上。喜剧演员总是取笑现有的观念，善于从特殊的角度来看待问题，建立意想不到的联系，给人以惊喜，逗我们开怀大笑。在日常生活中，我们使用横向思维有两个很好的理由：它能帮你寻求创意，也能让你幽默风趣。

───────────

　　① 保罗·斯隆，1991，《横向思维难题》(*Lateral Thinking Puzzlers*)。纽约：斯特林出版公司。

第**10**章

全新视角：
见他人之所见，想他人所未想

别人想不到的事情，你如何才能想出来呢？问题的关键就在于我们处理问题时，是否有意采取不同于他人的方法。第 9 章我们讲到横向思维的时候提到，每个领域都有自己的主流思想，而优秀的思考者会有目的地挑战这些主流思想，以追求思维创新。

维生素 C 的发现者阿尔伯特·森特-哲尔吉（Albert Szent-Gyorgyi）曾经说过："天才就是见他人之所见，却想他人所未想。"在看待一个问题时，人们总是采用大众的视角，如果你能换个角度去审视问题，那你就极有可能独辟蹊径。有人曾问过乔纳斯·索尔克（Jonas Salk）是如何发明脊髓灰质炎疫苗的，他回答："我把自己想象成一个病毒或癌细胞，并试图感知它的样子。"

福特汽车公司（Ford Motor Corporation）曾向横向思维的提出者爱德华·德·博诺请教：如何才能让自己从汽车制造业的众多竞争对手中脱颖而出？德·博诺提供了一个很有创意的观点。福特公司是从汽车制造商的角度来看待竞争问题，所以会提

出"我们如何才能让自己的汽车对消费者更具吸引力？"这一问题。而德·博诺却从另一个角度来看待竞争问题，他提出的问题是"我们如何才能让福特的客户获得更佳的驾驶体验？"他建议福特买下所有大城市市中心的停车场，且只供驾驶福特汽车的人使用。他的想法标新立异，不过对福特来说却太过激进，因为福特的自我定位是一家汽车制造商，他们对停车场业务毫无兴趣。

1954 年，英国政府举行地方商业电视台的招标会，许多公司对电视专营权很感兴趣。他们分析各地区的人口结构，寻找最富裕的地区，确信这些地区可以产生最多的广告收益。通过分析，他们将目光锁定在伦敦和英格兰东南部地区。悉尼·伯恩斯坦（Sydney Bernstein）是小型连锁电影院——格拉纳达电影院（Granada Cinemas）的总经理，他也想参加招标会。他告诉员工："不要找那些富有的地区，要找雨天多的地方。去找降雨量最大的地区吧。"按照这个标准，他们找到了英格兰的西北部地区。格拉纳达参与投标，赢得了该地区的专营权。伯恩斯坦想找一个雨水多的地方，因为那里的人们大部分时间只能待在家里看电视。他从异于常人的角度成功地处理了这个问题。他另辟蹊径，想别人所未想。后来，格拉纳达创作了许多颇有创意的节目，包括《加冕街》（Coronation Street）和《世界在行动》（World in Action）。

1968 年，在墨西哥城举办的奥运会上，一名年轻的运动员在跳高时选择了背对横杆的姿势，令观众们惊叹不已。在那之前，跳高运动员都是面朝下"滚"过横杆。而美国运动员迪克·福斯

贝里（Dick Fosbury）推出的这种全新的姿势名为"背越式"。跳跃时他背向横杆，面朝蓝天，腾空而起。1967 年，福斯贝里的世界排名仅为第 48 位，然而就在 1968 年，他以前所未有的跳跃技术和 2.24 米的高度一举夺得奥运会金牌，引起轰动。他给世人带来的飞跃姿势充满想象——它彻底改变了跳高运动。如今，顶尖的跳高运动员都采用他的跳高姿势。他想别人所未想，创造了一种新的运动方式。

我们如何激励自己采取异于常人的视角呢？与其从自己的角度看待问题，不如试着从客户、产品、供应商、儿童、外国人，或者疯子、喜剧演员、独裁者、无政府主义者、建筑师，甚至萨尔瓦多·达利、列奥纳多·达·芬奇（Leonardo da Vinci）的视角来重新看待问题。试试第 9 章中描述的用"如果"提出问题的方法吧，向人们常见的假设提出疑问。如果其他人都在找最富有的地区，那你就找雨水多的地区；如果其他人都面对横杆跳高，那你就选择背向横杆。

如果研究一个山谷，你可以用多少种方式来观察它呢？你可以上下仔细打量山谷；你可以站在河边仔细观察；你可以站在两边的山坡上俯视；你可以步行、开车或乘船顺流而下；你也可以研究卫星照片或者仔细观察地图。每一种方式都会使你看到不同的山谷景观，每一种方式都会加深你对山谷的了解。在处理问题的时候，我们为什么不采用这样的方法呢？我们为什么来不及从多个角度分析问题，就马上试图制定解决方案呢？

那些伟大的天才们从不采用传统的观念来思考，也不会试图完善现有的观念。他们善于钻研，善于创新，并由此改变了社会。毕加索眼中的绘画与其他画家眼中的不同，他看到的不是准确的图像，而是立方体、图形和印记；爱因斯坦设想了一种新的物理学研究角度——世界上的时间和空间是相对的；达尔文对物种起源有不同的看法，他认为物种不是被创造出来的，而是慢慢进化而来的。他们每个人都以一种全新的方式来看待这个世界。同样，杰夫·贝索斯（Jeff Bezos）从不同的角度看待图书零售，于是创办了亚马逊网站（Amazon.com）；斯泰利奥斯·哈吉-约安努（Stelios Haji-Ioannou）从不同的角度看待航空业，从而创立了易捷航空公司。此外，斯沃琪改变了我们对手表的看法，宜家改变了我们购买家具的方式。如果我们能从全新的角度来看待问题，那么传统思考者所忽略的东西，却可以为我们的创新提供无限的可能性。

第11章

想法评估：
甄选可实施方案，让想法永不枯竭

　　使用创造性思维思考的过程中必然会产生各种各样的想法。想出的点子越多，就越有可能获得高质量的创意。不过想法过多也会带来烦恼：如何才能筛选出最佳实施方案呢？

　　你是否参加过头脑风暴会议？大家畅所欲言，想法一条一条地填满了挂图板，这时，经理说："非常感谢大家，会议结束后我会汇总分析。"但是这件事情后来就不了了之，杳无音讯了。罗列各种想法其实只是一个出发点，如果不能适时地对它们进行评估，就意味着半途而废，无疾而终。

　　在创意产生的整个过程中，评估阶段对头脑风暴会议是否能成功至关重要，它和鼓励大家自由发挥、使意见层出不穷的起始阶段一样，同样需要我们付出时间和精力。在评估阶段，我们不再拘束个人的判断力，而是加以审慎地评估，以便甄选可实施的方案。

选择标准

如何评估种类繁多的想法呢？首先要制定一些选择标准。这些标准可以相对宽泛，但不能模糊不清。"我们在找好点子"这一标准太模糊了，它适用于各种情况。"我们希望在不借助额外资源的情况下立即将方案付诸实践"，几乎可以肯定，这一标准过于严苛，必会将好的创意拒之门外。

假设你正在分析产品创新的种种想法，那么你认可的标准或许如下：

○ 顾客会喜欢该产品吗？

○ 该产品在技术上是否可行？

○ 该产品能赚钱吗？

接下来可以根据这些标准来评估各种想法。最好只有几条简短、宽泛的概念标准，而不是一长串详细的规则。

面对类型繁多的想法，推荐给你一套通用标准，即综摄法（Synectics）中的"FAN 标准"[①]。看看你是否喜欢用"FAN 标准"来评估想法。

---

① "FAN"是"Feasible"（可行的）、"Attractive"（有吸引力的）和"Novel"（新颖的）3 个英文单词的首字母组合。——译者注

这套标准是：

- 该想法可行吗？
- 该想法具有吸引力吗？
- 该想法新颖吗？

第三个标准很重要，它可以确保新颖的创意得到高度重视。

在头脑风暴或意见讨论中，英国零售巨头特易购（TESCO）使用过以下标准来筛选创意：

- 这个方案更好吗（对顾客而言）？
- 这个方案更方便吗（对员工而言）？
- 这个方案更省钱吗（对特易购而言）？

对顾客更好、让员工更方便和更能为公司省钱的方案或许就是好创意，也更容易被接受。最好将这些标准运用到具体的情况中，比如可以根据实际情况去思考如何"让员工更方便"，这样更容易使标准得到理解和应用。

选择你想要的标准，然后将它们严格应用于所列的方案中。如果有疑问，可以尝试"可行吗？有吸引力吗？新颖吗？"或"更好吗？更方便吗？更省钱吗？"这些标准，看看效果如何。

分类法

另外一个可以快速删减庞杂想法的方法是分类法。根据你所认同的选择标准，将每种想法都归纳于以下 3 个类别中：

- ○ 它不合时宜，划掉。
- ○ 它看起来很有趣，打个"√"。
- ○ 它看起来是个很不错的想法，打两个"√"。

或许你需要通过二次筛选来剔除存疑的想法。根据明确的标准，将每种想法划入 3 个类别之中，这种做法简单有效。它能迅速排除那些最无用的想法，帮助你专注于选择最优方案。

群组评价法

如果你是在团队中工作，需要评估一长串纷繁的想法，那么常用的方法就是由主持人逐项进行检查，并征求大家的意见，或者采用上文所述的分类法。不过，这可能是一个漫长的过程。这里还有一些其他方法可供选择：

- ○ 每人都有打 5 个"√"的权力。大家走到挂图板前，在自己最喜欢的想法旁边打上"√"。获得"√"数最多的那些想法可以继续被讨论。这种方法高效且有说服力，但

是，这也意味着那些较为晦涩难懂的想法可能被忽略。假设大家进一步进行讨论，它们潜在的创新性或许会得以展现。此外，这种方式还有一个不足，就是在面对争议性问题或者牵涉政治局势的时候，人们可能会受他人的意见左右或影响。

- 无记名投票法。大家在纸条上写下自己最喜欢的想法。这种方法避免了"政治正确性"的问题，大家在投票时或许就不用担心自己的想法饱受争议，也不容易受到权威声音的影响。投票期间没有讨论，不过投票结果一经公布，小组讨论就可以开展了。
- 每人依次说出自己最喜欢的想法。主持人在房间里随意走动，让每个成员都有机会发言。这一方法既迅速，又具有互动性，但这意味着后发言的人会受到前面言论的影响。

无论你是独自工作还是和团队一起工作，对各种想法进行合理评估都是创造性思维过程中非常宝贵的一部分。我们必须谨记，要区分这一过程中两个阶段所使用的不同思维方式。在想法汇集阶段我们不要急于评判，而是充分利用发散思维，想到的点子越多越好，包括愚蠢的和不合理的想法。这个阶段不需要我们约束自己的想象力，甚至我们的一种想法或许还可以激发另外一种想法。当我们搜集到足够多的想法，或者创意枯竭时，就可以利用趋同思维来选择最理想的方案，这时我们就可以进行评估和分析

了。我们根据明确的标准对这些想法进行比较，判断哪些会成功，哪些会失败。许多人把这两种方法混为一谈，利用趋同思维来消除发问、思考环节。这种做法会带来灾难性的后果，因为许多富有成效的想法或许会被扼杀在摇篮里。因此，在思考各种想法时应保持发散思维，只有在进入评估阶段时才需要利用趋同思维思考。

第**12**章

做出选择：
摆脱犹疑不决，做出理性决定

面对多种选择时，我们经常犹豫不定、难以抉择，因为每一种选择都有它的优、缺点。例如，我们想换栋新房子，我们进行实地考察，对许多房子都很满意，却又没有一栋特别理想，这时我们就会很难做出选择。在生意场上，我们可能不得不在推出新产品和进军新市场之间做出选择。要想从众多选择中选出那个唯一答案，我们常用的方法是衡量每一种选择的利与弊，围绕其争论一番、讨论一段时间，然后依靠感觉和直觉做出决定。我们在权衡利弊时分析得头头是道，可是最终选择时往往还是"跟着感觉走"。我们为此烦恼，因为我们的选择是主观的，所以极易招致批评。如果做选择时我们是基于自己的感受，而不是其他严格的要求，我们又如何确保自己做出的选择是正确的呢？我们是否做出了理性的决定？我们的决定是否受到了当天情绪的影响？如果我们的决定受到批评，我们可能会极力为自己辩护，并试图说服自己和他人这个决定是基于充足、恰当的理由而做出的。

做重要的决定时不能仅仅依靠直觉。在做重大决定时，我们通常采用的方法主要包括以下内容：

1. 分析问题。可以使用第 4 章中所示的技巧从各种渠道收集数据。试着了解导致问题的原因，并把问题分成可掌控的几个模块。

2. 运用创造性思维技巧激发出许多想法。具体方法可参见第 8 章。

3. 对种种想法进行评估，并列出清单。

4. 列出不同行动方案的利弊。

5. 如果时间允许，再考虑一晚，酝酿一下。

6. 做出决定。

7. 回顾一下你的决定——如果觉得自己做出了错误的选择，做好改变主意的准备。

做一些重大的决定需要采取更加缜密的方法。例如，你正在考虑是否要关闭一家旧工厂，在原址或选择两个成本较低的地区之一扩建新厂房，抑或将项目外包给第三方。对此，你有 7 种选择：

1. 保留和翻新现有工厂。

2. 在现有场地上新建工厂。

3. 在 A 地购买一家新工厂。

4. 在 B 地购买一家新工厂。

5. 将项目外包给印度的 X 公司。

6. 将项目外包给中国的 Y 公司。

7. 搁置。

大多数高管团队会如何处理这类问题呢？他们会收集有关每个选项的数据，也可能会组建一个小团队来深入研究这些方案并提出建议。然后整个团队会考虑这个建议，最终选择接受或放弃。问题是，情绪和政治观念往往会掩盖问题，影响结果。一种更为缜密的方法是采用"配对法排序"有所侧重地进行选择和分析。

我们来看看这个方法如何操作。首先，如上文所述列出所有选项；其次，列出我们做决定时所参考的一切标准。这些标准可能是：

A. 持续生产成本（最小化）；

B. 变更成本（最小化）；

C. 中断成本和转换时间（最小化）；

D. 应对需求高峰和低谷的灵活性（最大化）；

E. 可用的熟练工人和非熟练工人（最大化）；

F. 技能和经验不足（最小化）；

G. 对产品质量的信心（最大化）；

H. 产生故障、中断或停顿的风险（最小化）。

其中一些标准相互冲突，需要对它们进行优先排序。我们可以通过讨论，就排序原则达成共识。然而，对于如此重要的事情，最好使用一种更为严格的方法并按照重要性为这些标准排序。

配对法排序

配对法排序，即将每个选项都与其他选项进行比较，在二者中选择一个。每比较一对选项，就给满意的选项打 1 分，然后再比较下一对。举个例子，我们将标准 A "持续生产成本"与标准 B "变更成本"进行对比。如果大家一致认为标准 A 更为重要，那么它将获得 1 分，标准 B 则不得分。然后我们再比较标准 A 和标准 C，选出二者中更为重要的那一项。这里我们一共有 8 条标准，所以我们将标准 A 与其他 7 个标准逐一进行比较。标准 B 亦是如此，不过它已经和标准 A 作过比较，所以只需将其与标准 C 进行比较，选出满意的一项再与标准 D 进行比较，以此类推。对于这 8 个标准，我们需要做出 28 个二元选择 [计算公式为：$n \times (n-1) / 2$]。这看起来或许有些乏味，却是选择过程中必不可少的一部分。在比较两个标准时，更容易做出理性的决定。如果只是将这 8 个标准按重要性排序，而不首先进行配对比较，那么做出的选择就可能带有主观性或者欠准确。

假设我们做了配对比较之后，得出了下列分数：

A. 持续生产成本（最小化）　　　　　　　　　　7

B. 变更成本（最小化）　　　　　　　　　　　　2

C. 中断成本和转换时间（最小化）　　　　　　　1

D. 应对需求高峰和低谷的灵活性（最大化）　　　6

E. 可用的熟练工人和非熟练工人（最大化）　　　5

F. 技能和经验不足（最小化）　　　　　　　　　0

G. 对产品质量的信心（最大化）　　　　　　　　3

H. 发生故障、中断或停顿的风险（最小化）　　　4

现在确定了标准的优先顺序，我们可以根据优先顺序为每个标准赋予权重。如选项 A 获得的 7 分为总分 28 分的 25%，以此类推：

A. 持续生产成本（最小化）　　　　　　　　　25%

B. 变更成本（最小化）　　　　　　　　　　　　7%

C. 中断成本和转换时间（最小化）　　　　　　　4%

D. 应对需求高峰和低谷的灵活性（最大化）　　　21%

E. 可用的熟练工人和非熟练工人（最大化）　　　18%

F. 技能和经验不足（最小化）　　　　　　　　　0%

G. 对产品质量的信心（最大化）　　　　　　　　11%

H. 发生故障、中断或停顿的风险（最小化）　　　14%

我们可以采用这些权重比例来做决定，也可以通过讨论对其进行调整，但要保持其顺序不变。通过讨论，我们或许可以得出以下百分比：

A. 持续生产成本（最小化）　　　　　　　　　23%

B. 变更成本（最小化）　　　　　　　　　　　7%

C. 中断成本和转换时间（最小化）　　　　　　5%

D. 应对需求高峰和低谷的灵活性（最大化）　　20%

E. 可用的熟练工人和非熟练工人（最大化）　　18%

F. 技能和经验不足（最小化）　　　　　　　　2%

G. 对产品质量的信心（最大化）　　　　　　　12%

H. 发生故障、中断或停顿的风险（最小化）　　13%

现在，我们可以构建决策矩阵。矩阵的左下方是 7 种选择，最上方是 8 个标准：

		A	D	E	H	G	B	C	F	总分
		生产成本	灵活性	劳动力	风险	质量	变更成本	中断成本	技能不足	
		23%	20%	18%	13%	12%	7%	5%	2%	
1	翻新									
2	原址新建									

3	A 地							
4	B 地							
5	印度							
6	中国							
7	搁置							

现在，按照配对评分系统，根据每条标准来评比每对选项。我们从第一列开始，根据持续生产成本的标准，比较选项 1 和选项 2。在原址建新厂效率更高，因此它在评比中胜出，并获得 1 分。接下来，我们将选项 1 与选项 3 进行评比，并给获胜选项打 1 分。依次类推，我们最终按照一条条标准去比较一对对选项。这个过程耗时不少，但是方式简单、结果精准，这也就意味着最终的结果比较令人信服。假设我们在配对评分之后，每列中的得分如下：

		A	D	E	H	G	B	C	F	总分
		生产成本	灵活性	劳动力	风险	质量	变更成本	中断成本	技能不足	
		23%	20%	18%	13%	12%	7%	5%	2%	
1	翻新	1	1	0	5	4	5	5	5	
2	原址新建	3	4	2	4	5	0	0	4	
3	A 地	4	5	3	3	3	1	4	3	

4	B地	2	6	6	2	6	2	1	2	
5	印度	5	2	5	0	1	3	2	1	
6	中国	6	3	4	1	2	4	3	0	
7	搁置	0	0	1	6	0	6	6	6	

现在，我们将百分比权重应用于每个分数，以获得每个选项的加权分数，并得出总分：

		A	D	E	H	G	B	C	F	总分
		生产成本	灵活性	劳动力	风险	质量	变更成本	中断成本	技能不足	
		23%	20%	18%	13%	12%	7%	5%	2%	
1	翻新	23	20	0	65	48	35	25	10	226
2	原址新建	69	80	36	52	60	0	0	8	305
3	A地	92	100	54	39	36	7	20	6	354
4	B地	46	120	108	26	72	14	5	4	395
5	印度	115	40	90	0	12	21	10	2	290
6	中国	138	60	72	13	24	28	15	0	350
7	搁置	0	0	18	78	0	42	30	12	180

计算表明，"在 B 地新建工厂"是最佳选择。如果有人抱怨该选项没有达到最重要的标准——持续生产成本最小化，那么我们可以证明它在灵活性、劳动力供应和质量方面是首选，而且它

在这些因素中的优势超过了成本方面的劣势。顺便提一下，"搁置"这个默认选项是将风险、中断和潜在技能不足降到最低的最佳选择，但由于决策标准的权重，它仍然排在最后。

优秀的思考者知道何时需要用左脑的趋同思维来进行分析、推理和判断，也知道何时需要用右脑的发散思维来发挥想象力、创造力和直觉。涉及重要决定时，我们要警惕直觉，转而采取批判的、公正的分析工具，比如使用配对法排序等。如果我们对结果不满意，那么必须回头检查导致不满意的所有假设。如有必要，我们可以重复这个过程。相信它会给你带来最好的结果。

一旦选择出最好的决定，并仔细考虑了后果，接下来就是采取行动来执行决定的时候了。

语言思维：
清晰表达力是激发灵感的有效工具

　　西方人最依赖的思维方式是语言思维。虽然我们拥有各种智能，比如数学、音乐、空间、情感和运动智能，但我们最依赖的还是语言智能。我们习惯用语言来思考和表达。语言智能，即掌握、使用词汇的智慧和能力，可以说是促使人类发展的最重要的技能，因为能否获取进一步的技能取决于我们对语言的理解。孩童的早期学习主要围绕语言技能——咿呀学语、理解交流以及阅读写作。一名儿童无论是在北京、马德里、悉尼还是莫斯科长大，都要花费成千上万个小时来学习母语。他将熟练地运用语言，体会它庞大、有力、复杂和微妙之处。然而，一旦具有了一定的语言能力，大多数人就不再发展语言技能。

　　研究表明，人们的表达力和词汇量与他们在自己的研究领域能否成功息息相关。具有清晰表达能力的人常常被认为更聪慧、更有地位，也更容易受到尊重。

　　那么，我们为什么不继续提高自己的语言技能呢？我们为什

么不再保有孩童时期的那种学习劲头呢？问题就在于，我们理所当然地认为自己已经具有足够的语言能力。一旦我们掌握了读、写、说的能力，就会转而去学习其他知识。我们已经获得了思维工具箱中最重要的工具，并依靠它完成各种任务，却很少花时间去磨砺它。其实，维护、提升和扩展这个工具非常有意义。这里有一些方法供我们采用。

买一本好的字典和同义词词典

字典和同义词词典应该是我们书桌上最忠实的伙伴。遇到生词时，可以借助字典来学习它的含义和派生词；遇到不确定的单词时，可以用它来检查其确切的含义和拼写。写作时，为了避免用词重复，使表达有丰富的变化，查阅同义词词典可以帮助我们选择一些替代词。电脑或许也可以提供拼写检查和同义词供我们参考，这同样是非常方便的数字化辅助工具，可以将其与手边大部头的字典、词典一起使用。

阅读

或许，建议正在阅读这篇文章的你多读书是件很愚蠢的事，在现代社会，我们忙于工作，每天都被电视、广播和互联网上的海量信息所"轰炸"，因而很少有时间去阅读书籍和文章。阅读优秀作家的作品是培养语言能力的最佳途径之一。现代小说、经典小说、优秀的纪实文学、一流的报纸和杂志都是重要的知识来

源。你多久才会抽时间读一首诗？试着读一些新诗或重温自己喜欢的古诗吧，你可以从中获得灵感，也可以欣赏诗人高超的文字技巧。阅读好的作品会帮助我们在两个层面上获得提升：首先，促进我们对概念的理解，帮助我们获取知识；其次，有助于提高我们在理解力、词汇和表达方面的核心技能。大多数时候，我们应该快速阅读，以期快速获取信息。市面上也有很多关于快速阅读的书籍和课程。不过在我们遇到一篇极有说服力或文采极好的文章时，我们需要多读几遍，仔细研究文章为何写得如此成功。我们要品味作者使用的词汇和隐喻，分析作者的观点，划出文章的重点，还可以记记笔记，便于我们在写作中运用这种风格。

如果你幸运地拥有一个喜欢读书的伴侣，那么试着大声朗读给对方听。选择一篇有趣的短文，声情并茂、抑扬顿挫地为你的伴侣朗读吧。孩子们会通过与父母或老师互相朗读文章来学习，我们也可以这么做，这应该是一项愉快的体验。读完后，你可以和你的伴侣讨论一下这篇文章。你们各自的收获是什么？你最喜欢作者写作风格的哪些方面？作者提出了哪些观点？你同意作者的观点吗？可以试着让你的伴侣读一读文章，你来扮演一下学生的角色。

掌握新单词

《读者文摘》（*Reader's Digest*）杂志有一个固定专栏，题为"扩充词汇量大有裨益"。这是个不错的建议。遇到新词，我们就

应该翻开字典，花点时间学习这个词的含义和派生词。可是，我们平时往往忽略生词，只是急匆匆地继续阅读。如果不想失去这个学习机会，我们就需要自律。比如我们遇到了"philology"（语文学）这个生词，它的意思是关于语言及其历史发展的科学。它源自古希腊语的"philos"和"logos"。"philos"意为"朋友"，而"logos"意为"一个单词"。所以从词源、词根上讲，"语文学"的意思是"对词的热爱"。我们在翻开词典时，可能会注意到"philanthropy"（慈善）"philately"（集邮）"philharmonic"（爱好音乐的）和"philosophy"（哲学）都使用同一个希腊语词根"philos"，所以这些词都是指对某种事物的热爱。如果每次碰到生词都这么做，那我们也在慢慢成长为热爱文字和研究语言科学的语文学家了。

学习生词的时候，最好试着在语境中使用它们，这样可以帮助你进行记忆。当然，在日常交流中使用过多长而晦涩的词会显得浮夸或矫揉造作。我们扩充词汇量，主要还是为了能够在适当的时候准确地使用单词，此外，这也可以帮助我们更好地理解学术性的写作。现在市面上有许多培养优秀写作者的指导书籍，可以找一本适合自己的进行学习。一般来说，不论是书面语还是口语，语句表达最好简洁明了。不过，如果一个不太常见的词恰好可以准确地表达你的意思时，也不要犹豫，大胆地使用它吧。

写作、改写与编辑

人们每天都在写东西，或是发手机短信，或是写电子邮件，甚至还会写小说。我们的写作水平是可以通过训练得到提高的。要想提升写作水平，一个不错的方法就是阅读自己所写的内容，并问自己几个问题：

○ 我写的东西是否完全表达了我的意思？

○ 对读者来说，它是否清晰易懂？

○ 我能让它更简洁或更准确吗？

我们需要找找看，文章中是否有冗词赘句。大多数数码照片都可以通过修图改善画质、聚焦主题。同样，我们也可以润色我们的文字作品。

文字游戏

孩童习得语言的方式多种多样。他们会在文字游戏、考试和实践中学习，也会在出错与被纠正的过程中学习。我们也可以玩文字游戏，把文字当作我们的朋友。文字游戏可以使我们的语言更准确，头脑更聪慧。许多标准化智力测试题中都有字谜游戏。易位构词、纵横字谜、密码破译、猜字谜、图画猜谜（也称图形字谜），还有其他一些语言谜题都是很好的思维练习。其中，拼字游戏是理想之选。如果你想认真玩这个游戏，就必须学习许多

高频字母组成的晦涩、简短的单词。此外，字典游戏也简单有趣。一人从字典中读出一个词的定义，其他人必须根据定义猜词。读的这一方可以选择一个常见词，然后从它不太常用的含义读起。

多加练习可以提高你玩字谜游戏的能力，因此，人们在做智力测试之前也会做好准备，从而提高测试分数。

倾听自己的心声

写完草稿之后，你可以仔细检查、润色，使文字更加生动简洁，演讲同样可以如此。如有时间，回顾一些自己演讲的视频片段。如果你正为一次重要的演讲或汇报进行排练，这对你尤其有帮助。很多人会惊讶地发现，自己在日常会话中竟会有那么多的错误或者不良习惯。比如许多人会使用一些口头禅，常见的有"比方说""好吧"或"你知道的"。犹豫、重复、语无伦次和含糊不清也是常见的毛病。

鲁德亚德·吉卜林说："语言是人类最有效的药物。"语言可以描绘美景，可以激发灵感，可以令人陶醉。如果你坚持扩充自己的词汇量，提升语言技能，你将获益匪浅。

语言智能调查问卷

1.每当我遇到一个生词，我都会翻阅字典，查看它的意思和派生词。

2.我喜欢读书。

3.大多数日子里我都会抽时间看书或阅读文章。

4.我会与他人讨论看过的书。

5.我喜欢学习和使用新词。

6.我会检查自己的文章，确保其清晰易懂。

7.我的文风简洁，所以我会删除多余或重复的词或句子。

8.我喜欢纵横字谜之类的文字游戏。

9.我有时会玩拼字游戏之类的文字游戏。

10.我很有自信并能清楚地表达自己的看法，我很少有语无伦次的时候。

如果答案是"是"就得1分。满分10分，8分即优秀。

第**14**章
数学思维：
避开直觉陷阱，获取准确答案

生活中总有人会告诉你，他们不喜欢数学。他们畏惧数学概念，对数字反应迟钝，哪怕是有关变量、平均值、概率、图表或统计数据的简单表格，也会让他们感到头疼，他们甚至避之如洪水猛兽。他们没有经商的优势，这真让人感到难过。只有那些熟练掌握数字、运算和百分数，并清楚占比、因变量等概念的人才会在商界游刃有余。数学盲缺少的不仅仅是一种思维工具，他们也无法欣赏数学的力与美。

提起思维，我们大多是指语言思维。我们依据文字、语言概念和语言推理进行思考，也会运用逻辑关系。但是有些问题，语言和逻辑也起不了多少作用。请思考下面这个问题：

农民问题。一位农民每年卖 10 吨马铃薯。他还储备了很多马铃薯种子以备来年种植。如果马铃薯的产量正好是马铃薯种子重量的 20 倍，那么，他需要种植多少吨马铃薯才能保证其永

久供应？①

你会如何解答这个问题？试着算一算，看看你的答案是什么。下面是一个相对简单的谜题。请休息一下，再尝试解决它，然后我们再一起看看这些题该如何解答。

旅行问题。一天清晨，我以平均 60 千米 / 时的速度开车前往伯明翰。下午，我以平均 40 千米 / 时的速度开车返回。我在途中的平均速度是多少？

先看农民问题。这道题的解答方法并不少，但是都有点复杂，而采用代数法会使其变得非常简单。我们假设他每年种植的马铃薯种子的重量为 x 吨，则得到下列方程：

$$20x = 10 + x$$

$$那么 \; 19x = 10$$

$$x = 10/19 \approx 0.526 \;（吨）$$

解决问题时，如果既有已知数又有未知数，代数就是最佳选择，那么我们可以列方程。代数可以解决很多问题，包括数值问

---

① 保罗·斯隆，德斯·马克海尔，2003，《破解横向思维谜题》（*Sit and Solve Lateral Thinking Puzzles*）。纽约：斯特林出版公司。

题。假设一个正方形房间铺了 1000×1000 块瓷砖，第二个正方形房间铺了 1003×1003 块瓷砖，那么，第二个房间铺的瓷砖数比第一个房间多多少？也就是 1003^2 比 1000^2 大多少？

我们可以这么计算：

$$a^2 - b^2 = (a + b) \times (a - b)$$

其中 $a=1003$，$b=1000$，

那么，答案为：

$$(1003 + 1000) \times (1003 - 1000) = 2003 \times 3 = 6009$$

对于第二个旅行问题，你的答案是什么？大多数人会不假思索地说"50 千米 / 时"，可这并不是正确答案。假设出发地距离伯明翰 120 千米（我们假设距离为 120 千米，因为它很容易被 40 和 60 整除），那么到达目的地需要 2 小时，返回则需要 3 小时。往返 240 千米的旅程总共需要 5 小时，平均速度为 240 千米除以 5 小时，即 48 千米 / 时。这个例子告诉我们，直觉并不可信，我们需要通过严格的运算来解决问题。

简单的数学思维可以帮助我们准确、有效地解决问题。学会用精确的数学术语来描述问题，或者画出问题图表，问题就会容易解决得多。上面提到的旅行问题的例子证明直觉并不可信，同时也证明了数学在严谨方面的优势。再来看个有名的例子：

赤道上的绳子。 地球赤道的直径约为 13000 千米（准确地说是 12756.4 千米）。假设第一根绳子贴地沿赤道绕地球一周。第二根绳子也沿赤道绕地球一周，不过它的位置比第一根绳子平均高 1 米，你也可以把它想象成比地面或海面高 1 米。那么第二根绳子比第一根长多少？猜猜看。

多数人会认为第二根绳子比第一根长得多。如果我们运用学过的公式，很快就能算出答案。圆的周长是 πd，其中 d 是直径，那么第一根绳子的长度约为 13000π 千米。第二根绳子围成的圆的直径比第一根绳子围成的圆的直径长 2 米，所以它正好比第一根绳子长 2π 米，即大约 6.3 米（图 14.1）。答案与我们

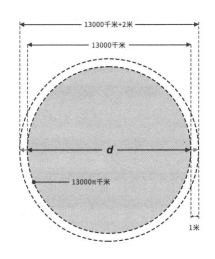

图 14.1 环绕地球的绳子

预料的大相径庭，这恰恰证明了不能总是依靠直觉进行判断，我们需要根据数学运算来进行准确判断。

如果把横向思维与数学思维结合起来，那我们就有了强有力的解决问题工具。现在请仔细思考下面两个问题：

网球比赛。共有 123 名选手参加网球淘汰赛。要完成这项赛事并最终诞生一位总冠军，需要进行多少场比赛？

书架。书架上有 6 本不同的书。如果《罗热同义词词典》（*Roget's Thesaurus*）总是摆在《牛津词典》（*Oxford Dictionary*）的左边，那么书架上的书有多少种不同的排列方式呢？①

要想解决这两个问题，可以采用常规方法、简便方法或其他方法。对于网球比赛问题，常规方法是先计算出 2 的几次方最接近参赛人数。我们知道 2 的 7 次方是 128，最接近 123。那我们就假设有 128 名球员，第一轮进行 64 场比赛，第二轮 32 场，然后是 16 场，以此类推到最终决赛。在上面的例子中，我们可以先让 5 名球员轮空，则第一轮进行 59 场，第二轮 32 场，以此类推。所以答案是 59+32+16+8+4+2+1=122。其实还有一种更简便的办法。既然每一场比赛都必须淘汰一人，那么除了冠军之外，

---

① 此处感谢德斯·马克海尔提供谜题。

所有选手都必须输一次。因此，如果有 n 个球员，那么一定会有 $(n-1)$ 场比赛，所以 123 名球员就必须进行 122 场比赛。

现在我们来思考书架问题。我们先把《罗热同义词词典》放在最左边，计算出有多少种排列方法。然后我们把它放在左起第二个位置，并确保《牛津词典》摆在它右边，然后计算有多少种排列方法。它被放在从左起的前 5 个位置时都可以这样计算，当《罗热同义词词典》位于左起第 6 位时，《牛津词典》只能排在《罗热同义词词典》的左侧，所以排列方式为 0 种。这种方法可以保证我们得到正确答案。但是还有一种更为巧妙的方法。既然 6 本书都可以被放在书架左起第一个位置，那么放好第一本书后，还有 5 本书可以排在第二位，以此类推。所以排列方式总共有 $6 \times 5 \times 4 \times 3 \times 2 \times 1 = 720$ 种。其中有一半的排列方式是《罗热同义词词典》位于《牛津词典》的左边，另一半则是《罗热同义词词典》位于《牛津词典》的右边。因此，将《罗热同义词词典》摆在《牛津词典》左边的排列方式总共有 360 种。书架问题完美应用了对称原理。

如何提高基本的数学运算技能呢？下面是一些小建议：

- 帮助孩子检查数学及其他学科的家庭作业。
- 做做报纸和杂志上的字谜游戏和脑筋急转弯。
- 在商店购买的商品不多时，试着心算总价。
- 付现金之前，把找零计算清楚，然后检查自己收到的零钱

金额是否正确。

○ 绘制图表。绘制房间的平面图并进行计算，估算出房子的
内部面积。

○ 估算。你要走多少趟才能修剪完草坪？你觉得一棵树上会
有多少片叶子？

○ 阅读数学书籍。选择适合自己水平的书籍，你或许会喜欢
上它们的！

第15章

掌握概率：
以更理性的方式了解、评估风险

我们中有不少人对基础统计学或概率论不甚了解，这往往导致我们思维受限，甚至犯一些本可以避免的错误。

接下来这个源自现实生活的例子难倒过很多医生。有一种致命的疾病，每 100 人中就会有 5 人感染，针对此病有一套准确率很高的检测方法。对于感染者来说，检测结果为阳性的概率是 90%，阴性的概率是 10%。而对于未感染者，检测结果为阴性的概率是 90%，阳性的概率是 10%。假设你的检测结果呈阳性，那么你感染此种疾病的可能性有多大？请认真思考一下，这可是个严肃的问题，生死攸关。

大多数的普通人以及许多医生都认为，检测结果呈阳性就代表极有可能感染了此病。他们有自己的依据：既然检测结果准确率为 90%，那么检测结果呈阳性则意味着患病的概率为 90%。然而，真正的概率要低得多。假设随机抽检 1000 人，既然感染率为 5%，则感染者 50 人，未感染者为 950 人。在这 50 名感染者

中，90% 的人（即 45 人）检测结果为阳性，5 人检测结果为阴性（假阴性）。在 950 名未感染者中，90% 的人（即 855 人）检测结果为阴性，95 人检测结果为阳性（假阳性）。因此，1000 人中共有 140 人检测结果呈阳性，而其中只有 45 人感染此病。如果你的检测结果呈阳性，那么你患病的概率是 45/140，即约为 32%。这种误诊的情况时有发生，许多人根据检测结果误认为自己患有致命的疾病，从而进行了痛苦且有害的治疗。

处理这类问题也有个好方法，那就是画树形图，如图 15.1 所示。

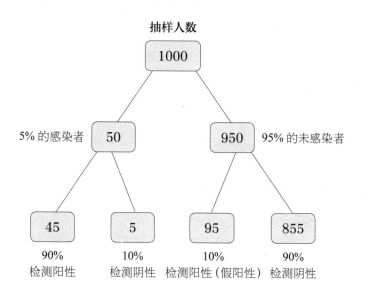

图 15.1　树形图

树形图显示了所有可能的结果，可以将数字或百分比附在每个分支上。通过这种方法可以统计数字，比如查看检测结果为阳性的人数；也可以计算概率，比如将 45 位感染者除以 140 位检测结果呈阳性者，计算出检测结果为阳性的人患病概率约为 32%。

现在，有必要讲一讲概率论中的 3 个重要概念了。事件的相互关系包括以下方面：

○ **互不相容**；

○ **相互独立**；

○ **条件概率**。

如果你投掷一枚硬币，落下时它不是正面朝上就是反面朝上，这两种可能性互不相容。如果你从一副牌中抽出其中的一张，那它可能是"大王"，也可能不是。如果事件互不相容，那么当一个事件发生时另一个事件就不可能发生，所以事件发生的概率之和是 100%。

我们来看第二种情况。"独立"，意如其字。我们可以将概率相乘来计算两个独立事件同时发生的可能性。如果明天下雨的概率是 1/3，而我中彩票的概率是 1/（1000 万），那么这两种情况都发生的概率是 1/（3000 万）。

有时候，第二个事件的结果取决于第一个事件的结果，这里面就涉及条件概率。比如你从一副牌中抽出两张牌，那它们都是

"方块"的概率是多少呢？第一张是方块的概率为 1/4。已知第一张是方块，那么第二张是方块的概率为 12/51，则两张都是方块的概率为 12/204。

我们还需要掌握一个非常有用的概念：逆概率。对于互不相容的事件，我们可以从 100% 的概率中减去一个事件的概率得到另一个事件的概率。如果我们掷 3 次骰子，那么至少掷出一次"6"的概率是多少？每次掷骰子都有 1/6 的概率出现"6"，所以很多人认为掷 3 次骰子得到"6"的概率是 3/6。以此推断，掷 6 次骰子肯定会掷出一个"6"，而事实并非如此，所以这样推理一定是错误的。正确的方法如下：

一次掷出"6"的概率

$$= 1/6$$

一次掷不出"6"的概率

$$= 5/6$$

3 次掷不出"6"的概率

$$= 5/6 \times 5/6 \times 5/6 = 125/216 \approx 0.58$$

3 次掷出"6"的概率

$$= 1 - 0.58 = 0.42 = 42\%$$

原则上，你不能把多个独立事件的概率相加，而是应将其相乘，以得出所有事件发生或不发生的可能性。如果一匹马参加 3

场比赛，它赢得任何一场比赛的概率是 1/3，那么它在 3 场比赛中都能获胜的概率只有 1/9。许多赌马客输钱就是因为他们高估了一匹马在比赛中获胜的概率，而且还喜欢累计下注。

生日问题也是一个有名的运用逆概率运算的例子：房间里有多少人才才有可能存在两人生日相同的情况？

我们先假设房间里有两个人，那么两人生日相同的概率是 1/365（忽略闰年）。反之，不相同的概率是 364/365。如果第三个人进入房间，已知前两人生日不同，那么第三个人与前两人生日不同的概率是 363/365。如果第四个人进入房间，已知前 3 人的生日不同，那么第 4 个人与前 3 人生日不同的概率是 362/365，以此类推。因此，4 个人生日都不同的概率是：

$$364/365 \times 363/365 \times 362/365 \approx 98.4\%$$

由此推出他们生日相同的概率为 1.6%。我们继续推算下去，直到每人生日不同的概率降至 50% 以下。令人惊讶的是，房间里只要有 23 人就可以达到这个结果。如果房间里有 23 人或更多，那么两人生日相同的概率就很高了。

最后，我们一起来探讨赌徒的推理谬论，这其实源于他们对概率的错误理解。这种谬论的含义是，偏离常态的情况会随着时间的推移而趋于平衡，这有助于预测结果。比如在"大富翁"游戏中，如果前半局没有占下梅菲尔区（Mayfair）方格，相信这

个谬论的人就会认为在后半局中它会比其他方格更有可能被买断——情况就这样变得"平衡"起来。同样，如果在轮盘游戏中连续 5 次转到红色，那么下一轮更可能会转到黑色，因为连续 6 次转到红色的可能性极低。然而，这个过程是随机的，下一轮转到红色和黑色的概率其实是相同的。

掌握基本的概率知识有助于你更好地了解风险、机会和统计。它会帮助你以更加理性的方式评估选择和机会。市面上有很多讲述概率的书籍，它们会帮你度过短暂的迷茫期，引领你踏入概率论的迷人世界。

第 **16** 章

视觉思维：
思维可视化，复杂想法也能一目了然

试着解答以下问题：

1. 如何用 6 根火柴摆出 4 个大小相同的等边三角形？

2. 如果你只有一把 15 厘米的直尺，怎样才能准确估算出一条宽阔河流的宽度？

3. 在一个长 24 米、宽 24 米、高 8 米的空间的角落里有一只苍蝇。一只蜘蛛在苍蝇正对面的角落里看见了它，蜘蛛想走最短路线爬过墙壁、地板或天花板捉住苍蝇。求蜘蛛和苍蝇之间的最短路线。

解决这些问题需要运用视觉或图形思维，在某些情况下还需要具备基本的几何或三角学知识。

你会借助简图、图表、地图、曲线图或图画进行思考吗？你能思考二维、三维或四维空间中的问题吗？好吧，思考四维空间中的问题确实很困难，但是借助图片或图表思考非常有效——这对于理解和处理某些问题是必不可少的。对于解决上述问题，运用语

言思维或数字思维并没有多少帮助。我们如此依赖文字来描述事物，但在某些情况下，文字在传递信息方面的作用又是那么微不足道。试着向别人描述一个形状特殊的物品吧，比如开瓶器或挂衣架，但是不要说出这个物品的名字或用途，只需描述它的形状。通过尝试你会发现，要准确传达信息并不容易。所以，当我们遇到形状特殊、用途不明的物品时，我们可以借助简图或图片来描述。

我和同事们在工作室中经常做一些练习。比如一个人观察一栋房子的图片，然后简要地对它进行描述，另外一人提出一些问题，并且必须根据描述和所获答案把房子画出来。这个练习并不容易，而且结果往往令人沮丧，但是它具有一定的指导意义。这个练习说明我们的提问技巧并不高超，我们总是直接进行猜测，而我们描述图像的词汇又是那么贫乏。

儿童对绘画充满信心，他们想画什么就画什么，也没有人会随意批评他们。随着年龄的增长，我们开始在意自己画得好不好，也就慢慢地对绘画失去了信心。我们发现只有少数人有绘画天赋，他们画得很好。既然别人擅长绘画，那我们就不愿意再"献丑"了。我们的绘画水平当然比不过艺术家，不过这并不妨碍我们使用简图来思考、解决问题和交流沟通。如果一位陌生人拦住你并向你问路，你可能会告诉他目的地离这儿有多远，到哪里需要拐弯，还有一些标志物或街道的名字等。如果你俩手里正好有地图，你会帮他在地图上指出路线。那为什么不画个简图呢？这样会更容易理解。试着画一画吧，你可能会对它的效果感到惊讶。

听讲座或者参加会议时我们经常做笔记，那么试着画个思维

导图吧。托尼·布赞（Tony Buzan）推广了思维导图的概念，我们也推荐大家读一读他关于这一主题的书籍。^①关于思维导图，首先你需要在纸的中心写下主题名称。然后围绕主题画出分支，在每一个分支上写下一个代表这个主要观点的词语。次要观点可以作为主要观点的分支继续向外扩展，以此类推。许多人发现绘制思维导图有助于他们理解和记忆材料。图 16.1 是一个关于思维导图绘制方法的示例图。

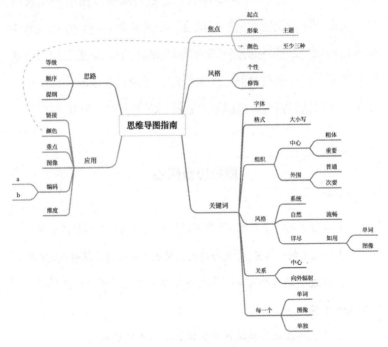

图 16.1　思维导图示例

———————————
　　①　托尼·布赞，2002，《大脑使用说明书》（*How to Mind Map*）。伦敦：托森斯（Thorsons）出版社。

还有一种提高图形思维能力的方法是随身携带笔记本来画草图，做笔记时除了使用文字，也可以试着用草图进行记录。哪怕你的画像孩子的涂鸦也没有关系，通过这种方式你可以表达难以用语言表达的概念。例如，你想描述办公室的布局，那简单的草图远比书面解释更让人一目了然。

许多伟大的艺术家、发明家和设计师都是视觉思考者。发明家尼古拉·特斯拉（Nikola Tesla）通过想象设计出了涡轮发电机。在设计新的涡轮发电机时他会不断地想象，直到它在头脑中变得栩栩如生，然后通过发挥想象力来操作它，设想它如何运转以及可能会出现哪些故障。他曾说过，无论是在他的头脑中还是在车间里测试涡轮发电机都无关紧要，因为测试结果都一样。

视觉思维问卷

1. 在过去的一个月里，你是否通过画简图向别人解释过某事？

2. 在过去的一周里，你是否通过画简图来帮助自己理解或记忆？

3. 在过去的 6 个月里，你是否参观过两座或两座以上的美术馆或博物馆？

4. 你喜欢在参观某地之前先研究一下当地的地图吗？

5. 通过观察地图上的等高线，你能想象出现实中的地形吗？

6. 上学时你喜欢几何课吗？

7. 你喜欢处理数码照片吗？例如，你是否会通过裁剪和编辑来改善图像效果？

8. 你会使用物体的二维工程图或建筑物的二维建筑平面图来想象物体或建筑物的样子吗？

9. 你在过去的一年里玩过拼图游戏吗？

10. 你会使用思维导图来记录或帮助记忆吗？

得分在 7 分或 7 分以上是优秀。

问题答案

1. 这个问题在二维空间中很难解决，但在三维空间中却简单易解。你只需构筑一座金字塔的形状（确切地说，是一个四面体）即可，如图 16.2 所示。

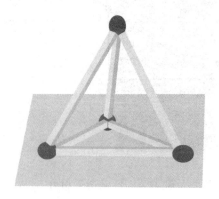

图 16.2　火柴问题图解

2. 使用三角定位法可以从河岸的一侧准确估计河流的宽度。在对岸找个参照物，比如一棵树，你需要站在它的正对面。假设这棵树在 A 点，你在 B 点，你想要测量的是线段 AB 的长度。现在，沿着垂直于线段 AB 的方向沿河岸向一侧走一段距离（比如 20 步）。在这个点上插一根木棍，记为 C 点。然后继续朝同一方向走相等的距离（20 步），此处记为 D 点。然后向右以直角转向，背对河流一直走，直到你、木棍和树连成一条直线。现在你所在的点为 E，此时 DE 之间的距离等于 AB 之间的距离，因为三角形 ABC 和三角形 EDC 是完全等同的，如图 16.3 所示。

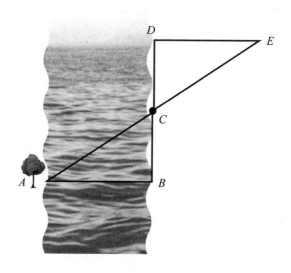

图 16.3　河流问题图解

3. 如果把房间展开为平面（图 16.4），你会发现蜘蛛会直接从 A 点爬到 F 点。AB 之间的距离为 24 米，BF 之间的距离为 32 米。而且三角形 ABF 是直角三角形，三边比为 $3:4:5$，因此 AF 之间的距离为 40 米。

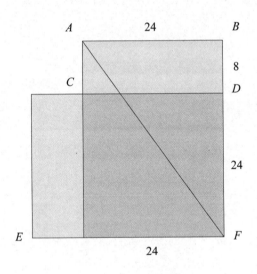

图 16.4　蜘蛛问题图解

第17章

提高情商：
了解、管理情绪，搭建"心灵之桥"

在日常生活中，我们会发现智商高的人不一定擅长处理人际关系，也不一定具有良好的情绪管理能力，所以只依靠智商并不一定能获得成功。提高情商可以帮助我们解决这个问题。情商是指观察、了解并管理自己、他人和群体情绪的能力。优秀的思考者认为，了解和改善情绪与行为之间的关系可以帮助他们获得事业上的成功。

彼得·沙洛维（Peter Solovey）、马克·布雷克特（Marc Brackett）和约翰·梅耶（John Mayer）在上述定义的基础上，将情商描述为"感知情绪、调整情绪促进思考，了解情绪、管理情绪促进个人成长的能力"。此定义包含 4 种能力：[1]

---

[1] 彼得·沙洛维、马克·布雷克特、约翰·梅耶，2004，《情商：梅耶和沙洛维模型的关键解读》（*Emotional Intelligence：Key readings on the Mayer and Salovey model*）。

1. **感知情绪**——察觉和解读情绪的能力，包括认识自身情绪的能力。感知情绪是情商的基本层面，它奠定了情绪处理的基础。

2. **利用情绪**——利用情绪促进各种认知活动的能力，比如思考和解决问题的能力。高情商的人可以充分利用自己不断变化的情绪，以最好的状态完成手头的任务。

3. **了解情绪**——懂得情绪语言、了解各种情绪之间复杂关系的能力。了解情绪包括对情绪细微变化的敏锐捕捉能力，以及识别与描述情绪如何随时间慢慢变化的能力。

4. **管理情绪**——调整自己和他人情绪的能力。高情商的人可以控制情绪（甚至是消极情绪），并通过管理情绪来实现预期目标。

丹尼尔·戈尔曼（Daniel Goleman）进一步发展了情商理论，认为它包含 4 种关键的领导能力：[1]

1. 自我意识——了解个人情绪并认识情绪影响的能力；

2. 自我管理——控制个人情感和情绪的能力；

3. 社交意识——观察和了解他人情绪的能力；

4. 关系管理——在处理冲突时鼓励、影响和帮助他人的能力。

---

[1] 丹尼尔·戈尔曼，1999，《情商》（*Emotional Intelligence*）。伦敦：布鲁姆斯伯里（Bloomsbury）出版公司。

自我意识

我们的情绪多变、起伏不定，但都可归入五大类。这 5 类主要的情绪包括快乐、悲伤、愤怒、羞耻和恐惧。悲伤包括忧郁、孤独、绝望、沮丧、不满等；羞耻包括内疚、悔恨和无价值感等。

提高情商的第一步是了解情绪，并且了解情绪如何影响我们的行为。我们都能感受到情绪，但只有经过审慎思考才能慢慢了解情绪以及它对我们的影响。有些情绪是显而易见的，比如尴尬时你可能会脸红；有些情绪会产生行为后果，比如愤怒时你可能会变得咄咄逼人。情绪低落时你可能会无精打采，缺乏动力；害怕时你可能会不知所措。我们需要了解情绪如何改变我们的行为和反应。这并不是说情绪本身不好，而是我们确实有不同的情绪。对我们来说，最重要的事情就是分析和了解情绪对我们的影响，看看它如何改变我们的态度和行为。高情商的人能够识别自己和他人的情绪，并注意运用和发挥情绪的优势。

自我管理

管理情绪的一个有效方法就是把最近影响我们行为的主要情绪记录下来，并将每种情绪与因其所产生的行为和反应联系起来。你需要通过思考确定它们之间的联系。许多人觉得这个过程并不怎么美好，但这种努力是值得的。你或许会注意到，自己受到批评时会变得愤怒，并且反应十分激烈。既然观察到了这两者之间的联系，你可以问问自己为什么会发生这种情况。更为重要的是，你

可以未雨绸缪。比如，你可以想象在下一次的会议中有人批评了你——不论他的批评公正与否，你可以在脑海里预演自己可能会产生的各种反应。想象各种可能会出现的情况，包括你生气甚至大发雷霆的场景。最终，你可以选择一个最积极、正面的场景，并在脑海中反复演练自己的行为。下次再遇到这种情况时，冷静一下，试着放松，做个深呼吸，把多次演练的成果展现出来，这或许可以将你的愤怒转化为积极的自我提升。优秀的运动员不仅锻炼身体技能，他们也会在脑海中一遍又一遍地想象各种情况。他们试图感受自己进入重要决赛时会产生的各种情绪，通过演练为成功做好了准备。我们可以用同样的方法来处理未来将会发生的状况。

自言自语也很重要。我们可以在情景演练中创造出各种对话，指导自己做出更积极的行为和反应。"下次再有人批评我，我会静静地倾听，我会听取他们积极的和建设性的意见。我可以从他们的评论中学习。我不会反驳他们，而是感谢他们提出意见。"

有人发现和知己谈谈自己的情绪和反应很有益处，这个人可以是自己的伴侣、教练、朋友或导师。如果你能坦诚地表达自己的感受，承认它对你行为的影响，那么谈论这种感受的行为本身就可以宣泄自己的情绪。你们可以讨论已经发生的事情，看看将来可以如何做得更好。

社交意识

社交意识是感知、理解他人情绪并对他人情绪做出反应的能

力。我们很多人都过度受困于自己的思想和情感，以至于无法集中精力仔细观察他人。与他人交流时要学会倾听。倾听的过程不仅仅是听，还要同时处理多项任务，比如思考接下来该说什么。真正的倾听需要用心听别人讲话，并注意他们说话的方式。也就是说，这不是我们在独处时的思考，我们必须停止无关的精神活动。全神贯注地倾听他人讲话，是给他人真诚的赞美和尊重。对方或许会注意到这一点并心存感激。

要学会观察他人。可以问自己一个问题："此人现在感觉如何？"我们能够捕捉到非常微妙，几乎难以察觉的信号，这些信号可以反映他人的感受。学习并培养这种能力吧。顶尖的扑克玩家具有惊人的观察能力，他们的观察细致入微，通过蛛丝马迹就能看透对手。我们无法达到职业玩家的高度，但是我们可以培养自己这方面的一些能力。仔细观察他人的手势、肢体语言和语气，同时倾听他们的言语。如有疑问，可以问个简单的问题，比如"你对此有何感想？"或者"你对此有何反应？"不要以心理医生的角色去询问对方，偶尔问一些简单明确的问题就可以了。

一旦了解了别人的感受，就可以根据自己的预期目标来调整自己的反应。你可以通过提出建设性的意见或对对手产生影响的方式来实现这一过程。比如你正在与一位心情沮丧的员工打交道，你可以先对员工面临的问题表示同情，然后再提出建设性的意见。如果你正在参加辩论，对手是个开不起玩笑且容易发怒的人，那么你可以故意调侃对方。

我们的行为并不是建立在逻辑、推理和理性思维的基础之上，而是受到情绪的影响。一旦了解了他人的情绪，就可以更好地处理与他人的关系——这对你们双方都有益。

关系管理

情商适用于不同的人际关系。比如它可以帮助你改善与伴侣的关系，或者提高你所在团队的工作业绩。

处理你和他人（比如你的伴侣）的关系时，用心留意你们的争吵原因就是个不错的开始。大多数夫妻都会吵架——这并不一定是坏事。你需要思考你们为什么会吵架，以及在什么样的情绪中容易发生争吵。在吵架的过程中，情绪冲动具有极大的破坏性。既然你俩都有这样的感受，那么试着分析一下情绪冲动的原因是什么，带来的后果又是什么。如果能抛开问题本身，敞开心扉谈一谈自己的感受，那么这就是你们修复关系的开始。

团队中既会有群体情绪，也会有个人情绪。在运动场上，体育团队会表现出各种各样的情绪，或兴高采烈、欢欣鼓舞，或怒气冲冲、垂头丧气。他们经常把自己的情绪展露无遗。办公室里的团队也会产生类似的情绪，甚至更加多样化，但是他们往往不会表现得那么明显。优秀的领导者会读懂这些信号，他们会心平气和地提出一些问题去了解团队的感受，他们既会考虑团队的情绪问题，也会顾及公司的业务问题。

第18章

交谈技巧：
人人都能成为出色的聊天高手

在一些社交场合中，你可能会对一些人避之不及，因为和他们聊天很无趣。看着他们向你走近，你的心里在哀号，你知道接下来他们会紧紧地跟着你，聊些无聊的话题。不过，你也会有幸认识一些聪慧的健谈者，他们总是可以活跃气氛，不管在什么场合中他们都是有趣的伙伴。你觉得别人会把你归为哪一类呢？怎样才能提高自己的谈话技巧，让自己在各种聚会和社交活动中都受人欢迎呢？如何才能成为聪明的聊天高手和思考者呢？下面这些建议或许可以帮到你。

提出问题

大多数人在聊天中都不愿意倾听对方说话，他们更喜欢滔滔不绝地谈论自己。如果想和别人聊天或者转移话题，提问是个不错的办法。初次见面时可以问些简单的、让人放松的问题，比如做什么工作、住在哪里等。对于泛泛之交，你或许大概了解他们

的兴趣，那么可以问一些有关兴趣爱好的简单问题。随着你们的交往更加深入，你可以问一些探寻性的问题或者有趣的问题，比如"你一生中遇到过的最大的挑战是什么？"或"你最大的抱负是什么？"

在群体中也是如此。当你想和人们一起交谈，可以先问个问题，而不是陈述事实或谈论自己做过的事情。问问题可以把周围的人吸引过来。有人说："大智论道，中智论事，小智论人。"一开始可以先轻松地闲聊，时机一到就抛出问题并将讨论引向重要话题及与之相关的想法。后面的篇章中我们会讨论汇集种种想法的途径。不过你必须首先判断这个群体的性质，所以遵循下面这条原则非常重要。

倾听他人

聊天高手都是很好的倾听者。不论你是和一个人还是和一群人在一起，都要认真倾听。好的倾听者总是受人欢迎——难道你愿意和无聊冷漠的人聊天，而不愿意和认真倾听你说话的人聊天吗？倾听他人也是一种学习，如果只是你自己在滔滔不绝，那么你又能学到什么呢？要有意识地集中精力听别人说话。为了表示你对你们所聊的话题感兴趣，你可以提出一些问题："这到底是什么意思呢？""接下来发生了什么？""你有什么感受？"

在一群人中倾听时要学会观察他人对聊天的反应。他们是否很投入？还是他们想换个话题？是不是可以从闲聊转向讨论更严

肃的话题了？我要说些笑话来活跃气氛吗？通过倾听和观察，你可以适时地参与其中，以引导大家继续当前的谈话，或者将聊天内容引向有趣的新话题。

给予赞美

尽可能真诚地赞美别人。看到别人变漂亮了、苗条了，或者剪了个时尚的新发型，真诚地给予赞美吧，这表明你真切地关注到了对方。"这个颜色真适合你。""你看起来真苗条。"如果别人告诉你他们的事业有了起色，或者孩子的学习有了进步，一定要祝贺他们。参加活动时出于尊重和礼貌，你应该对主办方表示感谢和赞美，告诉他们活动非常成功，你非常高兴能参与其中。他们为了活动的成功做出了种种努力，挑选几个喜欢的细节说一说，告诉他们活动的效果很棒，你非常喜欢。

称呼其名

戴尔·卡耐基（Dale Carnegie）在其经典著作《人性的弱点》（*How to Win Friends and Influence People*）中指出，人们喜欢听到别人叫自己的名字。如果你第一次遇见某人，且知道他的名字，那就试着用名字称呼他吧。"约翰，你住在哪里？"直呼其名有助于你记住对方的名字，也拉近了你们之间的距离。在群体中也同样如此。"你说得很有道理，玛丽。但是，你有没有考虑过……？"你看，提到对方的名字能够表露出一种微妙的赞美。

关注热点话题

我们在日常生活中需要了解新闻、娱乐、体育及政治方面的时事和热点话题。在与他人聊天的过程中，如果对方恰好对其中的一些话题感兴趣，你就可以询问对方的感想，分享自己获得的信息，或发表自己的看法。你可以挑几部最新的电影看看，挑几本最畅销的小说或纪实文学读读，或者看看报纸来了解新闻，知道主要的体育赛事，甚至看几段电视节目，但不要过多。盲目地追肥皂剧并不可取，但是如果有人问起你最喜欢的电视节目，你可以随口说出几个流行的或严肃的电视节目，还可以与人分享你最喜欢的片段。

讨论严肃话题的时候，你可以表示自己并不赞同传统观点，甚至可以发表激进的观点进行反驳——即使只是为了反驳而反驳。如果对他人的观点只是连连点头称"是"，聊天必然索然无味。比如人人都反对某个政治领导人，那你就列举他的优点或成就来为他辩护；如果你想讨论一个有争议的话题，别急着发表意见，可以先问问对方："有人认为……，你持什么意见？"发表自己的观点时要有理有据，让人信服，当然也别忘了展现你的幽默。在社交场合中也要注意不要咄咄逼人或刚愎自用。最好避免谈论过于敏感或有争议的话题，特别注意不要冒犯他人。

保持幽默

在与人讨论时，气氛有时十分严肃，有时又轻松愉快，不论

是哪种情况，都要学会参与其中。幽默是一个人发自内心的机智和风趣，而且往往出人意料。所以幽默并不是一项容易培养的技能，但你仍然可以为此做出一些努力。首先学会观察，看看他人是如何展现自己的风趣幽默的。大胆地说些俏皮话吧，仔细观察他人的反应，看看能否博得对方会心一笑。平时也准备一些有趣的小故事，说不定在聊天中就能派上用场，但是不要过于刻意。个人不同寻常的经历或是尴尬趣事有时也可以拿来调侃一番。准备几个自嘲的小故事吧，一些笑话、名言或他人说过的风趣言论也可以借用，不过要谨慎，不要胡乱篡改。如果是一群年龄不一或熟识程度不一的人相聚，注意玩笑话要适宜，忌低俗无礼。别人讲笑话时要礼貌地报以笑声，哪怕以前听过也不要说出来，让人扫兴。

表达清晰

有的人说话口齿不清，有的人说话急匆匆，还有的人说话声若蚊蝇，恨不得让人竖起耳朵才能听清。与人聊天时要表达清晰、饱含热情。聊天高手一般都口齿清晰、表达流畅，别人一听就明白。他们经常使用有趣的隐喻，描述事情总是绘声绘色，生动易懂。我们应该把句子说得简短清晰，切中要害，不要拖泥带水。表达完自己的观点后可以等待对方接过话茬。如果出现冷场的情况，就提个问题让对方继续聊下去吧。

学会享受

　　无论如何，做你自己就好，自在、真实一些，不用特意取悦他人。遇事积极以待，相信自己会遇到一些有趣的人，会度过一段美好的时光。学会放松，微笑着享受当下。人们总是回避那些脾气暴躁、怨气冲天的人，更喜欢与快乐、善良的人相处。如果遇到聊得来的人，别忘了喝上几杯，当然也不要喝得太多，免得所有努力付诸东流。

第**19**章

赢得辩论：
用说服他人的妙招提高你的想法的价值

该做的事、不该做的事，再来个小计谋

不管我们的想法有多妙，如果我们不能说服别人相信它的价值，那它就没什么意义了。雄辩者常常能赢得辩论，不仅因为他们善于讲道理，还因为他们会熟练地耍些小聪明。要想在辩论中取胜，就要知道哪些事该做，哪些事不该做，同时还要学会一点小计谋。

该做的事

○ **保持冷静。**即使感到恼火，也必须保持冷静，控制好自己的情绪。如果情绪失控，那你必输无疑。当对手故意提出一些煽动性的言论激怒你时，不要感情用事。保持冷静，面带微笑，用问题或事实来反驳你的对手。

○ **用事实表明你的立场。**人们很难反驳事实，所以在辩论前收集一些相关的证据吧。调查、数据、相关人员的言论和研

究结果都是有用的论据。如果你能运用事实证据让对手处于不利境地，那么前期细心的调查和精心的准备就是值得的。

○ **善于提问。**巧妙的问题可以使你牢牢把握住辩论的节奏，让对手心急如焚、无计可施。你可以提出几个问题来质疑对方的观点："你有什么证据证明你所说的属实？"你可以根据假设做出推断，给对手抛出难题："如果每个国家都这么做，情况会如何？"还有一种有效的办法，就是冷静地激怒你的对手："到底是什么让你如此愤怒？"试着提出问题来回答对方的问题。比如对方问："既然有趣的事情那么多，人们为什么还要花大量的时间看电视呢？"对于这个问题你可以选择不回答，而是问个预先准备好的问题："那你都看什么电视节目呢？"如果对方回答你的问题，你就有时间来组织自己的论据，并利用对方的部分回答加以补充。

○ **运用逻辑。**推理要环环相扣，才能有效推断出你的结论，整个过程必须逻辑分明。同样，学会在对手的论据中寻找自相矛盾的地方，运用逻辑来颠覆对方的观点。如果你的对手认为"人们超重是因为看电视时间过长"，那就指出对方并没有证明二者之间有何关联。学会质疑对手的假设。如果对手在辩论中提到因果关系，可以针对对方阐述的每条原因提出疑问，比如它是否与对方的观点相关，是否可以恰当或者充分地支持对方的结论。

○ **呼吁高尚的价值观。**除逻辑外，也可以提出人们普遍认同

的价值观来约束对方，让对方难以反驳："难道我们不应该努力为孩子们创造一个更美好、更安全的世界吗？"有时你可以把对手的动机描绘得更世俗或唯利是图，而你的动机则值得称赞，体现出高尚的价值观。

○ **仔细倾听。**很多人只专注于自己要说的话，却忽略了对手的话，并默认了对手的论据。仔细倾听非常必要，在倾听的过程中可以发现对手的弱点和漏洞，还会获取新的、有用的信息。如果你仔细聆听对手使用的词语和句子，那么你就有机会准确地重复他们的论据，不过你可以强调不同的侧重点，这对对手将是巨大的挑战。

○ **使用贴切的类比。**类比浅显易懂，在辩论中使用贴切的类比非常具有说服力。思考一下如何进行类比才能引出你想表达的观点。比如，"激励办公室团队成员高效工作，就如鼓励少儿足球队成员好好配合一样，两者都需要互相沟通，互相支持，当然也少不了实践和训练。因此，我们需要一个教练带领成员进行定期的训练。"如果你的对手也使用类比，看看对方的类比是否贴切，是否与当前问题相关，随时准备指出对方的漏洞或提出一个更贴切的类比。

○ **承认对方正确的观点。**不要为了辩论而辩论。如果对手提出了正确的观点，你当然要认同它，不过你可以用其他观点来完善它。这会表现出你的公正与理智。"我同意你的观点，监狱并不能改造囚犯。这有一定的道理，但是监狱

仍然有效地起到了威慑和惩罚的作用。"

○ **研究你的对手。**了解对手的优点、缺点、信仰和价值观。你可以呼吁对方高风亮节，也可以抓住对方的漏洞，用他们的论据进行反击。

○ **寻求双赢。**通过辩论，如果发现最终的结果既能印证你的主要论点，也能印证对方的一些论点，那么坦诚大方地与对方达成和解吧。拳击比赛中不可能实现双赢，但谈判中可以。

不该做的事

○ **不要进行人身攻击。**不要直接攻击对手的生活方式、正直或诚信的品质。辩论中要直击问题，而不是攻击对手。如果对方攻击你，你反而会占据道德的制高点。比如你可以说："我很惊讶你竟然会进行人身攻击。我想我们是要解决问题，而不是诽谤对方。"

○ **不要分心。**你的对手或许会说些不相干的话题来迷惑你。你必须坚决反对："这是完全不相关的问题，我很乐意与你在事后再进行讨论。我们还是先来关注眼下的主要问题吧。"

○ **不要因小失大。**如果你有 5 个论据，其中 3 个非常具有说服力，还有两个不太完善，那么最好只提出具有说服力的论据。努力让自己的论据令人信服，并寻求对方的认同。如果你使用说服力较弱的论据，对手就会抓住机会反驳你，那么整场辩论你都将处于弱势。

赢得辩论的小计谋

○ **使用简短的俏皮话。**有时你可以在对话中插入一些简洁、幽默的俏皮话，令对手措手不及。下面是些不错的例子：

- "你有点想当然了。"
- "你跑题了。"
- "你戒心太重了。"
- "这两者就像苹果和橘子，没法作比较。"
- "你的界限在哪里？"

○ **态度高傲。**这在政治辩论和电视节目中比较常见，它或许有一定的吸引力，不过它并不是与同事或朋友的相处之道，你会为此付出较大的代价。这个策略或许十分吸引观众，却难以让对手心服口服。

○ **找到对手的易怒点。**不断刺激对方，直到对方怒气冲冲，输了脾气也就输了辩论。如果你掌握了对手的易怒点，学会利用它、操纵它。同样，如果你做不到冷静，容易发脾气，别人也会利用你的脾气来对付你。

○ **分散注意力。**转移对手注意力，扰乱对方偏离主要观点。如果对方观点正确，你可以说："这很好，但是如果……会怎么样呢？"这就转移了对方的注意力。出色的辩手不会被人牵着鼻子走，他们很快就会回到主题。

○ **引导对手。**诱导其观点偏离主题，再指出对方观点过于夸张，荒谬离谱。如果对手这么做，你需要冷静地指出对方

所言不实。

○ **自信反驳**。指出对手的所有论据都不合理，但只需选择其中比较有把握的一两条来证明你的观点。假设你赢了，那是因为你在辩论中保持冷静、善于提问、运用事实和逻辑，而且呼吁对方体现高尚的价值观。换句话说，你是按照上面提到的"该做的事"进行辩论，而且坚持不懈，永不言弃。

要记住，两个人之间的争论与在观众面前的辩论截然不同。前者是你努力赢得对方的尊重，你要想方设法说服对方与自己达成共识，但不要咄咄逼人。而在观众面前，你要尽己所能，不论你是表演给观众看，还是你的言辞手段确实高明，都要确保取得胜利，击败对手。在这种情况下，幽默是一种非常有效的工具，可以事先准备一些有趣的俏皮话。

问卷调查

针对每条论述，判断自己的辩论技巧。回答"是"得1分，总分为10分。

1. 我喜欢就严肃的问题与他人进行激烈的讨论或辩论。

2. 我总是认真倾听对方说话。

3. 我从不对人发脾气。

4. 如果知道一个话题容易引起争议，那么我会提前研究它。

5. 我会研究对手，评估对方的优、缺点。

6. 我可以调动他人的情绪，呼吁对方体现高尚的价值观。

7. 我在陈述论据时逻辑分明，条理清晰。

8. 即使在激烈的讨论中，我也总能保持冷静，不会失控。

9. 我会努力领会对方的观点，如果对方说的有道理，我有时也会改变自己的看法。

10. 比起获胜，我更喜欢达成共识。

7分或7分以上为优秀。

第**20**章

静心沉思：
放缓节奏，养精蓄锐，集中精力

我们生活的世界忙忙碌碌。信息通过各种渠道对我们轮番进行轰炸，让我们措手不及，难以迅速做出决定，但优秀的思考者仍会花时间安静地思考。有时候我们需要放慢生活节奏来养精蓄锐。业余高尔夫球手普遍存在的一个问题就是挥杆太快，击球过于仓促。教练经常建议他们放慢挥杆速度，以便干净利落地打出好球。同样的建议也适用于我们思考和做决定的过程。下面的方法可以帮助我们放缓节奏。

认真倾听

许多人还没听完问题就急于给出解决对策。他们匆忙下结论，迫不及待地得出自己认为的答案。最好的做法是等对方把话说完，仔细倾听各种数据，通过分析了解问题，然后再去想办法。与正在描述问题的人交谈时，可以不断提出问题，仔细倾听对方的回答，然后再给出建议。提问可以帮助双方更深入地理解问题，从

而制定出更好的解决方案。

看问题不能只看表面，我们必须刨根问底。"这是什么意思？""为什么会这样？""怎么会发生这种事？"就像阿加莎·克里斯蒂（Agatha Christie）笔下的大侦探马普尔（Marple）小姐一样，不断细心地探查，我们也会找到问题的真相。每一次提出问题，都如同挖掘土地来寻找宝藏。多挖掘，才能提出有效的假设和解决方案。

放慢生活节奏

别人都在匆忙地赶路，但并不意味着你也需要如此。每天安排一些时间让自己静心思考吧。在午餐后或者傍晚散散步，想想事情。摒弃那些乱七八糟的想法才能思考生活中的重要问题。既然要解决重要问题，那就充分发挥想象力，转变自己的观念去发掘新对策。

即使日程繁忙，我们也总可以找到一段时间来静心思考。在上班路上看到的风景或许会给你带来关于你正思考的关键问题的灵感，随时用录音笔进行记录吧。早上醒来后别急着起床，静静思考 5 分钟，梳理今天需要完成的任务，按照轻重缓急做好计划。入睡之前同样可以思考几分钟，回想当天完成的任务，看看是否有需要改进的地方，再做好明天的计划。这种方式往往会让我们洞察事情的本质，获取新颖的创意。

优先排序

写出任务清单，进行优先排序，盯紧最重要的任务。我们总是习惯把紧急任务排在优先位置。每当遇到紧急任务，手头的重要任务往往被暂时搁置，我们转而去处理那些无关紧要的小事。这些小事我们可以不做，也可以委托他人或者快速完成，以便有时间处理重要任务。对此可以参考第 27 章。

清理

书桌上摆满杂物，办公室里杂乱无章，头脑中充满各种思绪，生活也过得一团糟。如果这是你的现状，那试着清理或者调整一下环境和思绪吧。我们从书桌开始，把各种纸质资料归档或扔掉，要坚决、果断。将归档文件再检查一遍，把失效或不需要的文件删除。现在看看你的日志，在过去的一个月里，有多少会议值得你参加，又有多少人真正需要你约见呢？对于那些没有意义的活动，你是否能狠心拒绝？你参加那些俱乐部或委员会是出于兴趣还是因为责任感？下定决心为自己的生活腾出空间，为自己的一天腾出时间。每天找出半小时的空闲时间吧，静下心慢慢思考可以培养你沉思的能力。你可以思考真正重要的问题，可以理清事情的轻重缓急。

延迟做决定

有些人总是迟迟无法做出决定——这真让人感到恼火。当机

立断是优秀领导者的重要品质之一。优柔寡断的人确实不适合领导他人。话说到这里，我却依然建议你延迟做决定，这或许会让你觉得奇怪，但这并不意味着我赞成拖延行为，而是认为有些事情值得我们三思而后行。等待和沉思意义非凡。针对小事我们可以迅速做出决定，但遇到大的问题时要勇于承认"我还不知该如何做"。我们需要收集各方面的信息，多与人交谈，想清各种后果或使用决策分析工具。花些时间做好前期工作可以帮助我们做出更好的决定，避免在行动早期做出糟糕的误判。对于重要问题，我们做决定不是求最快，而是求最好。

酝酿

许多思维高手都亲自验证过酝酿的力量。过程大概如下：

- 只要方法适当，将问题了解得越详细越好。
- 我们需要寻找解决方案，但这不是一蹴而就的。
- 暂时把问题抛到脑后，做些与之完全无关的事情，比如运动、散步或参观博物馆。
- 然后再回到问题上，看看会出现什么新想法。

潜意识的力量是惊人的，它就像一台看不见的计算机，功能强大。即使主处理器在充电，它也依然不停止运转。因此，抛给这台隐形的计算机一个问题吧，要求它 24 小时内给你答复，你

必定会惊讶于自己竟然可以通过这种方式不时获得极好的创意。

冥想

冥想是一种训练，它会让你突破常规思考模式，进入更深层次的放松状态，你的头脑会因此变得更加清醒。有时，它也指设法把自己的注意力集中在某一对象事物上。冥想已经有5000多年的历史，被大多数宗教所接纳。

冥想需要我们消除干扰，让心灵保持平静，让头脑保持清醒。简单的呼吸练习就是不错的冥想方式。找一个安静的地方，调整自己的坐姿，以呼吸流畅、身体舒适为宜。传统的姿势是盘腿而坐，不过你也可以选用其他的坐姿，只要舒适即可。闭上眼睛，专注于自己的呼吸。气息尽量绵长，呼气时慢慢从"1"数到"4"，吸气时同样如此。感受自己柔和的呼吸节奏，摒弃所有杂念。每当其他思绪闯入大脑，尽力将其抛到脑后，关注呼吸自然出入身体，使心息相依。慢慢地，你会感受到身体彻底放松下来，内心特别平静。尽可能保持这种状态，体验那种平静、空旷与安宁的感觉。世界上的纷纷扰扰暂时远去了，只留一身轻松。

反思

拿出日志，安排一些时间用来安静地、不受干扰地思考。我们已经习惯了紧张、纷乱的日常生活，很难放松下来去安静地反思。《基于价值观的领导力》（*Values Based Leadership*）一书的作

者约翰·弗罗斯特（John Frost）推荐了一种反思方法——花点时间问自己 4 个简单的问题。

1. 发生了什么事？为什么会发生这件事？

2. 发生了这样的事，我有什么想法和感觉？

3. 我从这次经历中学到了什么？

4. 通过这次学习，我会做出什么改变（行为、态度等）？

优秀的思考者会找出时间进行思考。我们在生活中很忙碌，很容易重复同样的错误，把时间浪费在一些小事上。请你放慢节奏，学会认真思考，以便对生活有更深入的洞察，对问题有更深刻的见解，学会把精力集中到最重要的事情上。

第**21**章

强化记忆：
寻找开启思维之门的钥匙

请缓慢、仔细地阅读下列词汇，或者让别人将其缓慢、清晰地读给你听。注意每个词汇，但不要试图记住这个列表。

盘子	垫子	桌子
椅子	夹子	盒子
贝壳	奶酪	西红柿
勺子	绳子	文件夹
收据	望远镜	夹克
瓶子	瓦片	水壶
胡椒粉	贝壳	收音机
天文学	沙发	手表
门	杯子	照片
贝壳	地图	救护车

列表中有 30 个词汇。现在合上书，写下你记住的词汇，越多越好。

大多数人可以记住 10~15 个词汇。如果你写出的词汇数量更多，那说明你的记忆力真的不错。你记住了哪些词汇？看一看，你记住的词汇是否属于以下某一类别：

- **列表开头或结尾部分的词汇**。开头几个词汇从前面填补了我们的短期记忆，因此有一些词汇我们可以记得住，比如"盘子""垫子"和"椅子"。最后几个词汇我们刚刚读过，可能会记得比较牢，比如"贝壳""地图"和"救护车"。
- **重复出现的词汇**。"贝壳"这个词出现了 3 次，大多数人都注意到并记住了它。
- **不同类的词汇**。大多数词汇都是日常生活用品。而"望远镜""天文学"和"救护车"都不属于这一类，因此更容易被记住。
- **相匹配的词汇**。如果你注意到"桌子"和"椅子"，以及"奶酪"和"西红柿"或"望远镜"和"天文学"这几对词汇，那么它们都可能在你的记忆中留下印象。

最不容易记住的词汇或许是列表中间的那些普通词汇。比如"绳子""文件夹""瓦片""沙发"或"杯子"。

我们可以利用这种规律来提高记忆力。在日常生活中，最常

见的记忆方法是反复阅读或复述，这是世界各地的学生都熟知的记忆技巧。对于那些重要的事物，我们会针对它重复进行训练，直到将其嵌入记忆。还有一些方法或许并不为人熟知，但同样有效。比如把最重要的事情放在第一位。就像写购物清单一样，我们可以对事情进行分类，将最重要的写在开头。

过度想象也会帮助我们进行记忆。比如：夜晚，你躺在床上，想起第二天一早必须寄信，还要给妈妈打电话和扔垃圾。发挥想象力夸大每一件事情。想象你艰难地走向信箱，手里拎着一封巨大的信。回到家，你发现厨房的垃圾从地上堆到了天花板。你正要清理垃圾，家里巨大的紫色电话突然响起，震耳欲聋，甚至整个城市的人都听到了，那是妈妈在给你打电话。现在带着这一连串的画面入睡吧，早上醒来估计你还记得它们，那你自然也记得那 3 项重要任务。

最后，我们可以采用配对法进行联想记忆，接下来介绍的挂钩记忆法中会提到这一点。如果将一件普通事件与特殊事件联系起来，那么只要记住特殊事件就能帮助我们回忆起普通事件。

挂钩记忆法

挂钩记忆法对于记忆排序列表特别有效 —— 每个列表都可以被视为排序列表。我们把每一项内容与序号的视觉符号"挂钩"。

一种方法是使用与数字形状相似的图像来表示序号：

1. 笔

2. 天鹅

3. 胸脯

4. 帆船

5. 鱼钩

6. 高尔夫球杆

7. 悬崖

8. 沙漏

9. 烟斗

10. 球拍和球

现在，试着把这个方法应用到本章开头列出的词汇表中的前10 个词汇：

盘子

垫子

桌子

椅子

夹子

盒子

贝壳

奶酪

西红柿

勺子

现在我们在数字图像和这些词汇之间建立特殊的联系。例如：

- 我用一支漂亮的钢笔在一个巨大的白色盘子上写字。
- 一只很大的白天鹅背着垫子游进了我的视野，接着，我用这个垫子擦脚。
- 我遇见一个非常美丽的女人，她的胸脯倚靠着桌子。
- 我看见一艘帆船，船长坐在甲板的椅子上。
- 我拉起鱼竿，看到鱼钩上挂着一个很大的衣服夹子。
- 有人送来一个大盒子，我打开后发现里面有一个高尔夫球杆——准确地说是一个 6 号铁杆。
- 我把一个巨大的贝壳推下悬崖，它撞到了下面的岩石。
- 沙漏中的沙子无法流动，因为里面装满了奶酪。
- 我吸着烟，从烟斗中冒出的不是烟，而是红红的、小小的西红柿。
- 我在打板球，手里拿的不是球拍，而是勺子。

现在我们可以轻松地按顺序回忆起前 10 个词汇了。我们还可以清楚地记住每一个词汇的序号。如果我问你："第 7 个词汇是什么？"你立刻就能想到悬崖，巨大的贝壳也会浮现在脑海中。

我们也可以用押韵词来代替数字图像。有些人发现应用听觉建立词汇与序号的联系，自己会更容易记住数字：

1. 吨——一吨①

2. 动物园

3. 树

4. 门

5. 蜂巢（伴随着蜜蜂的"嗡嗡"声）

6. 棍子

7. 天堂

8. 大门

9. 线路

10. 兽穴（如狮子窝）

11. 11名足球队员

12. 书架

13. 受伤

14. 讨好

15. 举重

---

① 这里数字的含义源自其英文发音。比如数字"1"，英文为"one"，和"ton"（吨）押韵，所以将数字"1"和"一吨"联系在一起。再如数字"2"，英文为"two"，和英文"zoo"（动物园）发音有些相似。下同。——译者注

16. 舔食

17. 发酵（烤面包）

18. 仇恨

19. 闪电

20. 很多（丰饶之角）

21. 21 响礼炮

接下来，我们用这种方法来记忆开头列表中排在中间的 10 个词汇，我们可以想象：

- 绳子——一支足球队被一段绳子紧紧地绑在一起。

- 文件夹——书架被 1000 个黄色文件夹压得嘎吱的响。

- 收据——收据的锋利边缘割伤了我，我感到疼痛。

- 望远镜——我正在追求一个漂亮的女孩，每当我想去亲吻她，她脖子上挂着的大望远镜就把我挡住了。

- 夹克——我在奥运会的举重决赛中穿着一件亮橙色的大夹克。

- 瓶子——我正在舔食一个酒瓶子形状的大冰棍。

- 瓦片——我正在揉面团来做面包，忽然发现面团中有一块从房顶上掉下来的瓦片。

- 水壶——我对水壶充满了仇恨，因为我被沸水烫伤过。

- 胡椒粉——我正坐在餐桌旁，突然一道闪电从窗户外射

进来，把胡椒粉罐炸成了碎片。

○ 贝壳——一个巨大的圆锥形喇叭里装了很多贝壳，多达数百万枚。

○ 收音机——女王生日那天，人们鸣21响礼炮以向她致敬，不过礼炮的轰鸣声都是用收音机提前录好的。

选择一种适合你的挂钩记忆法并不断进行练习吧。想象的画面越荒谬，你越容易记住它。

如果我们需要记住的词汇超过21个呢？其实还有很多方法可以解决这个问题，一种是使用色彩。比如前20个词汇可以联系黑白色来记忆，接下来的20个词汇可以联系不同深浅的红色，再接下来的20个词汇联系蓝色调，以此类推。

虚拟旅行

虚拟旅行是记忆一连串事物的有效方法，它非常受欢迎。沿着一条熟悉的路线——比如你住所附近的道路——进行一场想象中的旅行，把你想记住的事物与沿途的各个地点联系起来。比如，你要在女儿的婚礼上发表演讲，你需要记住几个要点。前6项是：

○ 她出生的故事；

○ 她在学校里发生的一件趣事；

- 全家人去野营时发生的故事；
- 她第一次约会的故事；
- 她在大学里遇见未来的丈夫的经过；
- 关于她丈夫做家务的笑话。

你决定采取的线路如下：

1. 卧室；

2. 浴室；

3. 楼梯；

4. 厨房；

5. 门前的车道；

6. 邻居门前。

　　想象一下这次旅行：你在卧室醒来，听到婴儿的哭声。你走进浴室，发现马桶上坐着你女儿的女校长。你无法走上楼梯，因为整个楼梯平台被一个巨大的帐篷盖住了。你走进厨房，看到你女儿的第一个男朋友正在洗碗。走到外面，你看到你的新女婿身穿学士服，戴着学士帽。经过邻居家门前，你看到一队男士手持吸尘器在清扫道路。当然，你还可以继续想象下去。

　　当你发表演讲时就如同进行了一场想象之旅，你要讲的那些重要事情都会以正确的顺序出现在脑海中。每一个场景都会让你

想起自己要讲的故事。许多专业演说家都使用这种技巧。你可以用它来记住一篇演讲稿、一场报告或者回忆一个清单。在这之前，设法使你的视觉意象生动而难忘，比如浴室里的女校长。只要稍加练习，你就能完美地回忆起每一个细节。人们会惊讶于你竟然可以不用看稿子就能记住每一个要点。

助记法

助记法是帮助记忆的简单方法，通常采用谚语或押韵的形式帮助我们从记忆中提取信息。比如，"约克的理查德进攻无效"[①]这句话就是按正确顺序记忆可见光谱颜色——红、橙、黄、绿、蓝、靛、紫——首字母的方法。同样，你也可以用一句话记住距离太阳最近到最远的行星的排列顺序："人类很早就能让罐子接近垂直竖立。"[②]这些行星的顺序为水星、金星、地球、火星、木星、土星、天王星、海王星和冥王星。

---

① "约克的理查德进攻无效。"这句话的英文为"Richard of York gave battle in vain."。这 7 个单词的首字母正好对应着 7 个可见光谱颜色英文单词的首字母："red"（红）、"orange"（橙）、"yellow"（黄）、"green"（绿）、"blue"（蓝）、"indigo"（靛）、"violet"（紫）。——译者注

② "人类很早就能让罐子接近垂直竖立。"这句话的英文为"Man, very early, made jars stand up nearly perpendicularly."。这句话中的 9 个单词的首字母正好对应着 9 个行星英文单词的首字母："Mercury"（水星）、"Venus"（金星）、"Earth"（地球）、"Mars"（火星）、"Jupiter"（木星）、"Saturn"（土星）、"Uranus"（天王星）、"Neptune"（海王星）和"Pluto"（冥王星）。——译者注

记数字

我们可以使用助记法来记住电话号码或者其他号码。比如每个数字可以代表一个字母：1=A，2=B，3=C，4=D，依此类推到9=I。假设我们必须记住电话号码 0255—637892。我们把每个数字转化成相应的字母，然后得出"OBEEFCGHIB"。现在，我们用这些字母造出一个傻里傻气但是生动有趣的句子。例如，"在玻利维亚，人们每周五吃橙色香蕉治愈糟糕的宿醉。"[①]这比记数字容易多了。

学会记名字

你是否会经常忘记一些人的名字？记住一个人的名字可以增强你的自信心，主动问候对方也会使你在这段关系中更加主动。记住他人的名字也有一些重要的小技巧：

- 集中注意力。第一次询问别人的名字的时候要认真倾听，仔细观察这个人，在心里默念它，看看自己是否记住了这个名字。
- 重复你听到的名字。如果彼得·琼斯（Peter Jones）做了自我介绍，你可以问他："彼得，你住在哪里？"重复你

---

① "在玻利维亚，人们每周五吃橙色香蕉治愈糟糕的宿醉。"这句话的英文是"Orange bananas eaten every Friday cure ghastly hangovers in Bolivia."。这些单词的首字母合起来就是"OBEEFCGHIB"。——译者注

听到的名字有助于你记住它。

○ **说说你对名字的理解**。"你姓琼斯①，那我想你会支持威尔士（Wales）足球队。对吧，彼得？"与众不同的名字就更容易引起我们的好奇了。如果有人把你介绍给约翰·瓦拉廷加（John Waladinga），你或许会问他："约翰·瓦拉廷加，真是个不寻常的名字呢！不知它有什么含义呢？"

○ **押韵记名法**。我遇到过一个叫托尼·卡特赖特（Tony Cartwright）的瘦子，我在心里叫他"瘦托尼"②。从那以后我再也没有忘记他的名字。即使两者之间没有联系，你也可以虚构一个押韵，比如"滑稽帽帕特""房客罗杰"等。当然，不要用这些押韵的名字称呼别人，默默记在心里就好，以防冒犯他人。

○ **把名字编进图画故事中**。例如，"瘦托尼把他的车修好了"。或者，如果你遇见丹尼斯·沃特曼（Dennis Waterman）③，你可以想象他在湖面上打网球的画面。故事里的形象越荒谬，你越容易记住。

○ **确实没记住，那就再问一遍**。如果你没有记住某人的名

---

① 琼斯是威尔士最大众的姓。——译者注

② "瘦托尼"的英文是"Bony Tony"，这两个英文单词押韵。类似的还有下文中提到的"滑稽帽帕特"（Pat with a funny hat）和"房客罗杰"（Roger the lodger）。——译者注

③ 丹尼斯·沃特曼的英文名字中，"Dennis"和"tennis"（网球）押韵，"Waterman"和"water"（水）有关系。——译者注

字，那么最好的方法就是坦诚相待："我知道我们见过面，但我不记得你的名字了。"这一次，用上述的某种方法记住它吧。

记忆力是我们重要的思考工具，开发和提高记忆力非常必要。加强训练，使用助记法、虚拟旅行、挂钩记忆法等技巧，很快你就会发现自己可以记住的东西比以前多得多了。对于那些你记不住的重要事情，列个清单吧。无论如何，写在清单上的事情总归是不会被你忘记的。

第 **22** 章

吸取教训：
失败是比成功更好的老师

优秀的思考者会通过不同的方式学习，他们兼收并蓄，乐于接受新思想。他们对别人的观点充满好奇，他们会思考、会质疑，也会做出选择。他们看待问题不会只看表面，也不会相信全部，他人的新观点或许是可行的，但亦真亦假，他们自会辨别。他们最相信（但不会完全相信）自己的经历，更看重自己的所见所闻以及亲身感受到的东西，而不是他人的间接经验。他们重视直接经验，把直接经验看成新观点、新思想和对事情进行充分了解的来源。

科学家一向看轻理论知识，重视经验知识，即通过观察、经历或实验获得的信息。理论、预测和估算都基于假设，而假设并不可靠。因此，科学研究方法的一个核心原则是通过观察和实验收集最可靠的证据。查尔斯·达尔文曾经乘坐贝格尔（Beagle）号军舰环球探险，他在这期间收集的大量实验证据构成了进化论的基础。

优秀的思考者重视新体验、新实验，重视直接观察，并借此补充和检验那些道听途说的第二手或第三手信息。欲寻新体验就

要走出自己的舒适区，这是在赌运气，会面临失败的风险。在创新的过程中，失败往往是通往成功的垫脚石。爱迪生（Edison）在发明灯泡和改良蓄电池的实验中经历了无数次的失败，然而正如他所说："每一次失败都是成功，因为它验证了一种新方法行不通。"比起成功，我们从失败中学到的东西反而更多。

> 你一生中犯过最大的错误是什么？即使回忆起它对你来说很痛苦，也仔细想想，你从中学到了什么？花点时间记录自己犯的错误以及从中吸取的教训。伟大的思考者会对错误进行深刻反思，以此指导自己在未来做得更好。现在回想一下昨天或本周更早的时候发生的重要事情吧，比如一次商务会议或约会、与孩子们的畅谈、一次演讲或汇报。想想你是否实现了目标？结果是否与你的完美目标之间差距很大？怎样才能把事情做得更好？把答案写下来吧，把自己的想法更清楚地表达出来。如果每周利用一些时间做好这项工作，你会找到很多方法来帮助自己在各个方面表现得更好。

调查问卷：从错误中学习

1. 我愿意寻求新体验。

2. 我喜欢去不同的地方度假。

3. 我会选不同的路线回家，只为做出改变。

4. 我会分析错误，看看能从中学到什么。

5. 我会从错误中吸取教训。

6. 我尽量确保自己不犯同样的错误。

7. 我愿意承担可能的风险。

8. 我会欣然接纳失败，因为失败在所难免。

9. 我不介意自己有时出丑。

10. 我会坦然承认自己的错误，并为此道歉。

每同意一项就给自己加 1 分，满分为 10 分，7 分或 7 分以上为良好。

尝试新体验意味着进行实验、探索和冒险，很多人会觉得这样做非常麻烦，他们宁愿缩在自己的小天地里，对固有的观念深信不疑。墨守成规当然不用冒险，但也无法学到新知识。每一次新体验都是一次学习的机会。接下来是一些尝试新体验的建议：

1. 在工作中主动承担新任务。赢得甘愿冒险、有闯劲的名声。

2. 看场戏剧或电影，感受故事中的一些异于我们日常生活的出人意料的选择。

3. 在假期去个不常去的地方吧，看看不一样的风景。

4. 主动结识新人，结交新朋友。

5. 关掉电视，去夜校学习自己知之甚少的知识。

6. 学习一项新技能，例如一种乐器、一项运动或一门语言。

7. 除了自己喜欢的网站，也可以浏览一些不常关注的网站。

8. 读几本自己研究领域之外的杂志。

9. 听一场讲座，最好是关于你不太了解的话题的讲座。（看看离你最近的大学里有哪些讲座可以参加。）

10. 参观现代艺术画廊或别具一格的博物馆。

下面几个例子大家一定耳熟能详，让我们一起看看他们是如何从错误中吸取教训的：

- 20世纪50年代，扎克吉（Jacuzzi）兄弟发明了一种按摩浴缸，用于治疗关节炎。它刚推出时并不畅销，由于过于昂贵，大多数关节炎患者根本买不起。于是他们转变思路，针对不同的目标市场重新推出了这款产品——面向富人的奢侈社交用品，并因此获得了巨大的成功。

- 为寻找一条通往印度的新航线，哥伦布尝试向西航行，历经险阻，最终虽没有到达印度，却发现了美洲。

- 唐·培里侬（Dom Perignon）在一瓶葡萄酒意外进行二次发酵时发明了香槟。

- 3M公司发明了一种黏性不强的胶水。后来，阿特·弗赖伊颇有远见地将其与书签相结合，发明了便利贴，

为 3M 公司带来了巨大的成功。

○ 20 世纪 10 年代—20 年代，亚历山大·弗莱明对细菌进行了研究。1928 年的一天，他实验室的一个培养皿被霉菌污染，这一结果却出人意料，弗莱明立刻投入研究，发现这种霉菌似乎可以消灭细菌。弗莱明从这次意外中发现了青霉素，挽救了无数人的生命。

○ 辉瑞（Pfizer）公司在测试缓解高血压的新药时发现，试验组的男性报告证明该药对于高血压的治疗无效，却附带一个有益的功效。万艾可（Viagra）虽然在治疗高血压方面是失败的，却成为有史以来最成功的药物之一。

以上几个实例印证了这句谚语："一个问题的错误答案往往是另一个问题的正确答案。"每次失败都能让我们学到新的东西，失败是比成功更好的老师。

回想一下自己刚开始学走路的情景，或许你已经不记得了，那让我来帮你回忆一下吧。你跌倒过很多次，但每次爬起来后你都会继续尝试。最终，走路似乎成为你与生俱来的一种本能，而最初你其实是通过多次尝试和失败才学会的。在今后的人生中，我们做每件事时同样坚持这种不服输的态度吧。

第23章

会讲故事：
故事比事实更能深入人心

我们生活的世界充斥着各种信息，种类繁多的数据、事实、资料和信息扑面而来。想要寻求问题的解决方案，只要在互联网上搜索就可以立即获得。但是我们想要的不仅仅是事实、数据，我们更想了解事情发生的原因和背景，希望听到其背后的故事。孩子们喜欢听父母讲故事，因为他们的理解能力有限，通俗易懂的故事情节会让他们明白一些道理。而成年人也喜欢听故事。比如参加会议的时候，我们不希望自己听到的全是数据，我们想听打动人心的故事，它可以吸引我们的注意力，向我们传达有意义的信息。传达信息最有效的一个方法就是讲故事。基督教之所以在西方宗教中占据主导地位，一个重要的原因就是耶稣既不布道，也不宣讲，他喜欢通过寓言来传达教义——他讲的故事通俗易懂，易于传播。故事中描绘了形形色色的人物和他们丰富的情感经历，以及各种不同的结局。我们往往沉浸其中，感受着跌宕起伏的情节，渴望知晓最终的结果。

试着讲个故事来表达重要的观点吧。在下面这个例子中，银行想让企业家了解商业贷款，假设银行采取了以下两种方法：

1. 去年，我们向小型企业发放贷款总数超过1.5万笔，资金总额超过12亿美元。从申请贷款到发放贷款，平均用时36天。同时，我们会通过在线系统简化申请流程，加快处理速度。我们银行有超过250名受过专业培训的客户经理，希望为大家带来最优质的服务。在对小型企业主进行的满意度调查中，我们银行一直位居前5名。

2. 去年，我们向小型企业发放贷款总数超过1.5万笔。我们有一位客户名叫格里·马丁内斯（Gerry Martinez）。他是西班牙移民的后裔，今年35岁，经营着一家办公装修公司，公司有20名员工，其中包括许多他的亲戚。格里签署了一份价值超过50万美元的大合同，为一家大型零售商的采购部装修。但是，他需要一笔5万美元的资金来购买材料和设备。格里非常焦虑，如果无法获得资金，他就会失去这份合同。他已经遭到两家银行的拒绝，接着他找到了我们。当时接待他的是埃迪·乔丹（Eddy Jordan），我们特别有经验的顾问之一。他迅速做出客户评估，在与格里第一次会面后的7个工作日内便为其安排了贷款。埃迪接下来继续为他提供保障，并为格里的一些学徒争取到了培训补助。获得贷款之后，格里的营业额翻了一倍。他说："多亏你们帮我渡过难关，我为我们取得的成就感到非常自豪。"

在上面这个例子中，哪种信息更能引起你的兴趣？如果你想贷款，哪种方式更能说服你去了解银行所提供的业务？

人类学家认为，讲故事是使人类文化得以延续的重要环节，它加强了群体之间的社会凝聚力，使我们薪火相传，生生不息。不过，一些心理学家认为，故事对个体也有重要的影响——虚构的故事世界是重要社交技能的试验场。多伦多大学（University of Toronto）应用认知心理学教授基思·奥特利（Keith Oatley）说过："如果你正在接受飞行员培训，你就会把时间花在飞行模拟器上进行练习。"奥特利和马尔[①]的初步研究表明，听故事就如同社交生活的"飞行模拟器"。他们于 2006 年进行的一项研究发现，从听故事中获得乐趣与提升社交能力之间有一定的关系。研究人员根据 94 名学生自我汇报和评估测试的结果确定了他们的社交能力和同理心，还调查了这些学生对叙事性小说和非叙事性纪实文学作家名字的熟悉程度。研究人员发现，那些阅读大量小说的学生往往在社交能力和同理心测试中表现更佳。[②]

你会怎么讲故事呢？其实你可以遵循一些简单的步骤来讲故事：

---

① 此处指加拿大心理学家雷蒙德·马尔（Raymond Mar）。——译者注
② 许云杰（Jeremy Hsu），2008，《讲故事的秘密：我们为什么喜欢听好故事》（*The secrets of storytelling: why we love a good yarn*），《科学美国人》（*Scientific American*）（9 月）。

1. 介绍人物。故事中肯定会出现人物，你需要对他们进行描述。

2. 设置场景。你需要设置一些待应对的挑战或待克服的困难。

3. 继续讲述故事情节，直到你在第 2 步中设置的问题得到圆满解决。

4. 得出结论或教训。

回想令你印象最深刻的事情，回想你当时面临的困难或问题，以及发生在你身上的一些有趣或感性的故事。你从中学到了什么？每个人都有自己的故事，讲好自身的故事有时可以丰富他人的生活。与他人坦诚相待，分享自己的感受与脆弱，只要你真诚，就能从你的听众那里获得极大的尊重和同情。不要欺骗你的听众，真实地描述你感受到的痛苦与欢乐。他们想知道当时的情况有多糟，想让你说出你的恐惧、惊喜与幸福，想与你感同身受。最重要的是，他们想知道结果，想知道到底发生了什么，事情又是如何发生的。

人到晚年，再忆起自己的父母或祖父母时，最可能记住的往往不是他们的生活日常，也不是他们的收入、财富或资历等细节，而是他们给你讲过的故事（特别是他们成长过程中的感人故事），他们与父母的关系，所犯的错误以及他们的冒险经历。

筹建一个自己的趣味故事库吧，在参与社交活动或商业活动时找个机会讲述你的故事。其实在各种场合都可以讲讲自己的故事——约会时可以，做主题演讲时也可以。只有自己的故事才最

有趣、最生动。假如别人的故事也很有趣、很有意义，你也可以讲一讲。平时准备一个文件夹或笔记本吧，随时把有趣的故事记录下来，发挥想象力，看看如何将它们融入自己的工作和与别人的交流中。

爱德华·摩根·福斯特（E. M. Forster）对讲故事的概念解释得简单明了。比如，"王后去世了，国王也去世了"是一个事实，而"王后去世了，国王的心都碎了，他也跟着去了"就是一个故事。传达信息时不要只考虑提供信息。想一想，如何用例子和故事来传达这个信息。记得少用事实，多讲故事。

第**24**章

幽默思维：
用一句有趣的笑话感染整个世界

如前文所述，横向思维与幽默相关。喜剧演员看待世界的角度异于常人，他们喜欢调侃我们习以为常的各种规矩，笑话总是出现得那么出人意料，让人惊讶。我先来讲一个："我每晚都有固定的习惯，即 10 点喝热巧克力，11 点上床睡觉，12 点进家门。"这个笑话中出人意料的第三个习惯才是它的有趣之处。

幽默不仅帮助我们从新的角度看待事物，而且带给我们很多其他的益处。即使我们在讲述严肃的内容，也可以在其中融入一些幽默的成分，信息的传达反而会更有力。不论是聊天还是做汇报，时不时说点幽默的话语会使你更风趣、更受欢迎。笑本身就是一种有效的自然疗法。笑能刺激内啡肽的释放，从而缓解压力，让你感到更加从容。

在生活中，我们怎样才能培养自己的幽默感呢？阅读一些有趣的素材、收听电台的喜剧节目或者参加喜剧俱乐部都是不错的选择。你也可以多和那些风趣的、能逗你开怀大笑的人交往。你

还可以记录发生在自己身上的趣事，然后反复地练习讲述。有些事情发生的时候我们感觉天都塌下来了，但日后再讲起它的时候反而感觉特别有趣。我们也应试着用孩子的眼光看待生活。你看，孩子们整天都笑嘻嘻的，他们总能看到事情有趣的一面，在他们眼里好玩的事情可太多了。如果学会以孩童的视角看世界，我们也可以笑对一切。罗马哲学家塞涅卡（Seneca）曾说过："笑对生活可比哀叹生活对人有益多了。"

如何讲笑话

许多人羞于讲笑话，或许是因为他们讲过笑话，他人的反应却很平淡，或许他们害怕自己讲不好，从而显得自己愚蠢或者冒犯别人。笑话是包装好的幽默故事，它不同于个人逸事。个人逸事发生在你自己身上，你当然可以从实道来。而笑话从某种意义上来说是"人造"的，所以讲笑话是要承担一点风险的。不过笑话讲得好可以为人们带来极大的欢乐，也可以活跃聚会的气氛。听众往往厌倦那些长篇大论的乏味的演讲，他们也渴望娱乐一下，所以演说家们可以说点与主题相关的风趣故事，听众必然为之叫好。

怎样才能讲一个有趣的笑话呢？这里有一些小技巧：

1. **挑选**。从网上或幽默故事书中挑选34个笑话，一定要挑选真正能逗笑你的那种。如果要做演讲或报告，那就准备几个与

主题相关的笑话（哪怕只是稍微有些相关也可以）。另外在头脑中常备一两个笑话，它们可以是当前热门的笑话，这样不管在什么场合，你都可以使用它们。

2. 练习。尽可能在镜子前大声练习吧，练习的时候要表现出你的风度、自信与潇洒。讲笑话时要注意笑点，确保完美地把包袱抖出来。

3. 选择时机。在聊天的过程中，如果时机正好，那你准备的笑话就派上用场了。如果机会没到，那就再等等。最有趣的笑话往往发生在最意想不到的时刻。如果可能的话，那就一本正经地讲个笑话吧，突如其来的反差更能惹得听者开怀大笑。

4. 信心足，慢慢讲。急于求成会导致你语无伦次、词不达意，那么再有趣的笑话也达不到你想要的效果。练习的时候应该尽量克服这一点。讲述的时候如果你还有些着急，记得放慢节奏。讲到笑点之前停顿一下可以造成更大的冲击，效果会更好。

5. 注意场合。将高尔夫球场上令人捧腹的笑话在教堂义卖场上讲或许就不合适，说不定还会引起轩然大波。笑话通常会挑战禁忌，稍微冒点小风险冒犯一两个人也没什么大不了的，不过，如果严重冒犯了他人，那肯定是因为你对自己讲的笑话判断有误。在白天比较正式的场合中讲笑话要稳妥些，不要过于轻浮。晚上去酒吧里聚会时就可以随意一些。总之，讲笑话要注意场合。

6. 学会捧场。永远不要让别人的笑话冷场。即使你以前听过这个笑话，也要会心一笑。做一个会讲笑话的人，更要做一个友

善的捧场者。

7. **提升**。积累了一定的经验和信心之后，可以试着讲讲不同类型的笑话。过犹不及，聊天时也不要一个接着一个地讲。能够自信地讲几个非常有趣的笑话来达到目的就可以了。

好玩的笑话让世界变得更加有趣。享受讲笑话的乐趣吧！

第25章

积极思维：
心态决定一切，探索幸福、长寿的秘诀

明尼苏达州罗切斯特市的梅奥诊所（Mayo Clinic）曾经进行过一项研究：对患者进行人格测试，以评估他们的乐观和悲观程度。研究人员对患者展开了长达30多年的跟踪记录，最终发现，同一年龄和性别的人，乐观主义者的寿命比平均寿命要长，而悲观主义者的寿命则比平均寿命短。研究人员还发现，乐观、积极的态度可以提高人体的免疫力，并帮助人们选择更健康的生活方式。乐观主义者自我感觉更好，也能更好地照顾自己。而悲观主义者患上高血压、焦虑症和抑郁症的概率更高，也更容易生活在恐惧中[①]。

优秀的思考者会产生积极乐观的念头，也会产生消极悲观的念头。不过，态度决定了心态，而心态又决定了一个人的行为和命运。许多研究表明，选择积极的态度会让人取得更多的

---

① 玛吉·格林伍德-罗宾逊（Maggie Greenwood-Robinson），2003，《20/20思维》（*20/20 Thinking*）。纽约：埃弗里（Avery）出版社。

成就。乐观的人会感到更幸福，也更容易长寿。关于如何乐观处世的书籍和文章比比皆是。以下是从部分书籍中选取的著名格言：

1. **相信自己。**这是诺曼·文森特·皮尔（Norman Vincent Peale）所著的畅销书《积极思考的力量》（*The Power of Positive Thinking*）中的第一句话。成功人士首先要充满自信。研究表明，就获取终身成就而言，自信比智力、受教育程度或人脉更重要。所以，一个人取得成功的起点是确信自己有能力取得重大成就，或者自己会做出特殊的贡献。

2. **设定明确的目标。**这在第 26 章中会有详细的解释。人生没有目标就如同旅行没有目的地。写下自己的志向吧，脚踏实地，一步步实现自己的目标。

3. **在脑海中描绘自己成功的画面。**想象自己已经实现了目标。想象自己的书一经出版就畅销，自己在热烈的掌声中发表演讲，或者想象自己已经赢得比赛或实现梦想。当脑海中浮现出这样的画面时，你会备受鼓舞，会努力落实每一步去实现自己的目标。

4. **对自己的生活负责。**不要碌碌无为，也不要怨天尤人。做自己人生的掌舵人吧，要去何方，要获得何种成就，都由你自己决定。如果生活中有不如意的地方，那就采取行动改变它。

5. **和自己聊天。**对自己说些积极乐观的话语来激励自己。比如早晨起来，你可以对自己说"我今天会做得很好"或者"我会

朝着目标努力，我一定会有进步的"。遇事不顺或犹豫不决时不要给自己找借口，你可以对自己说："那是我的错，但我可以从挫折中吸取教训。"

6. 消除负面情绪。你的心中或许不时升起疑虑和消极的情绪，多和自己聊聊，变得乐观些，给自己打打气。困难总会出现，但你要采取积极的态度应对它，有意识地减轻自己的担忧："我能克服这个挑战。"不要回避问题，要积极、乐观、勇敢地面对它。

7. 多与乐观处世的人交往。你的朋友、亲戚和同事中一定有一些积极乐观、充满活力的人，也有一些消极悲观、愤世嫉俗的人。想一想，他们都属于哪一类人？你可以从中选出几个具有代表性的人物。多和那些乐观积极的人交往，少和悲观消极的人在一起。乐观主义者会鼓励你，给你以灵感，而悲观主义者则会让你怀疑人生，感到沮丧。

8. 常怀感恩。起草一份资产清单和负债清单。如果你受过教育、没有失业、身体健康、有爱人陪伴、经济独立等，把这些都列在资产清单上吧。如果你失去工作、身患疾病、感情破裂、负债累累等，那么把这些都列入你的负债清单吧。通过比较你会发现，你的资产很可能会远远超过你的负债。我们倾向于把生活中所有美好的事情都视为理所当然，却总是关注那些失败和无意义的需求。我们应该时常审视一下自己的生活，庆幸自己拥有那么多美好的事物，我们能活着又是多么幸运。

9. **满怀希望**。无论遇到何种情况，都要学会寻找机会。很多自由职业者会告诉你，被人解雇是他们最大的幸运。刚被解雇时，他们似乎感到无所适从，可是现在，他们已经在工作中获得了更大的成就感和满足感。每一次改变都是未知数，机遇会与挑战并存。乐观的人会把挫折视为通往成功的跳板。不要因为一两次的失败就心灰意冷。休整一下，继续尝试——不过要转换思路，尝试不同的方法。

10. **学会放松，享受生活**。开心一点。如果能笑对生活，你就可以更轻松地应对一切。做事不要妄图一蹴而就，生活也不要被工作填满。经常犒劳一下自己，做一些让自己开心的事情。笑是最好的药物，而且你不用花一分钱！你要努力在工作、锻炼、人际关系和娱乐生活之间取得平衡。确定自己的目标会让你事半功倍。积极的思考者会在小事中寻找幸福与满足，比如林中散步、给孩子讲个故事、和朋友喝一杯，或者在电视上看一部喜剧。

11. **学会假装**。如果你真的很担心、很紧张或拿不定主意，那就假装自己很自信。大步走向讲台，微笑着面对观众，表现出你积极、专业、自信的一面。这种角色扮演可以帮助你培养自己与角色相符的态度和行为。你可以骗过观众，更重要的是，你可以欺骗自己的大脑——你将开始成为一个积极自信的人。

如果积极的思考者比消极的思考者会取得更多的成就，会更长寿、更快乐，那为什么还会有人选择成为消极的思考者呢？答案就是，消极思维作为一种简单的选择会让人生活得更舒适，面对的挑战也更少。不要落入这个陷阱，我们还是要乐观积极地思考。

第**26**章

设定目标：
记录目标，分解目标，实现目标

你会在纸上写下自己的目标吗？很多人在生活中根本没有什么目标。还有一些人常立志，却又没有毅力将目标落到实处。事实证明，比起胡思乱想，把目标记录下来，我们才更有可能去实现它。成功人士总是目标明确，而且会将目标记录下来。他们会把最终目标分成几个阶段目标，这样更容易一步一步去实现它，也更容易了解目标实现的进度和情况。写下目标的行为本身似乎是一种承诺，会激起你的责任感。一旦目标落实到纸张上，而且被细化为阶段目标，它们就会变得更加真实，更为重要。

你会为自己的生活设定什么目标呢？那些记录自己目标的人经常会把目标限定在工作方面，或许也会有个人目标，例如减肥。在生活中，我们应该在以下 6 个方面设定目标：

1.**事业。**你希望在工作中取得什么成就？对你来说，怎样才算事业有成？晋升还是获得认可？写出自己的职业规划，可以挑

几个方面与老板讨论讨论。

2. **人际关系。** 无论身处人生的哪一个阶段，都不应该忽视人际关系，而且要学会改善人际关系。想想你与父母、兄弟姐妹、孩子、朋友、邻居以及其他人之间的关系，是否有需要修复或发展的方面？对我们很多人来说，最重要的人际关系就是与伴侣的关系。如果你想找一个伴侣，那么就把它当作目标写下来吧。如果你需要理清自己目前的关系，那就考虑一下如何改善它，看看该做些什么来帮助你们变得更加亲密。不要把问题都归咎于对方，你也需要面对问题，为改善你们的关系有所付出。

3. **健康。** 在这6个方面中，健康或许是最重要的一个，因为其他方面的成功都以良好的健康状况为基础。大多数人都知道影响健康的关键因素（如果不知道，那么你的首要目标就是进行一次体检），却往往对此无动于衷。为自己设定明确的目标吧，改变生活方式，远离不良习惯。

4. **财富。** 改善财务状况也需要我们设定明确的目标，包括储蓄计划、减少贷款、养老计划、处理个人房产、投资理财等。

5. **个人发展。** 你想提升自己的哪些技能？想获取什么经验？你想提升自己的演讲能力，还是提高小号的演奏水平？你想成为糕点师，还是想成为航海家？不断学习新技能对我们的个人发展至关重要，而实现梦想的最佳方法就是把它列入自己的目标中。

6. **社交生活。** 很多人忙于工作和家务琐事，根本没有时间去参与自己喜欢的社交和娱乐活动，也没有时间与亲朋好友相聚。

如果想结交新朋友，想经常去剧院看看戏，想多多享受假期等，那么你必须为此做好计划、定个目标。如果你听天由命，那它或许永远都不会实现。

我们应该如何设定自己的目标呢？以下是一些建议：

1. 设定"聪明的"目标。我们制定的目标要详细具体、容易衡量。我们要脚踏实地，并为目标设定时限。模糊、空洞的目标毫无用处。一定要写下精确、详细的目标，并附上最终完成期限以及相关的数据。

2. 要有反主流文化思维，正如达斯汀·瓦克斯（**Dustin Wax**）建议，你也应该为自己设定一些"愚蠢的"目标。[①]好高骛远、不切实际也没什么大不了的。即使你的目标有些滑稽可笑，它也不是毫无意义，我们不仅需要可实现的目标，也需要一些雄心勃勃的目标。

3. 细化目标。无论你设定的是远大虚幻的目标，还是脚踏实地的目标，下一步都要将目标细化成小的阶段目标，这样你更容易计划和衡量每个小目标的完成情况。如果你的目标是减重 12

---

① 达斯汀·瓦克斯，2008，《愚蠢一点不可怕！无法实现的目标也有价值》（Get D.U.M.B.! The Value of Unattainable Goals）。参考 Stepcase Lifehack 网（12 月）：http://www.lifehack.org/articles/productivity/ get-dumb-the-value-of-unattainable-goals. html。

千克，那么在接下来的 12 个月里，每月减掉 1 千克就是你的阶段目标。同样，如果你想写一本书，那你的阶段目标可以是每周写一章或者每天写 800 字。

4. 不要灰心丧气。我们会不时地拖延计划实现目标的时间，但是不要放弃。我们只需重新规划自己每天要做的事，看看是什么地方出了问题，再想些补救措施来修正目标。

借鉴帕累托（Pareto）法则[①]以实现你的首要目标。根据该法则推理得知：80% 的产值源自 20% 的投入。花些时间看看自己为实现目标制定的计划或待办事项清单上罗列的各个事项。把它们按顺序排列，将最重要的事项排在第一位。你最想完成的 3 件事是什么？最能推动你进步的事情是什么？这些才是你需要关注的问题。至于如何抓住重点以及如何提高优先排序的能力则是下一章的主题。

---

① 帕累托法则又名"二八定律"，指事物 80% 的价值集中于 20% 的组成部分中，是诸多现象的统计规律。——译者注

第**27**章

优先排序：
真正成功的勇士，具有激光般的专注力

优秀的思考者运用智慧解决种种难题。事实上，如果我们具有开放性思维，能够对各种观点兼收并蓄，习惯对种种刺激因素进行思考，这将是我们的一大优势。优秀的思考者乐于接受各种信息，也知道应该只关注几个重要问题，这样做大有裨益。他们认为，应该在重要问题上锻炼思维，不要让琐事妨碍完成优先任务，只有这样才能获得最大的回报。

写出任务清单意味着你可以迅速将事项进行排序，确定它们的轻重缓急。排序方法有多种，其中最有名的是二进制排序法。通过这种方法，你可以依次比较每一对选项，并为两者中更为重要的选项打 1 分。比较完所有的选项后，把每个选项的分数加在一起，然后按照分数的高低对各个选项进行排序。

举个例子。假设你的任务清单上有 6 项互不相关的任务，顺序不分先后，分别是：

- 完成预期销售目标；

- 翻阅求职者的简历；

- 回复客户的书面投诉；

- 评价新产品的规格；

- 审查定价方案；

- 确定报销费用。

首先问自己一个问题：这些任务之间是否存在依赖关系？答案是不存在。第二个问题是：有些任务是否可以委托给他人去做？同样，它们不能。现在，我们将每两个选项都进行对比，并给更为重要的选项加 1 分。我们先把各选项列入下表，再进行比较：

	简历	投诉	新产品	定价	费用
销售	销售	投诉	销售	定价	销售
简历		投诉	新产品	定价	简历
投诉			投诉	投诉	投诉
新产品				定价	新产品
定价					定价

各选项得分如下：

客户投诉 5

定价方案 4

预期销售 3

新产品评价 2

求职者简历 1

费用 0

这就是它们的优先顺序。有些人会选择先完成耗时最短或最简单的任务,以便腾出时间完成主要任务。然而,这样做可能会使最重要的事情处理滞后。在上面这个例子中,如果最重要的事情是回复客户投诉,那么最好优先完成此事,确保你不再为此事烦恼。

安排任务清单

现在有许多方法和书籍可以帮助我们抓住清单重点、优先安排事项和管理任务清单。以下是一些不错的建议:

1. **坚决果断地借鉴帕累托法则**。我相信你知道帕累托法则——80% 的成就来自 20% 的努力,或者 80% 的利润来自 20% 的客户。据说这一法则几乎适用于各个行业,并且许多事实都可以验证它。对于教师来说,20% 的学生会占用他 80% 的时间。在一个仓库中,20% 的货物往往具有 80% 的价值。这样的例子还有很多。这个法则的结论是,我们把 80% 的时间花在了产出值只有 20% 的事情上,所以,我们必须毫不留情地减少花在这些事

情上的时间，从而腾出更多时间去关注那些重要的事情，这样才能以 20% 的努力换来 80% 的产出。首先，你可以列出自己需要花时间完成的任务，然后对主要任务进行评估，赋予它们一定的价值。如果你确定了 10 项任务，你会发现真正重要的其实只有 3~4 项，还有至少 6 项不值得你付出精力。那该如何放弃无用的任务，或者将其委托给他人呢？

2. 设定目标。详见第 26 章。

3. 放弃低价值回报的活动。这条和上面的第 1 条非常相似，但它十分重要，值得我们再次强调。在实现目标的过程中，总有一些琐事不断消耗着我们的时间，阻碍我们取得实质性的进展。下定决心每周都放弃一些日常琐事或者无关紧要的事情吧。

4. 克服拖延症。为什么我们会把事情往后推迟呢？我们每个人都会遇到这样的情况，我们常常会推迟难度较大或令人不悦的任务。我们必须意识到这一点并采取行动。一天中最难处理的任务往往是我们一直拖延的重要任务。有些人把最难处理的重要任务称为"青蛙"，意思是解决掉它犹如吃青蛙。如果我们先把它"吃"掉，那么当天即使还有其他任务，我们也不会过得像"吃青蛙"那样糟糕了。把最艰难的任务完成后，可以给自己一个小小的奖励。对于处理令人不愉快的任务还有一种方法，就是告诉自己"只做 10 分钟，然后就做其他事情"。如果你忍受不了一个小时的复习或锻炼，那么就只做 10 分钟。不过通常情况下，一旦开始，你就会坚持得更久。关于这个话题请参阅第 28 章。

5. **学会授权。** 如果可以的话，把一些任务委托给他人，把你不擅长的事情外包出去。比如你可以请别人帮你处理账目、归档文件或打印和复印等。你可以聘请一个行政助理在你身边工作，也可以聘用远程或虚拟助理。得益于互联网技术的发展，我们可以聘用技术精湛的自由职业者。最理想的状态是你可以专注于那些自己最擅长的事情，所以，优先考虑你的技能和兴趣意味着你能创造出最大的价值。

6. **首先处理最重要的事情。** 区分"紧急任务"和"重要任务"。处理今天必须支付的账单属于紧急任务，而对于肥胖者而言减肥则是重要任务。我们每天都应该列出最重要的任务，并且要优先完成它。

李小龙曾经说过："真正成功的勇士其实只是普通人，但他具有激光般的专注力。"如果我们正确地设定事项的优先次序，并且能够集中精力、坚持不懈地完成它，那我们也能成为战胜分心和拖延症的胜利者。

第28章

付诸行动：
识别拖延症的危险圈套，化思想为行动

拖延症为何危险？

本书大部分篇幅都在赞扬不同思维方式的优点，并建议人们在采取行动之前仔细分析、深入思考。思考是件好事，没有计划就贸然行动并不是明智的做法，其结果也不尽如人意。只行动、不思考固然不好，但是只思考、不行动也不可取。过于审慎会使我们掉入真正的陷阱，会让我们为了追求完美而拖延行动。理想的解决方案总是难以获得，我们因此会一直搜寻下去。我们使用一个又一个思考工具去分析和评估问题，却陷入所谓的"分析瘫痪"。在大多数情况下，我们既要思考，也要采取行动。即使是一位哲学教授在不停地思索宏大的新理论，到了一定阶段他也必须停止抽象思考，开始动笔把想法记录下来。过度分析只会让我们原地打转，停滞不前。即使我们还不能把握最好的方向，也应该做出改变，行动起来。

多问自己"我为什么会停滞不前？"

如果陷入停滞，无法做出决定或采取行动，那么问问自己"为什么会这样？"是你对这个问题感到困惑吗？是你害怕采取行动吗？你是因为懒惰而停滞，还是在等待完美的结果？你是担心采取行动的代价或风险吗？还是因为某些情绪或情感阻碍着你？回答这些问题需要你绝对诚实。写下自己拖延的原因，你会发现大多数的借口其实根本站不住脚。关注重要问题，想办法解决它们。采用其他问题的解决方法——运用批判性分析和创造性思维——来解决这个问题吧。

不知道答案也没关系

有时候，我们要勇于承认自己不知道答案，这没什么大不了的。我们不可能永远正确，也不可能无所不知。比起一直等待正确方案的出现，不如承认自己无法立刻拿出方案，并在此基础上努力前行。

不要追求完美

完美是优秀的敌人。如果总是不断寻求完美的伴侣、完美的房子或完美的工作，我们会发现许多美好的事情已经与我们擦肩而过。我们可以努力追求完美，但也必须认识到，虽然追求完美的过程是值得的，但我们永远无法到达目的地。我们的思想亦是如此。我们有志向和雄心，但过于追求完美，必将走向挫败。比

起完美无缺，不断进步才是更好的目标。只要朝着正确的方向前进，我们总会有所收获。有一句谚语常用来激励作家："不用把它写好，先把它写下来。"这句话的意思是，先动笔写，然后再进行修改和润色，而不是把所有的事情都研究透彻、计划完美之后再行动。准备工作永远都没有止境，总还有相关的信息等着你去研究。如果一直等待完美的时间和条件，等待一切都准备就绪，那你可能永远都无法开始。

给朋友打电话聊聊

把你的教练、导师或朋友当成参谋吧，与他们讨论问题，分享你在前进过程中遇到的难题。你选择的人必须谨慎、诚实、直率。你需要客观公正的人来质疑你的观点和想法。他往往能提出对你有益的想法或行动建议。讨论本身就能帮助你更好地了解挑战，了解自己。如果把自己计划要做的事情告诉朋友，那么你完成它的概率会更大，因为你不想在下次见到朋友时，向他承认自己什么都没做。

任务完成必有益处

完成任务的过程会给你带来很多益处，把它们都记录下来吧，或许这能在多个方面帮到你，比如财务、声望、事业、人际关系、家庭、社交生活、健康甚至自尊心等方面。每一种益处都是你行动的理由。如果你没能完成任务，又会造成哪些后果？比

如，谁的利益会受损？你会有什么感受？相比于取得成就、获得回报，许多人会更注意规避风险和负面后果，所以这两个方面你都要考虑到。

行动起来

有些时候，即使可以做出正确的决定，其过程也极不容易。遇到这种情况时，你主要有两种选择：继续分析与思考，并且找人谈谈，以寻找更多的信息，然后等待事情变得更加明了；或者你可以有意采取一些行动，看看会发生什么，然后再重新考虑这个决定。面对这两种选择时，你可以问自己一个问题："如果采取这种行动，最坏的结果是什么？"如果存在丢掉工作、破坏人际关系或者引发冲突的风险，那么这一行动显然并非明智之举。如果风险可控，就应该考虑采取行动而不是继续等待。采取行动会使你产生动力，能让你从不同的角度审视整个问题，给你带来灵感。重要的是要掌握事态的变化，并在必要时改变努力的方向。

不要因为做出了一个决定就拘泥于它。如果不妥，越早纠正它越好。优秀的领导者在做决策时十分果断，却并不固执己见。他们知道，改变主意意味着能屈能伸，这体现的是一个人的强大，而不是懦弱。

设定目标

克服拖延症的一个好方法就是明确自己的目标，将其分解为容易实现的阶段性目标，并把它们记录下来。请参阅第 26 章有关这一主题的内容。

与人分享目标与行动

一旦告诉他人自己的打算，我们就更有可能采取行动，也更有可能激发我们的责任感。向支持你、鼓励你的人说出自己的目标吧，或许他们可以陪伴你坚持到最后。如果与邻居约定一起慢跑，那么无论天气如何，你都更容易坚持下去。分享自己的目标与成就吧。庆祝每一个小小的成功，这将会给你带来动力。

暂停不等于停止

在采取行动之前，我们应该暂停下来，喘口气，试着分析和思考。我们可以按下暂停键，但不能停滞不前。这看起来像是在玩文字游戏，不过这关系到思维模式的差异，至关重要。停止是长时间的搁置，而有意暂停是为了尽快再次前行。优秀的思考者舍得花时间思考，正因如此，他们才能获得更多、更好的想法，并从中选出最佳方案付诸行动。

行动前的心理预演

许多研究发现，有些人喜欢在行动前进行心理预演，他们做起事情来比不习惯进行心理预演的人表现得更好。潜意识是强大的，它会保留心理预演中的积极画面。在做汇报、参加商务会议、做演讲、打高尔夫球、演奏音乐或参加面试之前，你都可以在脑海中演练一下。想象自己进行着一场完美的表演，在脑海中排练所有的关键环节，感受一下成功的喜悦，这将增强你的自信，并极大地提升你的实际表现。先在想象中预演吧，然后再采取行动。

拖延症问卷调查

1. 我经常将事情一拖再拖。

2. 待办清单上的大部分事项我都很少完成。

3. 有时，在一天结束时我会感到很沮丧，因为我本可以做得更多。

4. 比起重要但是令人不快的事情，我更喜欢做令人愉快的事情。

5. 我知道，如果用心去做这些事情，我本可以在生活中取得更多的成就。

6. 在开始任何重大项目之前，我必须制定详细的行动计划。

7. 我会集中精力先做重要的事情。

8. 我会把任务记下来，然后有条不紊地将其一一完成。

9. 即使我不太确定该如何做，我也喜欢行动起来。

10. 我喜欢完成事情。

在前 6 个问题中，选择"否"得 1 分。在第 7 题至第 10 题中，选择"是"得 1 分。满分为 10 分，你的总分是多少？7 分或 7 分以上为优秀。

第**29**章

思维错误：
对认知过程进行"健康检查"，治愈"思维病症"

如果你的车出现了故障，你迟早会注意到它。你可能会听到咔嗒咔嗒的声音，感觉到不自然的抖动，或者听到刺耳的刹车声。如果你生了病或是感到虚弱，你的身体就会有所表现，你或许会找医生进行治疗。我们的思维也会受到某些我们所熟知的缺陷的困扰，然而，我们往往对此视而不见，从而做出糟糕的决定。就像医生检查我们的身体机能一样，如果我们也能进行思维健康检查，让别人检验一下我们的认知过程，那就太棒了。以下是一些困扰人们的思维错误。

可得性偏差

如果开车时路遇其他车辆发生事故，你可能会放慢速度，接下来的一段时间内你可能会更小心地驾驶。如果遇到一辆警车，你也会采取类似的行动。听闻有盗窃案发生，人们往往会注意锁好门窗。听到他人彩票中奖，人们则更有可能去购买彩票。

对不同致死原因的概率进行评估时，人们常常认为更具"新闻价值"的致死事件更有可能发生。比如在听说飞机失事的消息后，人们往往会认为空难致死的概率更高。同样，自然灾害发生的可能性往往被高估，因为关于这一死亡原因的报道远远多于更常见的死亡原因。

最近一段时间的所见所闻常常会影响到我们，因为我们更加注重近期直接获得的信息，这就容易导致可得性偏差。斯图尔特·萨瑟兰在他的《非理性》一书中提到过一个心理学实验。在这个实验中，第一项任务是学习一个简短的词汇表。实验对象被分成两组。第一组学习的是"冒险的""自信的""独立的"和"执着的"4个词汇。第二组学习的是"鲁莽的""自负的""冷漠的"和"顽固的"4个词汇。第二项任务是两组实验对象需要阅读同一个故事。故事讲的是一个年轻人有一些危险的嗜好，对自我能力评价甚高，几乎没有朋友，而且一旦做出决定就很少改变主意。读完故事之后大家需要描述这个人。尽管所有人都被告知学习词汇表与讲故事这两个任务之间没有任何关系，然而，相较于学过第二组词汇的人，那些学过第一组词汇的人对这个年轻人的描述更加正面，对他颇为赞赏。所以，在不改变其他条件的情况下，最新学到的词汇极大地影响了人们对这个年轻人的判断。

我们先看到的信息往往对我们影响最大，这一点在实验中也得到了证实。比如在下面这个实验中，第一组的人需要快速估算出下列数字的乘积：

$$1 \times 2 \times 3 \times 4 \times 5 \times 6 \times 7 \times 8$$

第二组的人需要快速估算出下列数字的乘积：

$$8 \times 7 \times 6 \times 5 \times 4 \times 3 \times 2 \times 1$$

快速猜测一下，答案是多少？实验的结果非常有趣。很多人都组织过这个实验，而且每次选取的实验对象各不相同，但是第一组的人估算的积始终低于第二组的人估算的积。第一组算式的平均估算值为512，第二组算式的平均估算值是2250——差距十分明显。比起先看到较大数字的人，那些先看到较小数字的人会受到这些数字的影响，估算值就会低得多。最先看到的数字对他们产生的影响非同寻常。顺便说一句，两组人都严重低估了正确的答案——40320。你的估算值又是多少呢？

可得性偏差是指我们选取了容易被记住但是可能性较小的证据，而非采取更为客观公正的观点。有人可能会说："我觉得吸烟没那么糟。你看我的叔叔阿瑟（Arthur），他每天抽20支烟还活到了92岁。"尽管亚瑟叔叔的故事真实可靠，令人印象深刻，但对烟民这个群体来说却极不具代表性。你或许会听到有人说："意大利人喜欢赌博。我认识的3个意大利人都嗜赌成性。"这个人的观点在很大程度上受到他认识的那3个意大利人的影响，只是

这并不代表其他成千上万的意大利人都喜好赌博。

误判原因

20 世纪 30 年代，一本著名的医学杂志发表的一份报告显示，癌症在新英格兰地区、明尼苏达州和威斯康星州比在南方各州更为高发；瑞士和英国的癌症发病率也高于日本。众所周知，新英格兰地区、明尼苏达州和威斯康星州的居民比南方各州居民更喜欢喝牛奶；瑞士人和英国人也比日本人更爱喝牛奶。数据显示，喝牛奶与癌症之间有很强的相关性。因此，这份报告得出了一个结论：喝牛奶会致癌。许多人把这种相关性视为证据，但事实并非如此。一项更深入的调查显示，喝牛奶多的人所在地区比喝牛奶少的人所在地区更加繁荣，人们也普遍更加长寿。而老年人得癌症的概率更大，因此，在人们普遍寿命较长的地区癌症发病率更高也就不足为奇了。[①]

同样，有研究表明，大学毕业生的收入要明显高于没上过大学的人的收入。因此有人得出结论：高学历带来高收入。根据这个结论，有人认为提供助学贷款比发放助学金更加合理，甚至还因此建议征收特殊的"毕业税"。但这一结论是否合理？能够考入大学的人通常来说都很聪明、勤奋、表达力强、擅长考试、善于解决问题，而且记忆力也好，正是这些素质帮助他们在现代职

---

① *斯图尔特·萨瑟兰，《非理性》。*

场中取得成功，而不是学位来决定这一结果的。学位本身并不能决定他们获得成功和高收入，他们所展现的素质才是他们攻读学位的保证。

报纸上的报道常常给某种结果寻找一种原因。如果 A 市的白血病发病率高于 B 市，那么 A 市一定出现了什么问题，导致其发病率较高。在英国，有人认为孩子接种预防麻疹、腮腺炎和风疹的疫苗（麻腮风 3 联疫苗注射）和罹患自闭症之间可能存在联系。几家报纸发表了耸人听闻的报道，夸大了这一说法。经过几次彻底的调查，证明传言并不可信，不过报道还是传开了。许多父母拒绝为孩子接种麻腮风 3 联疫苗，结果麻疹流行，威胁到许多儿童的生命。

我们需要时刻防范误判原因。我们要从多方面考虑，看看还有哪些原因可能会导致同样的结果。一个常见的因素会与某个现象产生因果关系吗？例如，学位和高收入之间有关系吗？一个与现象看起来完全不相关的因素会不会才是根本原因呢？比如，癌症高发的原因是预期寿命延长，还是饮用牛奶过多？

赌徒谬论

抛出的 3 枚硬币都正面朝上或反面朝上的概率非常高——实际上能达到 1/4。而抛出 100 枚硬币都正面朝上或反面朝上的概率却极小。这就是大数定律的例子。许多人误解了这一定律，认为累积概率是按照理性的、有目的的规律排列出来的。这就是第

15 章中提到的赌徒谬论。请记住，硬币、轮盘、骰子之类的东西是没有记忆的，它们不会受到前期结果的影响。

确认偏差

人们寻求信息往往是为了证实理论，而非挑战理论。第 1 章中提到的彼得·沃森的研究就是一个经典的例子。对于固有的理论，人们往往不会寻找证据去反驳它，而是收集证据巩固它。

聚类错觉

我们看到的有序模式往往并不存在。我们喜欢秩序和理性，所以我们就寻求秩序，并努力为每一种结果寻求原因。托马斯·吉洛维奇（Thomas Gilovich）的一项研究表明，人们很容易误认为随机序列中存在着有序模式。聚类错觉会误导人们运用迷信、伪科学和阴谋论来解释完全随机的事件。中世纪的欧洲发生过众多女巫审判事件，这就是当时的愚昧之人为一些天灾人祸拼命寻找莫须有的罪名的结果。如果一个社区接连发生一些事故，人们就会寻找所谓的女巫并对事故的原因加以指责。

认知偏差

维基百科上列出了 37 种认知偏差。以下是部分节选：

○ 从众效应——个体因他人做过（或相信）某事，而做（或相信）相同的事情。这与群体思维和羊群效应类似。

○ 选择支持性偏差——人们认定自己的选择是最好的。

○ 保守主义偏见——人们往往忽视新证据的价值。

○ 禀赋效应——在出售一件物品时，人们的要价往往要高于他们愿意购买该物品的价格。

○ 厌恶极端——人们往往会避免极端情形而选择折中方案。

○ 框架——对于一些状况或问题，人们运用的解决方法或对其进行的描述往往过于狭隘。还有框架效应——根据不同的数据呈现方式得出不同的结论。

○ 双曲贴现——相对于较晚的收益，人们更倾向于即时的收益，可获得收益的时间越近这种倾向就越明显。

○ 错觉控制——人们往往认为自己可以控制或者至少可以影响到某种结果，然而事实并非如此，他们显然无法控制。

○ 信息偏差——人们常常搜寻信息，即使这些信息并不能影响他们的行动。

- 闭合需要——人们需要对重要的事情做出判断并得到答案，以摆脱疑惑和不确定的感觉。个人环境（时间或社会压力）可能会加强这种倾向。

- 非我发明——人们往往忽视已经存在的产品或解决方案，因为其并非来自己方，从而受到排斥或被视为"次品"。

- 结果偏见——人们往往根据最终的结果来判断一项决策的优劣，而不是根据决策本身的好坏进行判断。

- 购后合理化——人们往往会说服自己，认定自己购买的商品物有所值。

- 逆反心理——出于抗拒别人限制自己的选择自由，人们往往故意和别人对着干。

- 选择性见解——人们的预期往往会影响自己的见解。

- 现状偏好——人们往往安于现状，喜欢事物保持相对不变的状态。

- 一厢情愿——人们形成某种信念或者做出某种决策往往根据愉悦的想象而非证据或理性。

- 零风险偏差——人们倾向于追求将小风险降低为零，却不会通过某种方式降低大风险。

第30章

锻炼大脑：
打磨思想、观点、记忆的基石

作为复杂且功能强大的器官，大脑大约会消耗我们所摄入卡路里的1/4，大脑耗氧量也达全身耗氧量的1/4。我们可以把大脑想象成身体中最发达的肌肉。

不少证据都表明，锻炼思维有助于改善大脑功能，延缓智力衰退。然而，目前尚不清楚这一行为的确切效果。"玩游戏确实对改善大脑功能有效，因为你越玩越熟练。"麻省理工学院（Massachusetts Institute of Technology）神经学教授厄尔·米勒（Earl Miller）说，"不过最大的问题是，能否将这些思维技能融入我们的日常思维中？这一点还没有人研究过。"但许多专家认为，定期锻炼大脑可以增强短期记忆，缩短反应时间，提高总体智力水平，还可以预防阿尔茨海默病（老年痴呆症）和其他智力退行性疾病。可以说，锻炼大脑能够促进新的脑细胞生长。

我们快到30岁的时候，大脑功能会达到顶峰，接下来它会经历一个漫长而缓慢的功能衰退期。我们的大脑会萎缩，思维功

能也会退化，但是通过锻炼可以延缓这种衰退。乔治·华盛顿大学（George Washington University）健康与人文学院老龄化中心主任吉恩·科恩（Gene Cohen）博士说："越来越多的人意识到锻炼大脑会产生积极的影响，它会让大脑发生改变，促进新的脑细胞生成。"

大脑适应力极强，它会通过重复性活动得到开发。如果每天都做填字游戏，那么你在 80 岁的时候可能会和 30 岁时一样擅长填字游戏。益智游戏、拼图、谜语、数独、国际象棋、拼字游戏等都是很好的练习，阅读也是。

神经学专家南希·安德烈亚森（Nancy Andreasen）给我们提出了以下 4 条建议。[①]她认为我们每天应该利用 30 分钟的时间来完成以下各项事情：

1. 选择一个全新的、不熟悉的知识领域进行深入探索。
2. 花一些时间冥想或思考。
3. 练习观察和描述事物。
4. 练习想象。

都柏林圣三一学院（Trinity College Dublin）的心理学教授伊恩·罗伯逊（Ian Robertson）说过："大脑是可塑的，它会随

---

① 布莱恩·阿普尔亚德，《人人都能成为爱因斯坦吗？》。

着你的经历发生变化，从而得到根本性的磨砺。"①伊恩借助埃莉诺·麦奎尔（Eleanor McGuire）博士的一项研究证明了这一点。2000 年，埃莉诺对伦敦出租车司机的大脑进行过研究，发现出租车司机的脑容量较大，这可以帮助他们存储城市地图的详细图像。脑部扫描显示他们的海马体体积比正常人的要大，而海马体与方向定位的技能有关。当出租车司机的时间越长，海马体体积就越大。

伊恩·罗伯逊建议人们在早餐时间大声读出一些物品的名字，列出相关物品清单（比如蓝色的物品）；或者进行换手练习——如果你是左撇子那就练习用右手梳头发。这些练习会让大脑更加努力运作，以应对不熟悉的事情。

怎样才能发挥这块肌肉的全部潜能呢？我们需要做几件重要的事：

1. **多用脑**。如果一直卧床，肌肉就会失去力量；如果看电视过多，大脑就会失去活力。大脑和其他肌肉一样，喜欢健康、积极的锻炼。多种研究表明，积极锻炼大脑的人在晚年罹患认知障碍、智力衰退或阿尔茨海默病的可能性较小。平时我们可以采用各种不同的方法挑战、刺激和锻炼大脑。在下一章节中会提到一些游戏，你可以试一试。

---

① 安娜·范·普拉格（Anna van Praagh），2008，《锻炼大脑》（*Give your brain a workout*），《每日电讯报》（*The Daily Telegraph*）。

2. **滋养大脑。**研究显示，有些食物有助于大脑发育，而有些食物则会抑制大脑的功能。对大脑来说，最好的食物是新鲜的水果和蔬菜，它们能提供抗氧化剂、未加工的碳水化合物和叶酸。全谷类、燕麦片和小扁豆能提供硫胺素和优质的碳水化合物。多脂鱼类和亚麻籽油中富含 ω−3 脂肪酸，对大脑发育极好。人类需要的蛋白质可以从鸡蛋、鱼和瘦肉中获得。维生素 D 对身体极为重要，可以通过晒太阳和食用乳制品获得。我们还应该多喝水、果汁或花草茶。另一方面，酒精、大多数药物、糖和高脂肪食品对大脑有害，尤其是在过量服用或食用的情况下，所以应该注意控制这类物质的摄入。[①]

3. **坚持学习。**锻炼大脑的最好方法就是坚持学习——每天、每周、每年都不要间断。你可以参加正规的夜校课程或培训课程，也可以通过书籍、CD、DVD 和互联网进行学习。研究表明，学习本身——无论哪一个科目——有助于大脑的发育并延长其使用时间。一般来说，受过良好教育的人患精神疾病和退化性脑类疾病的概率较小。

4. **生活要多样化。**不断重复做同样的事情并不能给大脑提供所需的锻炼。工作、休闲、娱乐、谈话、旅行和关注社会新闻等多样化的生活内容有助于刺激和锻炼大脑。非同寻常的活动往往会以新的方式刺激大脑，促其学习如何应对各种事件。例如，试

---

① 玛吉·格林伍德-罗宾逊所著的《20/20 思维》一书中含有详细的饮食清单，列举了那些值得食用或需要控制的饮食。

试把这本书倒过来读，这对大脑来说很新奇，它需要努力处理新情况，但这确实会让大脑得到锻炼。

5. **体育锻炼。**体育锻炼对大脑有益，它可以增加头部的血液和氧气供应。快走或跑步都可以，不过需要你进行思考和协调的运动会更有效。打高尔夫球的人会考虑挥杆速度，思考如何击球；打网球的人会思考如何战胜对手：这都是对身体和心理的锻炼。同样，交际舞、萨尔萨舞、探戈舞和队列舞也都是不错的锻炼方式，因为你必须同时专注于节奏、步伐、协调性以及动作。

6. **睡个好觉。**睡眠有助于大脑和身体恢复活力。把问题放一放，先睡上一觉可以帮助我们做出更好的决定。睡眠可以增强和改善我们的记忆力，所以，一定要睡个好觉。睡前可以进行适当的锻炼，避免摄入过量的食物或咖啡因。卧室要注意通风良好、环境安静，床铺也要稳固、舒适。加拿大的一项研究发现，与熬夜学习的学生相比，平时保证充足睡眠的学生记忆力更好，在考试中表现也更佳。

7. **阅读。**阅读优秀的书籍、文章和杂志是学习知识和刺激大脑的特别好的方法。每天都拿出一些时间认真阅读吧。关于这个话题可以参见第13章。

8. **锻炼记忆力。**可以参考第21章中的练习和方法。每天坚持锻炼，记忆力就会得到改善。

9. **提高心算能力。**每天可以有意识地进行心算，少用计算器和电脑，多锻炼大脑。在超市购物或餐厅就餐时可以默算账单。使用纸币付账时先自己算一算金额，看看找零是否和自己算的一

致。平日里也多练习加、减、乘、除的用法，这对大脑来说是个不错的锻炼方法。

10. 听音乐。用心听。音乐是人类交流的一种语言。它与口语截然不同，却具有普遍的感染力。听音乐可以开发和刺激大脑的部分功能，也可以改变我们的情绪。无论是听古典、爵士、蓝调还是流行音乐，都可以问自己："作曲家想要表达什么？他是如何表达的？"试着区分不同的乐器，聆听它们各自的音色，感受作曲家是如何将多种乐器结合在一起来产生整体效果的。聆听它的旋律、和声、音调、节奏和音色。在欣赏音乐时注意主题的反复、节奏的层层推进以及前后的对比。你能察觉到从大调到小调的转变吗？你能识别和弦序列吗？音乐具有惊人的表达力，我们可以加强学习，以便更好地欣赏音乐。

11. 学习一门外语。语言有助于塑造思维。学习一门外语，吸收这个国家的文化，可以开阔我们的视野，帮助我们以新的角度看待事物。把在学校学过的外语再重新温习一遍，或者学习一门新的语言吧。你也可以参加会话课，这类课程一般会设定不同的规则和一定范围内的词汇，对你会是巨大的挑战。你可以观看一些外语电影，或阅读一些外语报纸、书籍或儿童读物。你还可以找个国外的笔友，也可以去国外旅游，试着用当地人的语言与他们交谈。此时你的大脑必须加倍地努力运转，但它会努力适应这次挑战。

12. 教学。有句谚语说："想学习一门课程，那就去教这门课

程吧。"对于思考者来说，教学会带来一系列智力的挑战。你打算如何帮助学生学习呢？你能帮助他们探索或体验这门课程吗？怎样才能让学生喜欢这门课程呢？如果做得好，他们会学到知识，而你也会有所收获。

13. 与聪明人交往。多和那些有趣、聪明、博览群书、见多识广、有主见、思想活跃和幽默的人交往。如果你还不认识这样的人，那就制定一个计划，有目的地去结交这样的朋友。尽量避免与沉闷无趣、墨守成规的人交谈。要多与那些能够提出有趣话题、对世界有不同看法、能够挑战你的观点、让你思考问题的人接触，而不是与那些喋喋不休、没有主见或喜欢附和的人交往。这不是唯精英论，也不是势利，而是为了给大脑提供不同的思考方式及锻炼我们的表达力。

14. 做志愿者。慈善工作可以使你置身于一个不同的环境，在那里你可以帮助他人，也可以向他人学习。

15. 唱歌。你可以加入合唱团，学着与其他成员一起歌唱。

说到这里，我想我已经很清楚地表达了我的观点：我们的大脑需要锻炼、挑战和刺激。

第**31**章

游戏推荐：
锻炼思维和判断力的消遣方式

　　优秀的思考者喜欢益智游戏带来的挑战和刺激。他们喜欢游戏纯粹是为了锻炼自己的思维和判断力，追求胜利的快感。我们可以在许多精彩的游戏中获得乐趣。你在小时候可能玩过简单的纸牌游戏、国际跳棋（或西洋跳棋）、圈叉游戏①（或井字游戏）。孩子们通过玩游戏培养了许多技能，但成年人往往会失去这种习惯，并因此失去了许多乐趣和锻炼大脑的机会。下面是一些我向你推荐的消遣方式，你可以把它们添加到你的游戏清单中：

　　○ **国际象棋。** 国际象棋是游戏之王，它代表着两人之间纯粹的智力比拼。国际象棋可以培养人的战略技术、战斗布局能力，还可以提升人的专注力。每个家庭都应该拥有一副国际象棋，平时可以引导孩子们学着下棋。我们每个人都

---

　　① 圈叉游戏指二人轮流在井字形 9 格中画"○"或"×"，先将 3 个"○"或"×"连成一线者获胜。——译者注

可以享受智力挑战带来的乐趣。

○ **拼字游戏。** 拼字游戏是一种经典的文字游戏。适合 3~5 人一起玩，不过两人玩也相当有意思。在这个游戏中，运气只起着很小的作用。无论你手中的字母方块是什么，都要充分利用棋盘上的可用资源。技术娴熟的玩家可以看出各种可能性，能够熟练拼写一些晦涩、简短的单词。

○ **大富翁游戏。** 菲德尔·卡斯特罗（Fidel Castro）认为这个游戏体现了资本主义风气，所以他在古巴掌权期间禁止人们玩大富翁游戏。在这个游戏中，运气非常重要，但是熟练的玩家往往专注于获取合理的资源，并能将其快速开发、运用，所以他们更容易获胜。大富翁游戏可以让我们学到一些交易技巧和概率知识。

○ **桥牌。** 有趣的纸牌游戏可不少，不过桥牌肯定是其中最好玩的。叫牌和出牌包含两种不同的技巧，却都有惊人的微妙之处。优秀的玩家能记住所有已打出的牌，并能迅速推断出隐藏的牌。大多数玩家都是先学惠斯特牌[①]再学桥牌。

○ **妙探寻凶。** 这是一款很受欢迎的家庭游戏，非常有趣。你能把线索拼凑起来以找出谁是凶手吗？

○ **双陆棋。** 双陆棋是一款非常适合两人玩的游戏，下双陆棋需要运气与技巧。你可以选择冒险或谨慎的策略，有时候

---

① 惠斯特牌是一种由两对游戏者玩的纸牌游戏。——译者注

这会让分值翻倍。

- 扑克。有些人错误地认为玩扑克就是虚张声势，蒙混过关。其实这是一项要求很高的智力训练游戏。熟练的玩家会计算概率并摸清对手的意图。要想赢牌必须有魄力，还需要对统计数据有出色的了解。这款游戏学起来并不容易，而且可能会让人沉迷，但它肯定是生活中特别受欢迎的娱乐活动之一。

- 看符号猜谜语。这是一种图形字谜或视觉字谜。把看到的符号联想一下，使它对应常见的短语或单词。我的建议是直接说出自己看到了什么，但你能猜出它暗含的答案吗？

- 你说我猜。这是一款娱乐性很高的文字游戏，适合朋友或家人之间一起玩。你必须快速地向你的团队成员描述单词，但是不能动手比画或模仿。

- 棋盘问答。这是问答游戏的鼻祖。就像所有的益智游戏一样，棋盘问答能够测试你的常识和思维能力。

- 你画我猜。你必须以作画的方式向你的队友解释单词的含义，它可以测试你的图像思维能力。你画我猜的过程有时令人感到着急、沮丧，有时又很搞笑。

- 你比画我来猜。这个游戏久负盛名，你必须把名字、短语或标题的意思比画出来，这需要你快速思考，通过无声的表演来传达信息。

- 横向思维谜题。横向思维谜题有些特殊，参与游戏的人中

有一人知道答案，而其他人必须向知晓答案的人提问。接受提问的人只能回答"是""否"或"不相关"。提问的人必须从不同的角度来思考答案，检验自己的假设，并把线索联系起来。与朋友和家人一起玩这个游戏会很有趣。

如果想进行挑战、体验刺激，还想让自己感到好玩、有趣，那就远离电视，与家人和朋友一起玩个传统的游戏吧。

第**32**章

总结：
优秀思考者的"50 问清单"

优秀的思考者喜欢提出问题胜于寻求答案，所以这里以 50 个问题的形式总结了本书中的主要观点。你也可以试着问问自己：

1. 我会考虑与我深信的观点相反的观点吗？

2. 我能接受与我的假设相矛盾的证据吗？

3. 完全不相干的局外人会如何看待这种情况？

4. 我是否使用了正确的工具来分析问题？

5. 在试图解决问题之前，我怎样才能更好地了解这个问题？

6. 我是否在不断提高自己的语言能力？

7. 我掌握了基本的数学概念吗？

8. 我会借助绘制图表或画图来帮助自己理解、表达和解释吗？

9. 我会使用思维导图来获取和传达信息吗？

10. 阅读报纸和浏览网页时看到的信息可以用来质疑自己的观点还是证实自己的观点？

11. 我能意识到并控制自己的情绪吗？

12. 我如何从一个新的角度来处理这个问题？

13. 现存的主流假设有什么？如果每种假设都颠倒过来会怎样？

14. 随机选个单词、物品、地点、人物等，我能利用这些人或事物来联想出创意吗？

15. 在形成观点之前，我是否问了足够多的问题？

16. 我能问些新奇、深奥的问题吗？

17. 我是否会认真、仔细地倾听别人给出的答案？

18. 我可以考虑哪些不同寻常的组合？

19. 我能不能借鉴德·博诺的六顶思考帽来使自己从不同的角度看待这个问题？

20. 我是否使用发散思维产生各种想法，然后用趋同思维来评估它们？

21. 在做出选择之前我是否产生了足够多的想法？

22. 我是否会用一定的标准来帮助自己选择最佳方案？

23. 日常生活中，我喜欢追求新鲜刺激还是在反复做着同样的事情？

24. 我怎样才能在聊天、社交、辩论和表达观点方面变得更好？

25. 我是否读了足够多的优秀书籍？

26. 我会有目的地欣赏各种不同类型的音乐吗？

27. 做出决定之前，我会暂停思考主要的问题，先酝酿一下吗？

28. 我需要提升数学、统计和概率技能吗？

29. 我是否在与乐观处世的人交往，并对生活持有积极乐观的态度？

30. 我是否应该使用科学的决策方法，比如配对排序分析法？

31. 我会用挂钩记忆法、虚拟旅行和助记法来提高记忆力吗？

32. 我能准确记住别人的名字吗？

33. 我是否会去没有去过的地方，结识一些陌生人？

34. 我会有意地从错误中吸取教训吗？

35. 我是否对风险和失败持积极态度？

36. 我可以用什么样的故事来帮助教学和交流？

37. 怎样才能给自己的生活增添更多的幽默感？

38. 我真的相信自己能为世界做出有价值的贡献吗？

39. 我能否像一位严厉的、能提出建设性意见的教练那样与自己对话？

40. 我是否对生活中所有美好的事物心存感激？

41. 我是否有明确的、书面的、"聪明的"目标？

42. 我是否能专注于最重要的事情？

43. 我怎样才能克服拖延症，完成更多的事情？

44. 我可以把低优先级的任务委托给他人或者取消吗？

45. 我是否思维严谨？还是会陷入错误思维？

46. 我怎样才能获得乐趣，让大脑得到更多锻炼？

47. 我是否会注意自己的健康并保证充足的睡眠？

48. 我是否能激发周围人的灵感，或者鼓励他们，给他们以信心？

49. 对我来说，这本书中最关键的行动是什么？

50. 如果我想在生活中有所成就，那会是什么呢？

如果你能不断地提出问题、发展技能、锻炼思维，并善于从新的角度来处理问题，你的思维方式将更高效。希望你能以不同的方式更全面、深入地思考，最终成为优秀的思考者！

参考答案

第3章 沃利测试答案

1. 跑进树林的一半——之后它会向树林外跑去。

2. 在完全黑暗的环境中这几只动物什么也看不到。

3. 头上。

4. 总统仍然是总统。

5. 两者都不长——它们只会越烧越短。

6. 他会有一个大草堆。

7. BREAD（面包）。

8. 因为他还活着。

9. 0根。只要吃了一根香蕉你就不会是空腹了。

10. 洞。

这才是正确答案。你答对了多少题？答对 7 题或 7 题以上就很棒了。

第 9 章 "电梯里的男人"谜题答案

此人是侏儒。他可以够到 1 楼的电梯按钮，却够不到高于 7 楼的电梯按钮。